本套丛书由
中航传媒与《轻兵器》杂志社
联袂推出

兵器装备研究所权威出品
轻武器科普丛书标杆之作

轻武器典藏手册
——世界著名机枪 I

《轻武器系列丛书》编委会 / 编

航空工业出版社
北京

内 容 提 要

《轻武器典藏手册——世界著名步枪I》精选了第二次世界大战前世界主要军事强国最富有代表性的典型机枪型号,图文并茂。书中不仅全面细致地介绍了各种机枪的基本性能特点,而且结合研制历史、经典战例,以及军队装备使用情况等进行了综合描述,使读者能全方位地了解每种世界顶尖轻武器的来龙去脉和奇闻趣事。

图书在版编目（CIP）数据

世界著名机枪.1 /《轻武器系列丛书》编委会编
. --北京：航空工业出版社，2013.1（2019.1重印）
（轻武器典藏手册）
ISBN 978-7-5165-0122-1

Ⅰ．①世… Ⅱ．①轻… Ⅲ．①机枪－世界－普及读物
Ⅳ．①E922.14-49

中国版本图书馆CIP数据核字(2012)第293219号

轻武器典藏手册——世界著名机枪 Ⅰ
Qingwuqi Diancang Shouce——Shijie Zhuming Jiqiang Ⅰ

航空工业出版社出版发行
（北京市朝阳区北苑2号院　100012）
发行部电话：010-84936597　010-84936343

三河市金轩印务有限公司印刷	全国各地新华书店经销
2013年1月第1版	2019年1月第2次印刷
开本：787×1092　1/16	印张：13　　字数：339千字
印数：8001—8500	定价：49.80元

（凡购买本社图书，如有印装质量问题，可与发行部联系调换）

《轻武器系列丛书》编委会

总策划 袁 炜
主　任 王晓涛
副主任 魏开功
主要作者（按汉语拼音排序）

卞荣宣	褚倩倩	陈 霞	池晓宇	陈艳丽	程明生
方韦福	郭 勇	郭占义	韩奎元	金云凤	黎 明
柳鹏飞	罗长秀	李振平	李伟录	李克峰	刘秀玲
聂春明	马式曾	孙成智	史宗宾	吴海峰	王继亮
魏开功	汪 垚	王玉枢	王亚玮	王正和	袁 炜
张鸿铨	孙 卉	程力行	张宇翔	张燕龙	张 敏
张作友	曾振宇				

序

  国无防不立，国家的昌盛、民族的兴旺离不开全民国防意识的增强。还在担任轻武器博物馆馆长的时候，我就在计划出一套轻武器类的科普丛书。因为枪械是士兵最基本的装备，枪械发展史几乎就是世界近代战争史的一个缩影。现在，要想收集齐全世界的各种轻武器，几乎是不可能的，但如果要说近代以前的枪械种类型号，却大都能在中国找到。因为20世纪前50年群雄逐鹿、战乱纷飞的中国，为各种新式武器提供了一个绝佳的展示平台，全世界稍有名气的枪械几乎都能通过各种渠道进入到中国，这在其他国家是难以想象的一件事。这些战后留存在中国的武器，现在大都进了军械库、博物馆或专业机构，也正因为如此，研究轻武器发展史，中国具有很多国家不具备的优势条件。

  经过几年的策划和准备，终于有机会出版这样一套丛书。本套轻武器典藏手册系列丛书，是中航出版传媒有限责任公司和《轻兵器》杂志社联袂出版的一套轻武器科普丛书，为《轻兵器》杂志30多年精华内容的鼎力呈现，可以说是目前国内见得到的最有权威性和欣赏、收藏价值的武器装备类丛书之一。《轻兵器》杂志社是国内唯一的一家轻武器类专业期刊社，有中国唯一的轻武器研究所作为支撑，作者群涵括了军队、兵器行业科研领域的顶级枪械专家，30多年来发表了难以计数的高质量文章，文字权威专业，写作风格严谨活泼，可以说在内容品质上树立了国内轻武器类科普丛书领域不容置疑的标杆地位。

  身为《轻兵器》杂志社的前成员之一，我非常欣慰这套丛书的出版。为了配合文字内容达到更好的视觉效果，很多枪械照片都专门从轻武器博物馆进行了重新拍摄，希望读者能喜欢。

袁炜

2012年12月

目录

绪论一　近代机枪发展简史　　1

绪论二　早期速射武器大观　　3

第一章　重机枪　　12

自动武器之父马克沁和马克沁机枪　　13

血染的风采
——中国二四式马克沁重机枪　　20

来自阿尔卑斯的"割草机"
——瑞士MG11马克沁重机枪　　32

名垂史册
——法国哈奇开斯M1914重机枪　　40

细说"鸡脖子"机枪
——日本九二式重机枪　　48

意大利第一支国产制式机枪
——菲亚特-列维里M1914机枪　　60

在战争中磨砺
——美国勃朗宁重机枪传奇　　70

遍布五洲
——美国勃朗宁M1919系列机枪　　76

DShK机枪
——苏联第一种制式大口径机枪　　84

第二章　轻机枪　　88

血浴长戈
——捷克ZB26轻机枪传记　　89

大不列颠帝国的妥协
——英国布伦轻机枪　　114

细说"歪把子"
——日本十一年式轻机枪　　120

细说"拐把子"
——日本九六式轻机枪　　131

史上"最糟糕"的机枪
——法国CSRG M1915轻机枪　　142

标新立异的法式风格
——法国查特勒尔特系列轻机枪　　146

不为人知
——法国哈奇开斯M1909/1910轻机枪　　152

美军历史上第一挺轻机枪
——M1909贝奈-莫西厄轻机枪　　155

保卫阿尔卑斯山的秘密武器
——瑞士富雷尔M25轻机枪　　159

第三章 通用机枪　　164

令人闻风丧胆的战神
——德国MG34/42通用机枪纪实　　165

积极探索
——德国首款导气式MG39 Rh通用机枪　　169

第四章 其他机枪　　172

航空机枪始祖
——英国刘易斯机枪　　173

航空机枪的先驱
——奥匈帝国施瓦茨劳斯机枪　　182

历史的误解
——法国蒙蒂格尼机枪考证　　185

杰出的高射速武器
——加特林机枪　　189

绪论一　近代机枪发展简史

1884年，英籍美国人海勒姆·史蒂文斯·马克沁（Hiram Stevens Maxim）（1840-1916）研制出世界上第一挺利用枪管后坐能量自动完成射击循环的机枪

机枪是指以枪架（枪座）或两脚架为主要依托、连发射击为主的自动枪械。机枪按技术特性分为重机枪、轻机枪、通用机枪和大口径机枪。按机动方式分为地面机枪、车装机枪、航空机枪、舰载机枪。按装备单位分为班用机枪、连用机枪和营属机枪。从枪械发展史看，诞生于19世纪末的机枪是最早实现全自动射击的枪械，机枪的发展也带动着其他自动枪械的迅猛发展。

与其他枪械相比，机枪的主要特点是：主要用于杀伤集结的有生目标、压制火力点、毁伤地面或低空薄壁装甲目标，为步兵提供火力支援；以点射、连射为主，战斗射速高于步枪、冲锋枪，随枪配带弹药多，火力持续性好；自动方式多采用导气式和枪管短后坐式，多为弹链供弹。

在步兵轻武器中，机枪是个年轻的枪种。从1884年世界上第一挺真正的机枪——马克沁机枪问世至今，在短短的100多年间，它经历了两次世界大战的洗礼，立下了赫赫战功。

同其他步兵武器一样，机枪也是根据战争需要发展起来的：先是重机枪，之后出现了轻机枪及通用机枪等。发展至今，形成了轻机枪、重机枪、通用机枪、车载机枪、航空机枪、舰艇机枪和高射机枪等多品种的机枪系列。

第一次世界大战（一战）前后，是机枪大发展的时期。机枪大规模用于实战是在1914～1918年的第一次世界大战。其歼灭、压制密集队形的作用非常明显，战场上

80%～90%的伤亡都是由机枪造成的。机枪的使用，迫使战术发生急剧变化，如采用散兵线战斗队形等。

当时，以马克沁机枪为代表的重机枪在战争中是步兵的主要压制火力。它携弹多，战斗射速高，但全枪质量也很大，不便伴随步兵作战；而随着对步兵机动性的重视，轻机枪应运而生，并显示出无可比拟的魅力，它质量轻、便于单兵携行，其突出代表是丹麦的麦德森、捷克的ZB、苏联的DP等轻机枪。其自动方式基本是导气式和管退式，射击方式为连发，供弹方式大多为弹匣，也有的采用弹鼓、弹链、弹带或弹盘，表尺射程最近为300m，最远高达2500m。它们一般都使用步枪弹。散热方式除少数旧式轻机枪仍采用水冷方式外，绝大多数采用了气冷方式。枪身配两脚架的居多，有的也配单脚架，一般都可以快速更换枪管。一战期间因飞机、坦克应用于战场，为使步兵具有反坦克与防空能力，坦克机枪与航空机枪应运而生。起初是以地面用的机枪装在飞机与坦克上，自1918年德国率先使用了口径13.2mm的苏洛通大口径机枪，继而各种大口径航空机枪和坦克机枪得到发展。特别是航空机枪，在提高射速上有独特发展，如转管机枪；通用机枪初登历史舞台，如德国的MG34机枪。在自动方式方面，有枪管后坐式、导气式及半自由枪机式等，多种自动原理的出现，开拓了自动武器的设计领域。

第二次世界大战（二战）前后，老式的机枪，如美国的马克沁、勃朗宁，英国的维克斯、刘易斯等重机枪，虽然笨重，但结构上却逐渐走向成熟。因此，在迫击炮、轻型支援火炮、坦克、飞机（主要是直升机）等出现之前相当长的一段时期内，它们都是步兵连以下唯一的火力支援武器，一直沿用到20世纪50年代才陆续被淘汰。而且其他机枪如轻机枪、通用机枪、车装机枪、航空机枪、舰艇机枪等也都得到了进一步的发展。

第一次世界大战时期的重机枪多采用水冷式枪管，配备专门的水箱，外形笨重，使用不便。而且受金属加工技术的限制，多采用布弹带供弹

绪论二　早期速射武器大观

19世纪末美国-西班牙战争时期使用的加特林转管机枪

众所周知，马克沁机枪的出现，是机枪发展史上的一个里程碑，因为它是第一支利用火药燃气能量完成供弹、抽壳、抛壳等动作的自动武器，使射速大为提高。在此之前，人类为了提高枪械的射速，想尽了各种办法，试制了多种原理、结构奇特（以今天的眼光来看）的枪械。本文就向读者朋友们展示这些早期的速射武器。

按原理来分，早期的速射武器可分为3类：管风琴武器（能同时发射多个弹丸的武器，其结构类似管风琴）；连珠枪（采用弹仓供弹，能依次发射各发弹）；手动机枪（依靠手的力量完成供弹、击发、抽壳、抛壳等动作，并能连续发射的武器）。

管风琴武器

早期管风琴武器　管风琴武器是一种原始的多弹膛、多枪管的大型武器。早在1339年，这种武器就出现了，以今天的武器分类法应称为管风琴炮。据说其有多个铁制炮管，这些炮管并列放置在一个大型木制支架上，可同时发射石头射弹。这种武器采用火绳点火，其在一场英法战争中成名，主要装备英国爱德华三世的部队。

18世纪的30管管风琴武器

当铁制射弹在1381年取代石头射弹后,这种武器又发展出了多种新式变型产品,但无论怎样转变,都是为了提高武器单次发射弹丸的数量。1382年,德国根特地区的部队拥有200支这种类型的武器。

1387年设计的一款此类武器拥有144根枪管,其分为12组,每组12根,使用12个火镰,每次发射12枚弹丸。1411年,法国勃艮第人的军队中可供使用的这种武器达到2000支。据称,路易七世拥有一支50根枪管可同时发射的此类武器。

虽然可同时发射多发射弹,但这种武器的缺陷也显而易见,如体积庞大,机动困难,只能在小范围内使用。虽然其发射一次的火力相对密集,但由于以手工重新为每根枪管装弹需要时间较长,因此火力间歇较长,致使其可以在瞬间发射强大火力的优点几乎消失殆尽,因此在当时的战争中只能处于辅助地位。

尽管在后期由于不同的枪管及枪架安装方式而产生了多种形式,但实际上这类武器核心的改进就是枪管之间的点火链发生改变,可以极大地缩短点火时间。

毕林赫斯特·莱库多管排枪 美国早期在机枪发展方面似乎总是领会得很慢,一直没有跟上潮流。直到内战前夕,美军都没有去发展新枪,他们感兴趣的是毕林赫斯特·莱库多管排枪。

该枪由约瑟夫·莱库设计,于1861年晚期由纽约州的毕林赫斯特公司生产,内战双方都有采用。其在原理上又回复到了管风琴类武器上,仅仅是由前方装弹改成了后方装弹。该枪口径14.7mm(0.58in①),25根枪管平架在一个装有轮子的金属架上,活动式的枪机机构由一个杠杆控制,由事先装好药的弹仓供弹。25发枪弹全部由手工装填,在弹仓中依次排列,安放在枪管尾端。枪机锁定后,通过一个撞击式火帽点燃引火药,可使25根枪管同时发射。

25管0.50in口径的M1862毕林赫斯特·莱库多管排枪

尽管结构非常粗糙,但毕林赫斯特·莱库多管排枪采用弹仓装弹,并且其枪机开闭相对较快,使得射速有所提高。以一个3人作战小组为例,该枪每分钟可发射7组枪弹,即175发弹,有效射程可达1188m。

该枪还有一个名称叫"桥上枪",因当时很多桥上都放置了这种枪而得名。由于其有效射程大,因此在防卫桥梁时非常奏效。该枪最大的弱点就是引火药可能会受潮而致使不能发火,因此一般只用作防御武器,而非进攻武器。

连珠武器

帕克尔"防卫"机枪 16世纪之前,枪械主要靠火绳点火,这种点火方式从根本上限制了武器射速的提高。16世纪后,燧发机构开始出现,为枪械射速的提高奠定了基础。

1717年,詹姆斯·帕克尔向英国武器部展示了他的名为"防卫"的枪,并于1718年5月15日在伦敦取得专利,专利号为418。该枪是一支单管武器,其采用的多膛原理类似于转轮枪。在1722年的一场演示中,该枪在7min内发射了63发弹,就当时而言,其表现堪称完美。但英国武器部对该枪并不感兴趣,因此没有采取进一步的行动,不过,该枪还是投入了生产,至今仍有一支留存。

---

① 1in = 25.4mm。

帕克尔机枪7min可发射63发弹。图片下方的转轮弹膛装有用于攻打土耳其人的方弹头弹，装在枪上的转轮弹膛装有用于攻打基督教徒的圆弹头弹

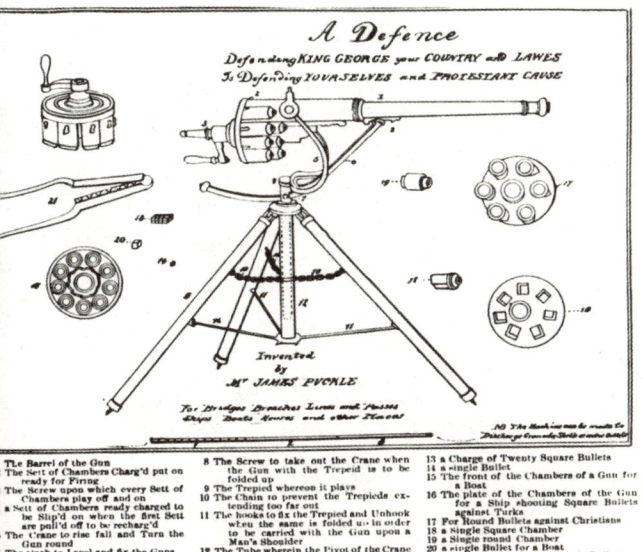

帕克尔"防卫"机枪1718年的专利稿

尽管帕克尔机枪在工作方式上与我们现在所说的机枪毫无相似之处，但其还是有很多值得关注的地方，特别是枪架。该枪的枪架十分类似于20世纪初所使用的三脚架。其架腿上有链条，以防止过度张开。但这种枪架只能采取一种高度，此后的很多机枪都使用了可升降的枪架。

该枪采用转膛结构，燧发点火系统安装在转轮上方，转轮通过后方的手柄机构连接在枪管上。转轮固定好后，使燧发机构点火，点燃弹膛中的火药，射出弹丸。松开手柄轴上的螺丝并转动手柄，将下一个弹膛对正枪管，枪又处于待击状态。在发射完所有弹头后，松开螺丝，取下转轮弹膛，再换上一个装满弹的新弹膛。

另外还有一点非常有意思，就是帕克尔为他的枪研制了两种不同的弹膛，其中一种发射方弹头，用于对付土耳其人，另外一种发射圆弹头，用于对付基督教徒。

继帕克尔机枪之后，枪械的发展再次陷入僵局，直到19世纪早期撞击式火帽的出现，才再一次打破坚冰。在撞击式火帽出现后的75年时间里，火器在设计、发展及性能方面的进步比历史上任何时期都要快。

据记载，1829年，美国俄亥俄州的塞缪尔·法瑞斯取得了连珠火炮的专利，这也是美国专利局所授予的第一个"机枪"专利。在这一时期，"机枪"的概念已经演变成大型的机械化操作武器。

在此期间，人们想出了很多方式来使机枪工作，其中包括以水蒸气和燃气作动力。当中的一些想法虽然可行，但又过于理想，结构复杂，因此没有得到进一步的发展。然而正是这种在点火系统上的不断努力，促成了自动武器结构的发展。1856年，火帽被融合为枪弹的一部分而生产出定装枪弹；1858年，乔治·摩斯发明第一个中心发火的金属枪弹。这些发明为更先进机枪的诞生奠定了基础。

手动机枪

艾格"咖啡研磨机"机枪 美国内战中使用的第一支接近现代机枪定义的就是艾格机枪。该枪由威尔森·艾格设计，其采用转轮式原理。之所以得名"咖啡研磨机"，是因为其装弹漏斗连接在武器顶端，再加上操作手柄，看起来就像一个咖啡研磨机。

该枪配用的枪弹结构与定装枪弹相同，外壳由钢制成，内装黑火药及弹丸，底部是撞击式火帽。将枪弹放入装弹漏斗中，转动手柄，枪弹被推入弹膛，闭锁后，击锤打击撞击式火帽，使武器发火。继续转动手柄，打开枪机，抽弹壳并抛壳。重复上述动作，武器即可持续射击。如果有充足的弹药，并且不断向漏斗装弹，那么该枪的射速能达到100发/min。

因为该枪是一支单管武器，所以枪管过热又成了一个新问题。因此每支枪另配两根备用枪管。枪管有膛线，有效射程为914m，枪架可调整高低。该枪放置在一个轻型两轮车上，弹药箱安装在枪两侧的车轴上。

艾格机枪在美国内战时期属于非常先进的武器，但装备量很少，在50架左右。当时有人认为它不太适合实战需要，仅仅只有一个枪管，不能形成面杀伤火力。因此该枪只是辅助莱库多管排枪作为防卫桥梁时使用，却很少单独使用。

雷普利机枪 该枪由美国纽约州的以斯拉·雷普利发明，于1861年10月22日取得专利，专利号为33544。该枪从未正式生产过，但其几个基本概念却被次年设计的加特林机枪所借鉴。其有9根枪管，枪管为固定式。枪机可拆卸，有9个弹膛与每根枪管一一对应。弹膛中装填纸壳弹，每个弹膛后面有一个火帽。在枪机与装满弹的弹膛被锁定之后，旋转后方的手柄，即可依次给每根枪管点火。发射速度由手柄旋转的速度决定。所有枪弹发射完毕后，可将弹膛拆下，装上新的装满弹的弹膛。

加特林转管机枪 理查德·加特林于1818年诞生于美国北卡罗来那州的一个发明世家。他的父亲曾发明过棉花种植机和间苗机，在这些发明中，小理查德也帮了不少忙。后来他自己发明了一台稻米种植机，

单管艾格"咖啡研磨机"机枪是历史上首支接近现代机枪概念的速射武器

并申请了专利，之后又将其改进为可以播种多种作物的机器，在北方多个城市销售。1847~1848年，他在印第安那州学习医学，转年进入俄亥俄州医学院学习，取得了医学学位，但由于他对机械设计方面的兴趣更为浓厚，因此并没有在毕业后从事医学，转而投入设计工作。

加特林在机械设计方面有着很高的天分，他自己设计了一种枪，于1861年后期生产出了一支样枪，并不断进行改进，于1862年早期最终完成，命名为M1862加特林转管机枪，并于当年11月4日取得"转管排枪重大改进"的专利，专利号为36836。该枪在武器史上占有一定的地位。

M1862加特林转管机枪采用了艾格机枪和雷普利机枪上的一些原理，并在此之上进行了改进。它是一个由手柄操作的、在一个中心轴上安装6根枪管的武器，每支枪管都配有一个枪机，待击和击发都由齿轮机构控制。该枪发射纸壳弹，纸壳弹中装黑火药和0.58in（14.7mm）的弹头。发射时，将纸壳

绪论二
早期速射武器大观

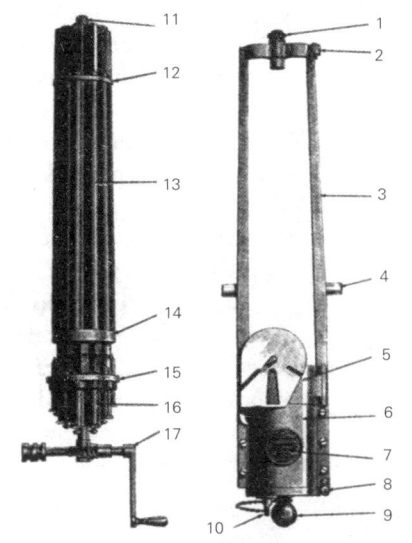

了6支。但不幸的是,在枪即将生产完成之前,公司失火,将图纸及样品全部烧毁。尽管当时加特林在经济上几乎破产,但他并没有被困难击垮,而是与辛辛那提的麦克温妮公司合作,签约生产12支M1862机枪。之后,加特林又对其进行修改,如将配用的纸弹壳改为铜弹壳,仍采用0.58in口径,但改为边缘发火式,相应地,在机头上设置两个打击体以打击边缘底火。

M1862机枪自身最大的缺陷是存在漏气问题,主要是因为其弹膛与枪管是分离的缘故。因此加特林再次对该枪进行改进。他设计了一种新的闭锁机构,使弹膛与枪管连接成一个整体,这种改进后的机枪称为M1865机枪。

M1865诞生后,加特林依然对其进行改进,随着改进的深入,加特林机枪也越发先进,因此陆续在世界各国的陆军和海军服役。

加特林机枪可谓手动机枪的巅峰之作,直到马克沁发明了自动机枪后才渐渐退出历史舞台,但其原理至今还在一些武器上采用。

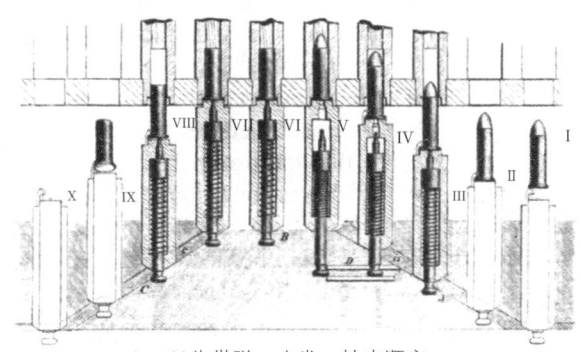

Ⅰ→Ⅹ为供弹、击发、抽壳顺序

加特林机枪枪管组件及发射过程示意图

1—弹底间隙调整螺钉;2—准星;3—枪管框架;4—耳轴;5—装弹漏斗;6—枪机框座;7—枪名标记;8—表尺;9—连接旋钮;10—垫塞;11—中心轴;12—枪管前定位盘;13—枪管;14—枪管后定位盘;15—枪机引导盘;16—枪机;17—手柄。

弹装入一个钢管中,钢管尾端装入撞击式火帽后封闭。然后,再将这些装满弹的钢管放置在装弹漏斗中。

该枪在1862年成功展示之后,加特林与俄亥俄州的密尔斯·格林伍德公司签约生产

中东地区的军队曾在"骆驼军"中装备加特林机枪

轻武器典藏手册 ——世界著名机枪 I

加德纳机枪 加德纳排枪的设计者威廉·加德纳于1843年出生于美国俄亥俄州。内战之后，他在俄亥俄州十字志愿军中服役，其间曾任客户监察员、建筑师及发明家等职务。加德纳喜爱枪械设计，他常常自己勾画出枪械的骨架结构，1874年基于这些结构，他完成了自己的第一支木制样品枪，同年晚些时候，在朋友的帮助下生产出了第一支可以实际应用的样品枪，称为加德纳机枪。第二年，加德纳与伯莱特·惠特尼公司达成协议，改进并生产加德纳机枪供部队使用。

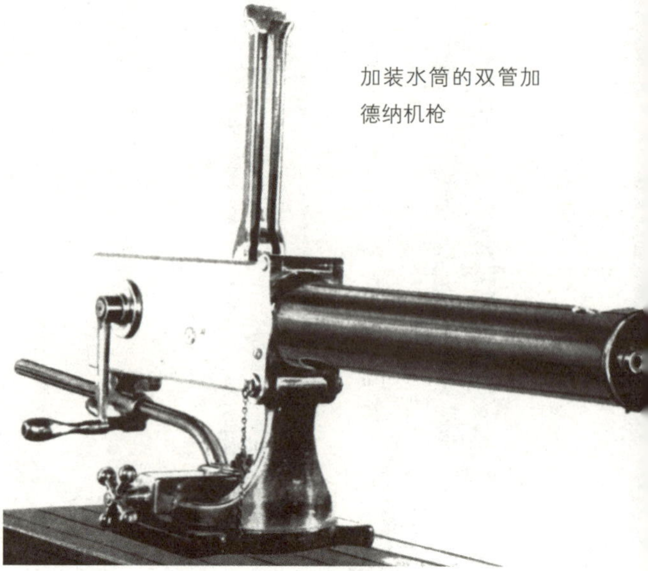

1875年，美国海军武器局对第一批加德纳单管机枪进行测试之后，送回伯莱特·惠特尼公司进行局部改进，具体改进是将供弹系统改为帕特赫斯特发明的新式供弹系统。伯莱特·惠特尼公司向加德纳提供了一定的费用，从而拥有了加德纳机枪的生产权，并买下了帕特赫斯特供弹系统的专利权，以生产这种改进后的加德纳机枪。

因此，加德纳最初的设计并没有得到任何订单，并且由于供弹系统发生改变，从而使枪械结构产生了很大变动。但他并不甘心，认为他最初的设计非常有竞争力，于是转而寻找其他公司来生产他最初设计并取得专利的机枪。但寻求其他公司合作的道路并不顺利，于是他于1879年8月与人合伙共同开创了加德纳机枪公司，专门生产这种机枪。

公司成立后，先后向欧洲多国政府推销该枪，当时有人建议，如果该枪能在英国生产，那么英国可能会大量采购该枪，加德纳随即决定在英国里兹建立分部，生产该枪。

英国海军部于1880年2月测试了发射0.45in马蒂尼-亨利枪弹的加德纳机枪。英国战争部也在1881年3月对该枪与加特林机枪、诺顿菲尔德机枪以及伯莱特·惠特尼公司的改进型加德纳机枪进行了对比测试。测试结果显示加德纳机枪系统最佳，而双管加德纳机枪又是优中之优。预测到英国陆军部和海军部可能会订购该枪，于是公司又在伦敦设

加装水筒的双管加德纳机枪

早期双管加德纳机枪，两根枪管共用一个弹夹

绪论二
早期速射武器大观

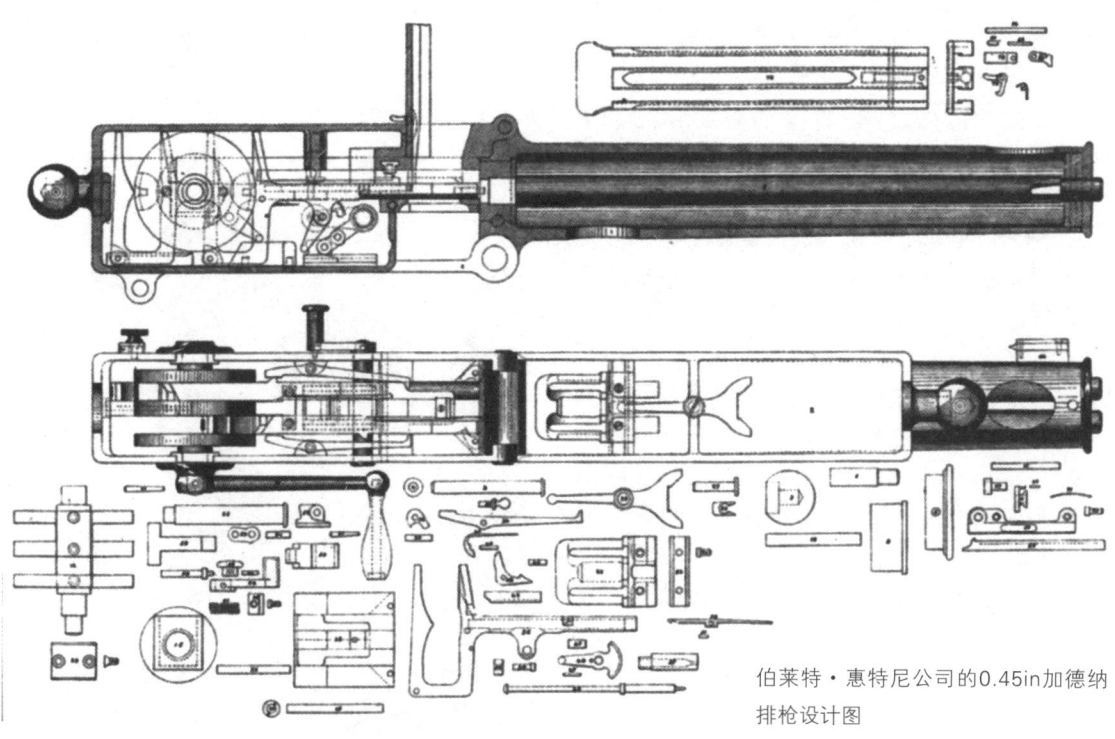

伯莱特·惠特尼公司的0.45in加德纳排枪设计图

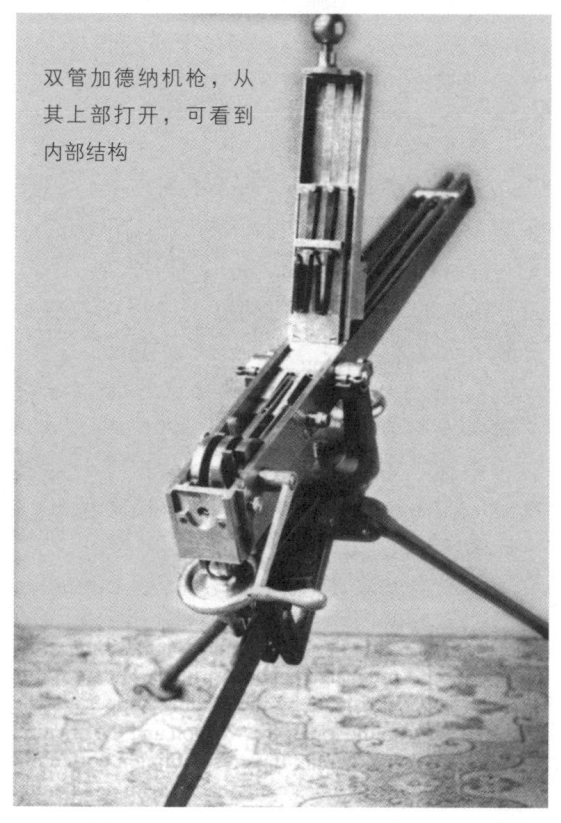

双管加德纳机枪，从其上部打开，可看到内部结构

立了工厂，生产加德纳机枪。

加德纳机枪有两个互相平行的枪管，二者于枪管尾端相连，共同使用一个供弹机。通过转动手柄来依次完成装弹、击发和抛壳。手柄杆为圆盘形，上有可操作枪机工作的手柄针。当关闭一个枪机准备发射时，另一个枪机就会被将要抛出的空弹壳所阻碍。因此，转动手柄时，枪管可按左－右－左－右的顺序依次发射。

加德纳机枪集质量轻、结构简单、结实耐用等优点于一身，在当时是一种非常优秀的机枪。其枪弹对准枪管的准确度相当高，并且可以根据意愿随意选择发射任何一支枪管。

随后的几年，伯莱特·惠特尼公司及加德纳机枪公司都对他们的枪进行了发展与改进，并分别申请了专利。其中包括生产了单管、双管及5管机枪，并且对三脚架、架座、方向及高低机构进行了改进。其中一个型号的双管加德纳机枪，其枪管上增设一个封闭式水筒，内部装水，用以冷却枪管，其上方有一开口，用于装水以及水蒸气的扩散。下方有一阀门，以便于水流出。

加德纳机枪公司与伯莱特·惠特尼公司在生意上是竞争对手，但他们的机枪都以"加德纳"命名，并且内部机构也有很大不同。两公司竞争激烈，最终以伯莱特·惠特尼公司取胜，加德纳机枪公司于1895年破产而告终。

加德纳机枪曾被5个国家采用，并在3个国家生产，产量极大，仅次于加特林机枪。

诺顿菲尔德机枪 诺顿菲尔德机枪也是当时手动机枪中强有力的竞争者，该枪由瑞典工程师赫尔兹·帕姆克兰兹所发明，其枪机机构堪称排枪中的佼佼者。枪机闭锁和发射通过工作杆前后运动来完成，这样可以允许射手进行持续性发射，也可以允许一次只发射一根枪管。每根枪管上方都有一个竖直装弹器，用于给每支枪管装弹。

既然该枪是由帕姆克兰兹所发明，那么为什么不称为帕姆克兰兹机枪呢？这其中的渊源非常有趣。帕姆克兰兹在发明该枪后，与大多数发明家一样，并没有足够的经济实力来使他的样品产品化，成为真正具有实用性的武器，他迫切需要资金支持来实现这一点，于是找到了一个名叫诺顿菲尔德的瑞典金融家，希望双方能够合作，生产该枪。诺顿菲尔德同意了这项提议，但要求机枪生产出来以后必须以他的名字来命名，帕姆克兰兹无奈只好答应。

事实上，诺顿菲尔德机枪能够顺利投产，并被大量采用，诺顿菲尔德功不可没，他确实是一个精明的商人与推销员。虽然帕姆克兰兹的设计有些过时，但诺顿菲尔德还是通过高超的推销手段成功地促销了这个比同时代其他一些枪性能都要差的多管排枪，一时传为美谈。他深谙满足购买者需求之道，为客户提供1~12管机枪的样本，并且根据客户需求，机枪口径可以在步枪弹到火炮之间的所有口径任意变化。

1880年，英国政府决定选用一批机枪，

5管诺顿菲尔德机枪，其上有一个大型装弹漏斗

但对参选的枪支提出了3个基本条件：

射速为400发/min；

弹膛在发射瞬间应至少关闭1/3s，以保证安全；

发射1000发枪弹后，枪管不会太热。

诺顿菲尔德完美地利用了帕姆克兰兹系统轻易达到了以上标准。试验中他选送了一支12管机枪，因此只要每支枪管每分钟发射40发枪弹，就可以轻易达到每分钟400发的射速，并且1000发点射只相当于每管发射83发枪弹，这样就大大减轻了枪管发热问题。

在1882年举行的一场测试中，诺顿菲尔德用一支步枪口径的10管机枪以3min3s的时间发射了3000发弹，并且没有任何部件破损或停止工作，令全场震惊。

虽然该枪设计有些过时，但工作效率、耐久性和可靠性都非常惊人，唯一的缺点就

绪论二
早期速射武器大观

4管诺顿菲尔德机枪,其上部打开,可见其有4个枪机

是不能直观地观察膛内是否有弹。

该枪总共生产了18种型号,英国海军对该枪的表现和可靠性非常满意,因此订购了一批0.45in(11.43mm)口径的5管型和25.4mm口径的3管型。欧洲其他一些国家的海军也订购了该枪,使得该枪在欧洲十分流行。

拜拉机枪 该枪为0.45in口径,并没有在国际上流行开来,只是在尼泊尔生产,装备尼泊尔陆军,是手动机枪时期的一个型号。

该枪除底火盘和供弹系统外,其他机构均采用加德纳机枪的设计。据估计,该枪仅生产了50支左右,因此从收藏角度来说,具有极高的价值。

从手动到自动,迈入新时代

就结构而言,手动机枪既不属于单兵武器,也不是火炮。由于利用手柄操作,因此一般需要架设在较重的车轮上,并且通常通过枪架的升降系统来控制瞄准时的高低和方向。步枪口径的排枪火力范围在731～1097m之间,介于单兵和火炮的火力。

虽然手动机枪的出现为武器的发展带来一次飞跃,但当时很多人却不知该如何对其加以利用才能发挥最大优势。一些人认为可将其作为攻击型武器,也有人认为其可作为火炮的辅助武器,防御炮排被攻击,减轻步兵负担。通常作这样用途的手动机枪被称为"步枪口径的火炮",这一命名非常恰当。

历史上使用最多的手动机枪就是加特林机枪,其次是加德纳机枪和诺顿菲尔德机枪。后来马克沁发明了真正的自动机枪,机枪的发展迈进了一个新的时代。

第一章　重机枪

重机枪是指配有三脚架或其他类型的稳固枪架，能持续连发射击的机枪。现在欧美国家一般将12.7mm及以上口径的机枪称为重机枪，12.7mm口径以下的机枪则称为中型机枪。中国还没有中型机枪这种说法，按惯例一律称为重机枪（如7.92mm的马克沁重机枪，国外通常将其归为中型机枪，称呼时通常简称马克沁机枪）。1884年，马克沁重机枪的出现成为轻武器史上一个划时代的进步，开创了依靠火药燃气能量完成全自动射击循环的先河。

重机枪从第一次世界大战开始成为步兵营、连一级的步兵支援火力，显现出极强的压制作用。据统计，在第一次世界大战中80%以上的伤亡是机枪造成的，从而导致步兵作战战术发生了巨变。但由于重机枪系统质量过重，机动性较差，第二次世界大战后步兵分队的重机枪逐步被通用机枪取代。

抗战期间，中国军队使用二四式重机枪的训练场景。照片中可见完整的水箱和供弹箱

自动武器之父马克沁
和马克沁机枪

马克沁不仅是机枪的开山鼻祖,他还设计过自动步枪和自动手枪,可谓轻武器领域的"全能冠军"。照片为世界上最早的马克沁重机枪原型

自动武器之父马克沁和马克沁机枪

马克沁是世界轻武器发展史(尤其是自动武器发展史)上一位最有名的设计大师。马克沁在自动武器上的建树,是后人无法比拟的,由马克沁研制成功的马克沁机枪,开创了世界自动武器发展的新纪元。

自动武器之父马克沁

海勒姆·史蒂文斯·马克沁于1840年2月5日出生在美国缅因州桑格斯维尔市阿伯特·罗挞村的一个普通而贫寒的家庭,他是家中7个孩子中最小的。1916年11月24日，马克沁病逝于英国斯特雷瑟姆市。他是历史上最伟大的机械学天才之一，被人们尊称为自动武器之父。在他数十年的自动武器设计生涯中，设计了多种自动机构，为世界轻武器的发展做出了杰出贡献。其突出成就表现在：一是首次完成了利用火药燃气能量实现三种自动方式（自由枪机式、导气式和枪管短后坐式）；二是成功地研制了利用火药燃气能量完成弹药供弹的自动供弹系统，这种以弹链和拨弹齿为核心的供弹机构，直到今天仍被广泛应用在各种自动武器，尤其是各种轻、重型机枪上。

17岁的马克沁

早年的流浪生涯

与绝大多数自学成才的人一样，马克沁也没有足够的钱去接受更好的教育，完全靠自己的勤奋努力，有限的几本书对他一生的发展起到了至关重要的作用。当然，家庭对他的影响也是不可低估的。马克沁的家庭是法国雨果家族的后裔，被从法国驱逐到英国后，先后移居到英国普利茅斯市和美国马萨诸塞州。1846年，6岁的马克沁被送入桑格斯维尔市的一所地方小学就读，其非凡的机械天赋在他很小的时候便显露出来了。14岁那年，他进了一个马车作坊当学徒，当时他制造了一艘小木船和一架马拉锄耙机。那时候，他基本上每天工作16h，这种早期艰苦的学徒生活不仅磨炼了马克沁的意志，也使他学会了许多技巧，对他日后的发展非常有益。在生产锄耙机几个月后，他便和哥哥一道进行了一段短期的旅行和狩猎，这不仅锻炼了他的身体，而且使他对武器的结构有了初步的了解，为他日后从事武器的研制奠定了基础。之后，他用自己卖兽皮的钱重返校园，但学生生涯是短暂的。

随后马克沁便应聘到福林特马车作坊当工人。作坊的许多机械是用水力推动的。年轻的马克沁在这里学会了制图和许多机械加工工艺，他投入了大量的时间和精力进行各种马车零部件的设计，通过他的努力，作坊的马车生意逐步得到改善。他在马车作坊工作了4年后，便开了一家小型面粉加工厂，自己既是老板，也是工人。那时候，所有的面粉加工厂都受到了老鼠的侵害，马克沁研制成功了一种自动捕鼠器，使他的面粉厂获得了成功。遗憾的是，那时的面粉加工通常是不支付现金，只付给面粉，马克沁终因无力担负自己的生意，面粉厂倒闭了。1861年，他只身来到缅因州的德克思特市，在那里，他被聘为木工。此时，美国南北战争爆发，他便报名参加了地方保安队，但他很快就对这种被他戏称为"玩耍兵"的生活感到厌倦了。不久后，他又离开缅因州，来到了亨廷顿市，以后，因与各种商业伙伴的业务往来，他经常从一地迁到另一地。在加拿大，他从事过数十种工作。

1863年，他回到缅因州老家后，有一本书对他日后的研究产生了很大影响，这就是《尤尔艺术、矿藏和制造技术词典》，他用了整整一个冬天的时间来阅读这本书，它成了马克沁一生中受教育的一个重要阶段。这一期间，他用在读书上的时间比与即将结婚的女友待在一起的时间还要多得多。

南北战争后期,他在波士顿受聘于专门从事机械生产的奥林福公司。由于他对气体照明灯的改进,引出了许多重要的发明,其中最重要的发明之一是自动灭火器,并且取得了灭火器发明专利,现在的自动灭火器仍然采用马克沁研制成功的基本原理。他利用这一专利,与当时国家最富有的绅士A.T.斯逖瓦特先生合伙在纽约市百老汇大街264号成立了一个气体照明灯生产公司。

中年的辉煌事业

1881年8月,马克沁和一些美国电器发明家到英国伦敦组建电器生产子公司时,发现欧洲人的主要兴趣是武器,尤其是考察维也纳之后,他更清楚了欧洲人的主要兴趣是速射武器,于是他便开始将主要精力转移到自动武器研制领域中。

马克沁从此正式开始从事自动武器设计,到1916年逝世的35年间,设计了无数自动武器和机构。

在马克沁从事自动武器研究的初期,设计了多种自动步枪和自动手枪,但都没有进行商业性生产,也没有产生任何经济效益。

马克沁自己设计的第一个全自动武器机构大约是从1882年开始,1883年完成的,这也是世界上第一个真正成功的自动武器机构。自动机构是在美国人伽德洛设计的自动机构的基础上改进而成的,成为一个成功的自由枪机式自动机构,首创采用火药燃气能量进行自动循环的自动系统。他设计了一种可拆卸的枪托底板,在步枪的枪托内有一条通道,用通过通道的连杆和弹簧将枪托底板与扳机护圈杠杆连接起来。射击时,火药燃气驱动枪机后坐,压缩枪托底板和步枪自身间的弹簧,推动连杆作用于扳机护圈杠杆,使枪机开锁并抽壳,被压缩的弹簧推动枪机复进,将下一发弹推入弹膛并使枪机闭锁,即可击发下一发弹,使武器实现全自动射击。1883年,这一机构在温彻斯特1866式步枪上使用并取得成功,这一成功引起了整个欧洲的注意,并立即被应用到许多0.44in温彻斯特步枪上。此后,在许多武器上也得到应用,如最早研制成功的全自动步枪——美国的速射滑膛运动步枪就运用了马克沁自动系统。

马克沁开始研制和试验机枪的时间是1884年,他的第一挺试验型机枪使用的是一根0.45in加特林枪管,试验时在进弹口放置了6发枪弹,在半秒钟内可全部射击完毕。试验用的供弹具是一个老式的垂直漏斗,他很快意识到要实现全自动射击,采用这种供弹系统是不行的,经过无数次试验与改进,一种长6.4m、装弹333发的大弹链研制成功了。

马克沁与他设计的轻型马克沁机枪及脚架

马克沁设计的供弹机构可拉动弹链自动通过进弹口，第一挺试验型机枪配备了一个外部射速控制器和一个射击装置，这种射击装置后来取消了。1884年，马克沁的机枪设计基本完成。一个多世纪过去了，马克沁设计的这一基本自动机构很少有改动，现在在许多现代机枪等自动武器上，仍能见到它的影子。

1891年，第一挺马克沁机枪试装英国军队，1893年后开始陆续装备英国军队，正规军每营装备2挺，取代了英军装备的加特林机枪，从此揭开了马克沁机枪装备世界各国军队的序幕。马克沁机枪从1888年便开始进入美国和中国，1899年，装备德国装甲部队，1912年装备土耳其军队，在第一、第二次世界大战中，各种型号的马克沁机枪被世界各国广泛采用。

跨世纪的马克沁机枪

自1884年第一挺马克沁机枪问世以后，出现了许多不同类型的马克沁机枪，大的小的都有，大的是需要两个人抬着行军的重机枪，小的有一只手就能拎起来的轻型机枪。马克沁机枪也是我国老一代军民非常熟悉和喜爱的一种机枪，它为我国的抗日战争、解放战争和抗美援朝战争立下过汗马功劳。

在众多的马克沁机枪中，比较典型的型号有马克沁1893式机枪、英国0.303inMK1式马克沁机枪和德国MG08／15式马克沁轻机枪等。

1893式马克沁机枪　是世界上第一挺以火药燃气为动能完成自动循环的自动武器，也是世界上最早的水冷式机枪。这挺机枪的问世，是世界武器发展史上一个重要的里程碑。

1893式马克沁机枪从开始研制到正式装备部队，用了整整12年时间。1881年马克沁从美国来到英国后，就开始在伦敦市哈顿花园57号自己的小工厂里设计并用他从美国带来的机床制造第一挺机枪样枪。1884年初，他在伦敦进行了样枪的射击试验。这是一挺又大又笨重的机枪，还有一个长约1448mm、高约1067mm的三脚架。尽管此枪的外形并不十分漂亮，但它的技术含量却很高，试验结果也比较理想，马克沁根据试验结果改进了供弹系统并减轻了部分零件的质量。同年，他取得了世界上第一个以火药燃气为动能的自动武器发明专利。

为了使这挺机枪能正式投入生产，马克沁主动与肯特郡的维柯公司接触，谋求成立联合公司，并很快达成协议，成立了维柯-马克沁联合公司。1884年底，马克沁机枪在肯特郡的维柯-马克沁公司开始试生产。

1887年至1888年，马克沁机枪的试验分别在英国、奥地利、德国、意大利、瑞典、美国和匈牙利等地展开。英国政府1888年订购的3挺样枪，很快得到军方的认可，几年后正式装备英军，称为1893式马克沁机枪。

该枪首次在战场上的使用是1893年的罗得西亚战争，此后在1904年的日俄战争和第一、第二次世界大战中，都曾发挥过巨大作用。

0.303in(7.7mm)MK1式马克沁机枪　是由英国皇家轻武器工厂生产的一种中型机枪，是在1893式机枪上改进而成的。从外形看，它与1893式机枪的主要区别是在水冷管外增加了散热槽，机匣外形也稍有改动。实质上，两枪的架座、连接箍的形状和结构也完全不同。MK1式机枪采用盘形架座，可装在轮式枪架上，便于携行，而且此枪的结构动作可靠性比1893式机枪要高得多。

MK1马克沁机枪采用的仍是枪管短后坐式自动方式，肘节式闭锁机构。全枪质量18.2kg，全枪长1181mm，枪管长718mm，发射0.303in枪弹，弹头初速744m／s，250发弹带供弹，理论射速600发／min，射程2000m。

除在英国各兵工厂生产的马克沁机枪外，西班牙、德国和我国都曾对英国的马克

德国很早就意识到马克沁重机枪的战术价值，1908年定型的MG08重机枪，每个步兵营装备6挺。在一战索姆河战役中，德军的机枪阵地一天就杀伤5.7万名英法联军。从此重机枪的战术价值被世界各国所认识，从而导致了步兵作战战术的变化

沁机枪进行局部改进并生产，比较典型的有德国的MG08／15式轻机枪等。

MG08／15式7.92mm马克沁轻机枪 是在MG08式马克沁重机枪的基础上改进而成的。该枪与MG08式马克沁重机枪的主要区别是：加装了一个两脚架和一个枪托；机匣和枪管节套进行了局部改进；弹链装在一个有卷轴的弹鼓内，发射时弹鼓挂装在机匣右侧；两脚架是活动的，可以固定在枪口附近或弹鼓前沿，击针簧盒上有一个击针簧力指示器。

MG08／15式7.92mm马克沁轻机枪仍采用枪管后坐式自动方式，肘节式闭锁机构，水冷式冷却方式，自动循环过程与MG08式重机枪完全一样。它的优点是质量轻，机动性好，适合安装在飞机、坦克、装甲车及其他车辆上。第一次世界大战中，德国将它作为车装机枪。在紧急情况下，还可以单兵携带和使用。

MG08／15式7.92mm马克沁轻机枪枪身质量14.1kg，两脚架质量1.3kg，三脚架质量12.7kg，枪管长721.5mm，理论射速500发／min。

第一世界大战结束的前一年，MG08／15式7.92mm马克沁轻机枪的改型枪——MG08／18式7.92mm马克沁轻机枪又在德国的兵工厂研制成功，但这是一挺气冷式机枪。

中国产马克沁机枪

一名肩扛马克沁重机枪的中国士兵，面对镜头喜笑颜开。摄于抗战时期

血染的风采
——中国二四式马克沁重机枪

机枪的起源及马克沁机枪

自从武器出现之后，如何能使其连续发射，是许多武器发明家的梦想。19世纪中叶之后，出现了一些使用多支枪管将枪弹逐发击发的机枪。旧中国的金陵兵工厂曾仿造过其中的两种——10管加特林(Gatling Gun)机枪及4管诺顿菲尔德(Nordenfeldt Gun)机枪，另外较有名的两种多管枪是哈奇开斯(Hotchkiss)机枪和加德纳(Gardner)机枪。以今日的定义而言，这些都不算是机枪，因为它们是用手转一下扳手，击发一次，连半自动都算不上。但是在当时，由于这是唯一可以持续射击的武器，因而被视为犀利的军

血染的风采
——中国二四式马克沁重机枪

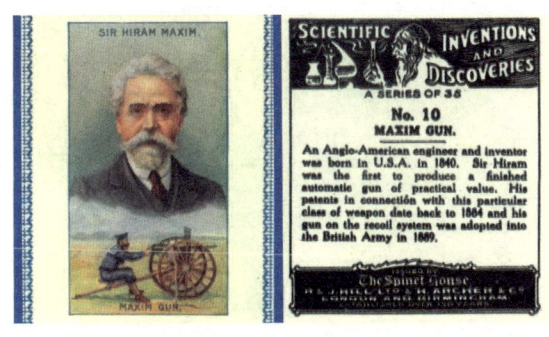

英国发行以科技发明为题的香烟卡,第10号为马克沁及他的机枪。美籍华人火器堂收藏品

械。

英籍美国人海勒姆·史蒂文斯·马克沁,原本不是武器专家,1882年在一个朋友的劝说下开始枪械研究,这个劝说不但改变了马克沁的一生,也改变了武器发展的历史。

马克沁从一开始就选择自动武器作为研究方向,他认为还没有人成功地研制出自动武器,因此这个领域是完全开放的。到1884年,他已经提出多项专利,涵盖了今天仍在使用的三大自动原理——枪管后坐式、导气式和枪机后坐式。他的最后结论是枪管后坐式自动原理最为可靠,他的第一支样枪就采用枪管后坐式自动原理。该枪在1885年4月的国际发明展中亮相,赢得了一枚金牌。1887年3月,他首度售给英国政府两挺马克沁机枪,由此开始了他作为军火制造商的事业。

马克沁对现代自动武器的贡献,除了研制出第一支完全不靠外力、而利用火药燃气能量来完成自动工作的武器外,他的发明还在以下方面具有长远的影响:

(1)供弹系统。在此之前,唯一有效的供弹系统是插入式弹匣,由李氏(James P. Lee)改良完成。马克沁第一次使用了弹链系统,并成功地研制出对应的机构来完成进弹、抽壳、抛壳的动作,使得自动武器的火力持续性大为提高。

(2)水冷式系统。在冶金技术得到重大发展之前,他发明的水冷式系统,利用水在常压下沸腾不会超过100℃的特性,使枪管在

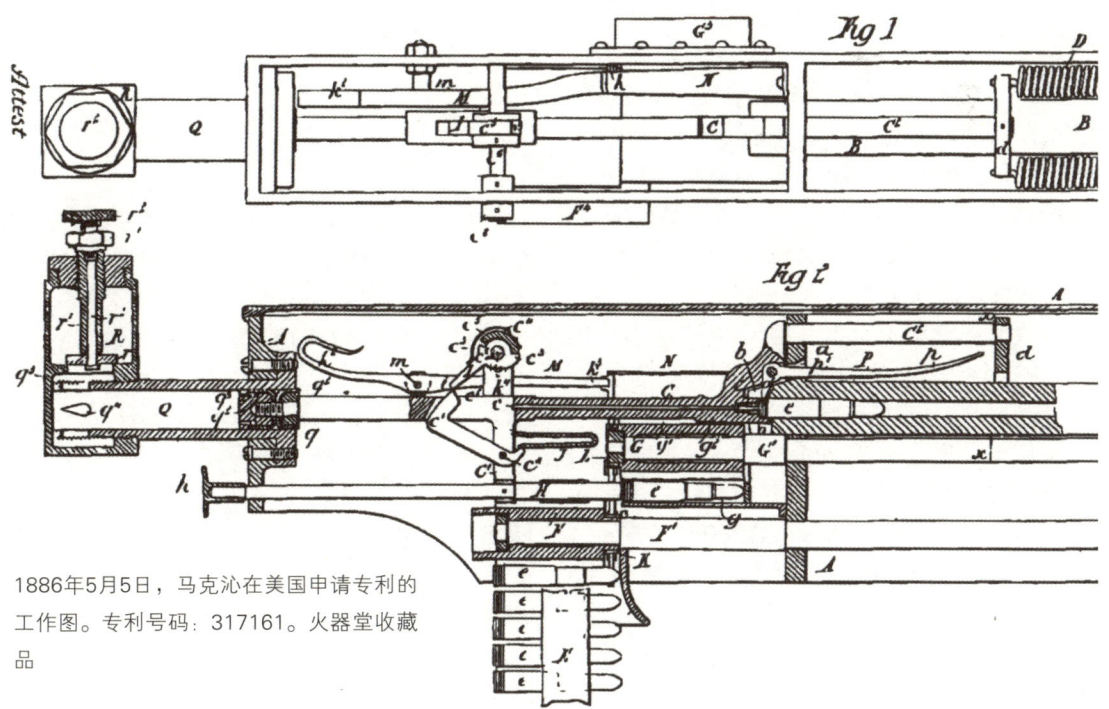

1886年5月5日,马克沁在美国申请专利的工作图。专利号码:317161。火器堂收藏品

武器持续射击时不致过热,非常简单有效。

(3) 证实了不需外力的自动武器的可行性,从而促进了自动武器的迅速发展。

(4) 永远地改变了步兵战术。马克沁机枪号称战争史上杀人最多的武器,由于马克沁机枪的出现,使得步兵战术大为改变。马克沁机枪的出现与步枪膛线的普及,可称得上是军事史上改变近代步兵战术的两大重要因素。

马克沁机枪的枪机与现代枪械上常见的枪机不同,较复杂,包括供弹、击发、抛壳组件,而闭锁则依赖一个肘节式的机械装置。其原理类似于手关节(在伸直时阻力最大),即在枪弹击发时,肘节是直的;在枪管后坐时,弯曲并提供足够的空间使枪机离开枪管。

马克沁机枪的自动方式为枪管短后坐式,击发后,枪管、枪机一起后坐,推动曲柄,使曲柄顺时针方向回转,带着枪机加速后坐而开锁。枪管后坐到位后,在复进簧的作用下复进,枪机后坐到位后,复进簧力使曲柄反向回转,推动枪机复进到位而闭锁。

1914～1918年的第一次世界大战中出现了一个奇特的现象,即交战各方都用本国兵工厂生产的马克沁机枪参战。如英国的维克斯父子-马克沁公司(Vickers, Sons & Maxim)、俄国的图拉兵工厂(Tula Arsenal)、德国的武器弹药兵工厂(DWM-Deutsch Waffen und Munitions Fabriken),都各自生产马克沁机枪,这也是空前绝后的。

俄国是世界上生产马克沁机枪最多的国家,从1905年开始,到第二次世界大战之后,数量超过了60万挺,包括各种衍生型,多于其他任何国家。1937～1940年,国民党政府曾经向俄国购买过1400挺马克沁-托卡列夫(Maxim-Tokarev)轻机枪和1300挺马克沁重机枪。由于这两种机枪使用苏联7.62×54mmR枪弹,与国民党政府使用的7.92×57mm枪弹口径不同,枪弹无法获得补充,所以没有大量采购。

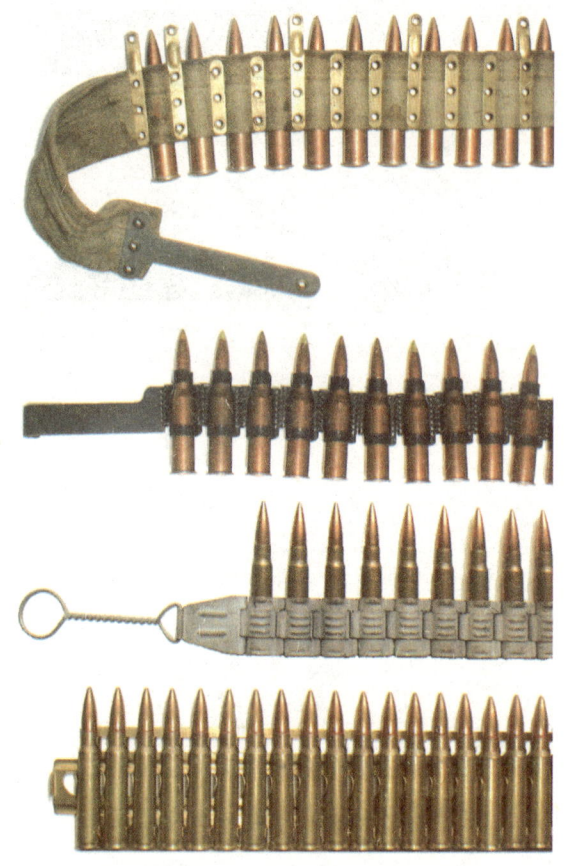

从上至下:马克沁布弹带、郭留诺夫金属弹链、ZB-37金属弹链及日本九二式重机枪弹板。火器堂收藏品

英国是最早使用马克沁机枪的国家,其0.303in维克斯MK I(MK.I.303 Vickers)改良型机枪,或许是世界上服役最久的型号之一。该枪于1912年11月26日正式服役,直到1968年3月7日才宣告淘汰,共经过两次世界大战以及中东和亚洲的各种冲突,历时55年。

在第一次世界大战中,德国开始注意到轻机枪的重要性,在MG08式马克沁重机枪的基础上改进成MG08/15式7.92mm马克沁轻机枪。其与前者的主要区别是:去除轮架,改为两脚架,加上枪托,扳机移至枪下方,弹链装在一个有卷轴的弹鼓内。仍然使用水冷式套筒,但是机匣和套筒均较薄、较轻,全枪

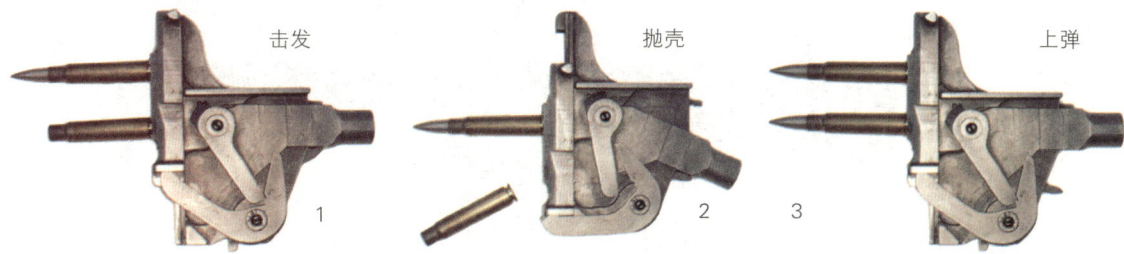

击发　　　　　抛壳　　　　　上弹

1　　　　　　　2　　　　　　3

质量15.5kg左右。该枪与冲锋枪配合使用，使步兵在进攻时仍能发挥持续的压制火力。

1917年，德国又在上述机枪上进行改良，试制成功MG08/18式马克沁轻机枪——一挺气冷式机枪，但是还未投产，战争即告结束。在二战之前，德国采纳了通用机枪的战术概念，不再生产、使用专用的重机枪。

马克沁重机枪在中国

旧中国，位于南京的金陵兵工厂，简称宁厂，首创于清同治四年(1865年)，为两江总督李鸿章所建，抗战时改名为第21兵工厂，该厂自始即是中国主要制造火药、火炮和机枪的兵工厂。光绪十五年(1889年)金陵兵工厂即仿造出马克沁重机枪，但是当时并未进入批量生产。

宣统二年(1910年)秋，四川机器局也报告制造出4挺马克沁重机枪。

1914年2月，金陵制造局仿制成功德国马克沁重机枪，并取名为"华宁"，在生产300挺之后，于1921年停产。

1915年，大沽造船厂依照所获得的德国新式马克沁重机枪进行仿制，1916年仿制成功，受到海军部嘉许，令其扩充生产。

1934年，国民党政府从德国正式引进马克沁重机枪的图纸，交由金陵兵工厂生产。这一事件可从当时任兵工署制造司司长杨继曾和兵工署技术司兼司长俞大维的年度工作报告中查到。

杨继曾1935年度工作报告中提到："……重机关枪宁、汉两厂共造576挺（无加造）。谨查马克沁重机枪一项，已将德国兵工署赠送之全套工作图样，交宁厂仿照改良，

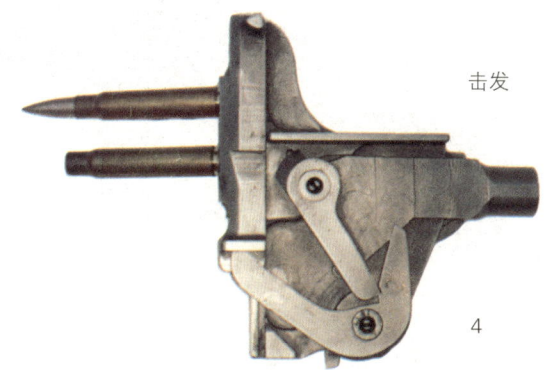

击发

4

马克沁机枪枪机工作循环示意图（由左至右：1. 前一发发射；2. 弹壳拉出、抛壳，同时将新弹送入弹膛；3. 闭锁完成，上端咬住一发新弹；4. 击发。请注意这些动作包括了大幅度的左、右移动，并未在这个图中显示）

二四式重机枪之序号牌，火器堂拍摄

二四式马克沁重机枪,Robert W.Faris藏枪,火器堂拍摄

本年底可开始呈缴修正新品,……惟制造能力,每月可至36挺……"

俞大维1935年度工作报告提到:"……马克沁式重机关枪之全套工作图样,系由德国兵工署赠送,已交宁厂根据小项图样,将现造之同式机枪,陆续改制,约计十月间可交新出品……"

仿制成功的马克沁重机枪于1935年(民国二十四年)定型,被称为二四式马克沁重机枪。从1926年至1948年,共生产了35272挺。

在抗战开始前后,兵工署曾计划采用丹麦的麦德森(Madsen)机枪,该枪属于轻重两用的通用机枪,并设立51兵工厂专事生产。但1940年6月,全套刀具及图样在滇缅公路西南运输处被炸毁,所以只好仍旧回头生产捷克式及二四式。

二四式重机枪的序号,使用1个英文母和4位数字,到目前为止,只见到了C字头。据此推算,其最大数量为29997。但表中统计的产量超过这个数量,因此这个序号系统可能不是从开始生产即采用的。

抗战期间,平均每月战损119挺重机枪,生产补充量为195挺,为损失量的1.64倍。

金陵兵工厂二四式重机枪铭记。火器堂收藏品

血染的风采
——中国二四式马克沁重机枪

新出厂的二四式重机枪

1937～1944年，仅21厂即生产了15005挺二四式重机枪，足够应付前线作战需要。即使在1940～1941年间，滇缅公路被切断，外来物资供应枯竭，一切军械生产均面临困境时，二四式重机枪仍维持相当高的产量。

根据"民国二十二年十二月时我国现用各种枪械一览表"所列，当时使用的重机枪主要为卅节式（勃朗宁机枪）和马克沁式。生产卅节式的有汉阳、华阳、上海等兵工厂，生产马克沁式的有金陵、巩县、大沽、福建、湖南及山东等兵工厂。其中巩县兵工厂所生产的，称为俄式双轮七六二机枪，仿造俄国1910式，其枪架带有双轮，使用7.62×54mm R枪弹，是中国唯一生产不同口径马克沁重机枪的兵工厂。抗战初期，巩县兵工厂改名为第11工厂，汉阳兵工厂改名为第1工厂，两厂之间进行业务调整，第1工厂的机枪交给了第11工厂，由此第11工厂开始生产卅节式重机枪。

另外两种大量使用的重机枪是捷克的ZB-37及法国的哈奇开斯。ZB-37来自生产ZB26的捷克布尔诺工厂，在抗战前旧中国进口了1000挺左右，大部分配发给了各地的中央军。这是一种较先进的重机枪，枪管可快速更换，采用气冷式，使用金属弹链。

1942年2月，21厂完全依照规定公差，再次对马克沁重机枪进行改进，目的是使枪机内各零件均可互换使用，1943年11月开始出品。除枪机正身标有枪号外，其余枪机内各零件均不再标枪号，表示彼此均可互换使用。

1943年8月13日，昆明步兵训练中心的美国驻华兵器官李查森上尉(Capt. WmW. Richardson, Jr.)提出一份在训练中心使用中国武器的报告："……我们一共接收了23挺马克沁重机枪……这批枪的抛壳挺发生了很多严重的故障……一共更换了186个，其中有179个完全损坏。……另一个经常损坏的零件

表1　21厂马克沁重机枪产量(1927～1949)　　　　　　　　　　　　　　　　　　单位：挺									
年份	产量	年份	产量	年份	产量	年份	产量	年份	产量
1927	170	1932	280	1937	626	1942	1980	1947	3650
1928	228	1933	336	1938	1060	1943	2680	1948	3600
1929	324	1934	280	1939	1971	1944	2986	1948①	500
1930	348	1935	330	1940	2468	1945	3063	1949②	1950
1931	372	1936	610	1941	1860	1946	3600	总计	35272

注：①为气冷式机枪；②为上半年产量。

是击针，一共更换了35个。……枪管部分，虽有严重的腐蚀情况，但是仍能满意地使用。"从这段记载可以看出，当时生产的各种零件在原料、热处理上仍存在一些问题。

1945年，兵工署在年度报告中提出为了适应寒带作战需要，应开始研究气冷式重机枪，同时将缴获的2000挺日军九二式气冷式重机枪改为七九口径（即7.92mm口径）。

1946年国防部第6厅国防科学研究发展年报称："……我国国防重心已移向北方，为适合北方气候起见，水冷式马克沁重机枪实有改为气冷式之必要。……研究结果试造完成，试射结果良好，连续射击5000发，效果甚佳。每分射速为650发。"根据台湾联勤厂的资料，该型称为三六式马克沁重机枪。

1947年7月，21厂受命每月制造50挺气冷式重机枪，当年生产500挺，同时水冷式重机枪为每月300挺。1948年上半年的生产报告中称，21厂生产了350挺气冷式重机枪，同期生产了1600挺水冷式重机枪。由这些数字来看，气冷式重机枪的总共产量可能在1500挺以下。

1948年兵工署的研究发展项目42-2-22中曾提出："气冷式马克沁重机枪，经研究改良，如不用脚架，可代轻机枪用；质量由31.7kg减至15kg，其扳机位置亦由枪尾移至机匣下方，瞄准射击姿势可与捷克式相同。"由于1948年11月30日人民解放军攻入重庆，21厂被西南工业部接管，因此这个想法并未实现。

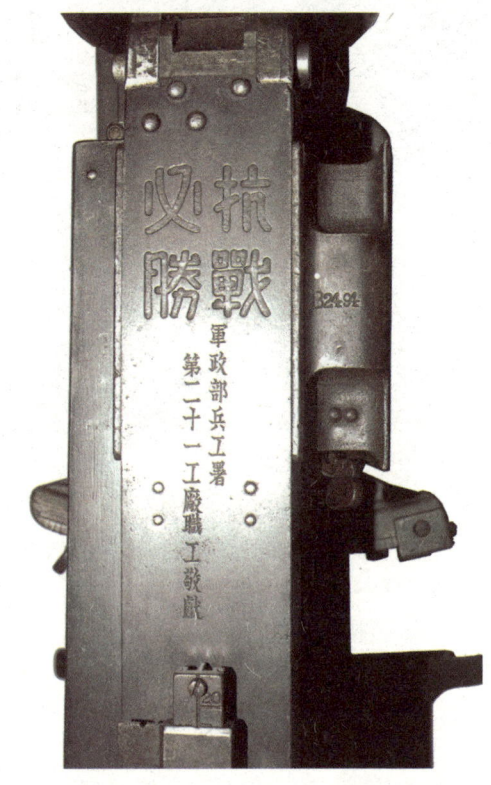

机匣有特殊印记"抗战必胜"的二四式重机枪，由序号推算，应是民国30年生产。台湾军事历史文物馆藏枪

马克沁机枪特点

重机枪配在第一线，不但能发挥火力，还有一个重大的心理激励作用。从第一次世界大战开始，由于重机枪杀伤力极大，又被称为"魔鬼的画笔"，是交战双方优先摧毁的目标之一。在"淞沪战役"中，日军常常

血染的风采
——中国二四式马克沁重机枪

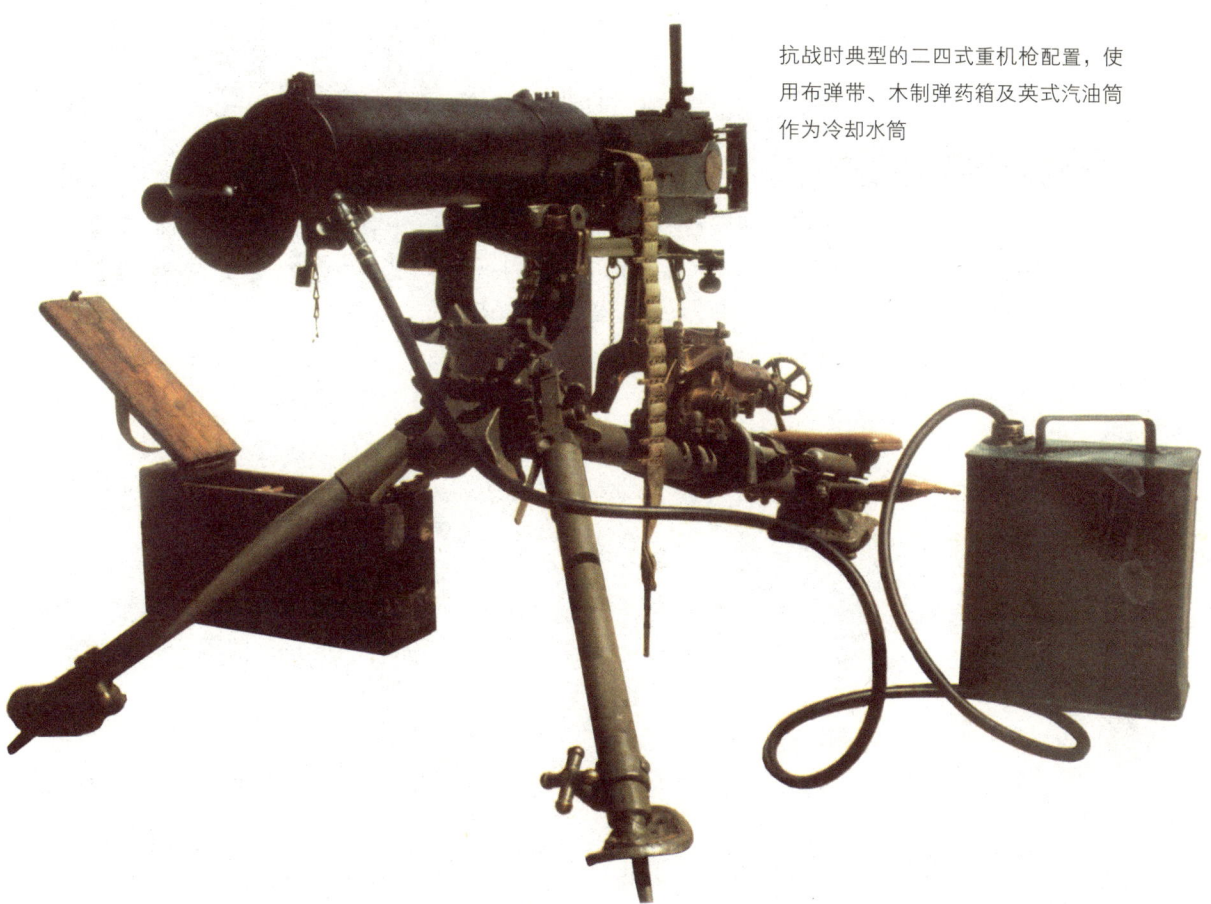

抗战时典型的二四式重机枪配置,使用布弹带、木制弹药箱及英式汽油筒作为冷却水筒

调用战车防御炮来对付国民党军队的重机枪。而重机枪又必然位于第一线,配属步兵单位,因此一场战斗下来,一个师十之八九的重机枪往往都遭击毁。

在第一次世界大战期间,重机枪的角色介于枪和炮之间,因此,德国的每一挺MG08式重机枪都配有光学瞄准镜,还可以配装间接射击装置。所谓的间接射击,也就是如同炮兵以曲射来形成一个椭圆形的打击区。作战之前,需先设定好打击区,在固定的方向设立标杆,作为瞄准方向的依据。此外,己方阵地的高度、目标区的高度、使用的弹药、风向等,都要列入考虑因素,因此重机枪阵地的指挥官,必须进行反复的计算,以确定机枪的仰角,待敌军一进入打击区,立刻以猛烈的火力袭击。在第一次世界大战之后,此种功能已经逐渐被迫击炮取代,因此二四式马克沁重机枪没有装光学瞄准镜或间接射击装置。

水冷式机枪只要冷却水筒中有水,枪管的温度就不会超过100℃。在射击时,枪管两端会漏一些水;所用的冷却水也不是循环的,射击前装满,作战时随时要在冷却水筒中加水。实际射击时,要打上两三个弹带,才会有蒸汽泄出。

装在套筒前下方的长橡皮管是用来引导蒸汽的,将水蒸气引入水柜中,水柜中的冷水会将其冷却,不使它泄入到空气中。因为在寒冷地带,泄入到空气中的水蒸气会马上形成一团白雾,不但阻挡了射手的视线,也易暴露我方重机枪阵地的位置。

二四式的枪管直接浸在水筒冷却水中,

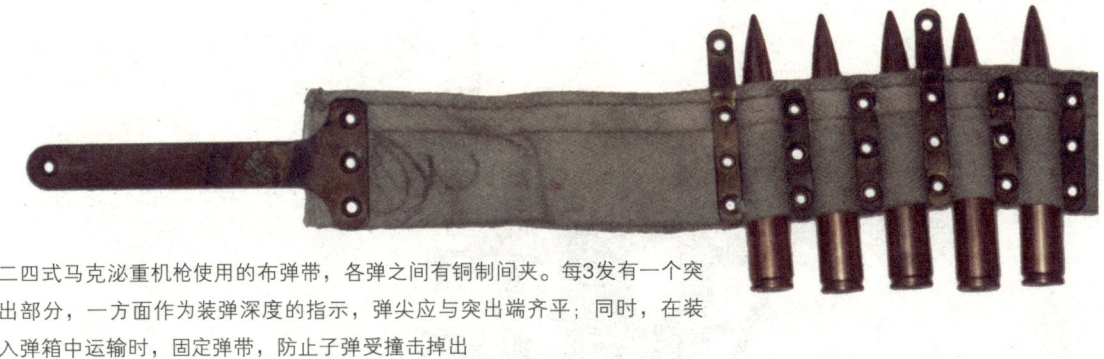

二四式马克沁重机枪使用的布弹带,各弹之间有铜制间夹。每3发有一个突出部分,一方面作为装弹深度的指示,弹尖应与突出端齐平;同时,在装入弹箱中运输时,固定弹带,防止子弹受撞击掉出

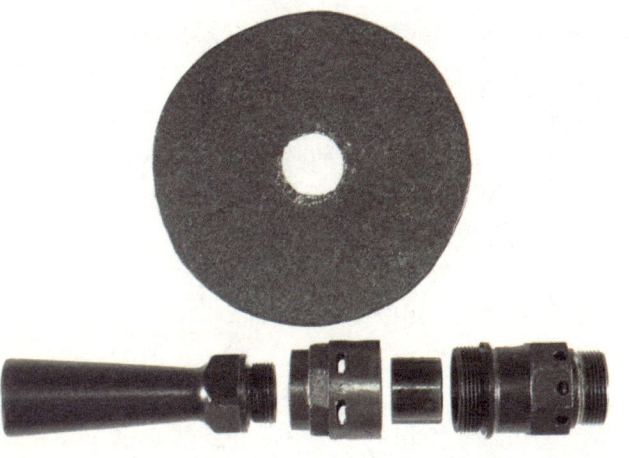

马克沁机枪冷却水筒工作示意图。蓝色的两个进气插销,固定在水筒的两端。插销尖端有孔,供水蒸气流通,销的上方有洞,让水蒸气进入。箭头为水蒸气的走向,在筒的左下侧泄出筒。两个插销之间有一个滑套,称为避气管,当枪身上仰时,滑下盖住后方的进气洞,枪身下俯时前移,盖住前面的洞,这个设计是要确定任何一个位置水蒸气都能泄出,同时水不会进入排气部份。水平时,任何一个位置都可以

二四式的枪口焰挡片及助退器分解图。注意助退器前后段上的小孔

因此水筒的密封完全靠枪管两端密闭,如果完全封死,枪管不能自由后坐,也就不能工作;若是不封起来,枪管一旦后坐,水筒的水会大量涌进机匣。因此在枪管及助退器后端要用密封细绳绕起来,就像现今封水管用的密封带,不能太多,也不能太少,以射击时水筒不会漏水为准。

水冷式另一个问题是水源供应,连续射击时,每打完一个弹带,就必须加水。在没有冷却水的情况下,打两三个弹带,由于机件膨胀,机枪会停止工作。另外一个问题是枪管内膛,在没有冷却的情况下,内膛会受到严重磨损。而在酷寒地带,水结冰也是一个问题,通常需加防冻剂,常用甘油或酒精来改变水的冰点。在第一次世界大战时,交战双方也有用烧煤的套筒,加装在冷却套筒之外,随时保持备战状态。紧急时,也可以隔一阵子就打一个点射,让冷却水不致结冰。

重机枪弹使用sS型重尖弹,采用船尾形结构,弹头质量12.8g。一般不使用普通尖弹,因为其弹体较弱,承受不起猛烈的机械动作,容易产生故障。这两种弹的枪口初速亦有很大差别,弹道迥异,因此弹着点相差甚大。

二四式的助退器之前,装有一个圆铁片,这个铁片用来遮掩助退器的火焰,使敌方无法判别重机枪的位置。喇叭形的消陷器则是用来减少枪口火焰,不致妨碍射手视

血染的风采
——中国二四式马克沁重机枪

1937年，中国军队在绥远进行军事演习的场景——使用二四式重机枪作防空射击，机枪装上了环形表尺、子弹挂盒及高射脚架。美国国家档案局照片

线。

帆布弹带可装250发枪弹，装在一个木箱中，可重复使用。在当时各国纷纷改用金属弹链时，二四式并没有使用金属弹链的记录，1948年曾试制丝织铜夹弹带。新中国成立后，将二四式改膛使用53式枪弹（7.62×54mm R枪弹），弹链也换用苏式的SG-43 郭留诺夫金属弹链(也用于PK及PKM系列机枪)。由于二四式的供弹机构有一个压指，在使用帆布弹带时，枪弹抽出，弹带可以压平，压指可以完全下压，连同拨弹机构下降，夹住下一发弹，因此使用俄式金属弹

29

链时，要将弹链反过来，开口部分向上，使压指可以下压到开口槽中。

二四式的拉机柄与现代枪械不同，在上膛时是往前推的。其供弹机构由左走钣推动，拉机柄与供弹机构并不相连，因此其供弹过程较复杂，连发装填的动作如下：送入弹带，向前推拉机柄，向左拉进弹带，释放拉机柄，再向前推拉机柄，向左拉进弹带，释放拉机柄。若是省略了第二个"向左拉进弹带"的动作，机枪便只能进行单发发射了。射击时，左走钣后退，带动拨弹板，使其横向移动，将下一发枪弹送入供弹位置。

二四式的扳机是相当独特的，一般马克沁机枪采用压板，左手拇指要推开保险，右手姆指压扳机击发。1936年金陵兵工厂采用了当时德国最新研发的扳机装置，在双把手前各有一垂直的连动杆，任何一边往后拉，都可以击发，其动作简单且自然，当时称为单手操作扳机，所有的二四式都采用了此项装置。

二四式重机枪结构看上去简单，但其实有许多小零件，尤其是枪机。像手表一样，任何一个小零件出现故障，整枪即不能工作。因此每一挺二四式配发两个枪机，除了序号之外，并注明A和B。若是出了问题，可以马上更换，时间允许时，再将枪机分解，排除故障或更换零件。

新品每六挺中有一挺加配有高射接杆、环形表尺、肩托等，可改换为防空射击之用。

二四式的脚架是个庞然大物，即便如此，如果不将脚架固定，并用沙袋增强，射击时整枪仍会逐渐后退。为了形成打击区，重机枪的固定是非常重要的。在实际作战中，重机枪不像轻机枪，可以灵活调整方向，因此事前的战场距离测量、装定分划都很重要，可是如果机枪位置移动了，一切准备工作都失去了作用。

脚架前方有装防护盾的卡槽，但是旧中国并没有制造或使用防护盾的记录。后脚架

抗战时期，昆明步兵训练中心在进行马克沁重机枪防空射击训练课程，注意其肩托、弹鼓及高射支架。美国国家档案局照片

中可装备用枪管，水平射界支架下有备用枪机盒，座垫下有工具盒、皮漏斗、小零件及工具等。二四式脚架仍是老式的前二后一，并有座垫，其设计即是让射手坐着射击。二战以后，战场火力大增，各国纷纷改成前一后二的设计，取消座垫，主要的射击姿势改成卧射。三六式的脚架即改成前一后二的形式。二四式脚架也可以放平，不过后脚架会卡在中间，射击时还会震动，使用时不是很舒服。

结束语

中国制造马克沁机枪的历程，并不是一蹴而就的，1935年，马克沁机枪已经不是世界上最先进的武器，但这是中国已经掌握的技术，当时虽也想改造勃朗宁及麦德森等机枪，然而世事总不如人所愿，八年抗战中，靠的仍是二四式马克沁重机枪。

二四式的原型是德国DWM公司1909年的

海报"越南军民打得好"上海美术出版社,1965年9月出版。火器堂收藏品

出口型,其定型较晚,吸收了各国实战的经验,取长补短,枪机改成容易拆卸的形式,三脚架采用了德国的1916年式。在兵工前辈们,尤其是金陵兵工厂技术人员的努力下,二四式马克沁重机枪成为了马克沁机枪中最优秀的型号之一,可靠性极高,与列强出品的不相上下,可称得上一挺世界级的武器。

国民党到台湾之后,由于失去了生产马克沁重机枪的21厂,同时重机枪的角色也已不太重要,没有再行建立生产线,但随部队抵台的一些马克沁重机枪依然在第一线部队服役。在换装美式装备的过程中,逐渐被勃朗宁1919A4(俗称三〇机枪)及勃朗宁M2(俗称五〇机枪)代替,二四式遂成为博物馆的展览品。

新中国成立后,继续生产马克沁重机枪,并逐渐将其改为发射苏联7.62×54mm R枪弹,在抗美援朝战争中,仍为第一线部队的主力武器。后来曾经将一些马克沁重机枪供给越南,主要作为防空用途。据美军的数据显示,在亚洲的各次冲突中,多有二四式的参与,这也是二四式耐用可靠、效能卓著的明证。

美国在20世纪80年代曾从中国进口了一批二四式的套件,有25挺由美国枪支制造商重新整理、制造组装,在联邦记载有案,目前都在民间个人收藏者手中。1986年美国国会通过了新法令,明令禁止新机枪转入私人手中,因此再也不会有新制或组装的二四式机枪了。

新中国成立后,21厂改称456厂,曾继续生产马克沁重机枪。由于自1953年开始引进生产苏式武器,便中止了马克沁重机枪的生产。血染的风采,自此成为绝响。

来自阿尔卑斯的"割草机"
——瑞士MG11马克沁重机枪

瑞士马克沁机枪由来

海勒姆·马克沁自幼家境贫寒，上不起学，完全是自学成才，但他非常有才华，能快速掌握化学、电子和机械等复杂的工程学。由于马克沁在电器方面表现出的过人天赋，引起了爱迪生公司的注意，邀请他去欧洲，并承诺他能接触到关于电学方面的最先进的研究成果。马克沁接受邀请，于1881年去了英国。但很快他就将自己的兴趣转移到武器上。

后来马克沁在《伦敦时报》上撰文说，他转而设计枪械的想法来自1882年与一个熟人的一次交谈，在这次交谈中，这个熟人说："停止你的化学和电学的研究吧，如果你想挣大笔的金钱，只需发明一种能使欧洲人轻易地互相残杀的东西就够了。"正是这番话改变了马克沁的想法。当时的速射武器还停留在手动操作的基础上，比如加特林机枪、哈奇开斯机枪、诺顿菲尔德机枪等，因此在1883年，马克沁开始设计一种真正意义上的自动武器，这种武器使用火药燃气作为

来自阿尔卑斯的"割草机"——瑞士MG11马克沁重机枪

MG11枪尾细部特征,可以看到卡尔则斯公司生产的光学瞄具、铭文、驻锄、弹箱等零部件的具体位置

马克沁机枪还被授权给其他很多国家生产,其中包括美国、俄罗斯、中国、瑞士、比利时等国。

瑞士一直是一个中立的国家,但是其国家的军队总是装备世界上最先进的武器。瑞士很早就装备了速射武器,比如在19世纪70年代就装备了加特林11mm机枪,80年代装备了使用7.5×55mm枪弹的加德纳机枪。瑞士最初是向马克沁购买机枪,1915年起开始仿制马克沁机枪,地点是在萨恩,一直持续到1946年,在这段时间内总共生产了1万多支MG11,这些机枪一部分供国内使用,一部分供出口。

瑞士马克沁机枪家谱

MG94机枪 1887年,瑞士陆军计划购买机枪,他们打算从加特林机枪、加德纳机枪和诺顿菲尔德机枪中选出一种,于是在萨恩

动力,只需扣动扳机就能完成供弹、击发、抛壳等一系列动作。这是枪械史上的一大重要突破,所以马克沁为此还申请了专利,专利号为No.3178。1884年,马克沁在这一原理的基础上设计出世界上第一挺重机枪,口径0.45in(11.43mm),发射药为黑火药,射速高达600发/min。尽管这挺机枪又大又笨,但它却是世界武器发展史上的一个重要里程碑。第一次世界大战的索姆河会战中,德军就是用马克沁机枪向英军射击,英军近6万人在一天之内毙命,由此马克沁机枪被人们冠以"杀人机器"的名号。

对一般的马克沁机枪迷来说,他们只是熟悉德国的马克沁机枪,实际上德国生产的马克沁机枪只是马克沁机枪家族中的一员。出生于美国的马克沁在英国制造马克沁机枪,并把它们销售到世界各地,与此同时,

MG11的装弹机

轻武器典藏手册 ——世界著名机枪 I

瑞士MG11左视图，其装在DWM公司设计、瑞士生产的1909式三脚架上

做了几次试验，试验结果是加德纳机枪的性能更为优秀。马克沁知道这一消息后，马上写了一封信，要求与获胜者一比高下，于是马克沁带着他的1887型11mm机枪来到瑞士参加比赛。

1887型11mm机枪是马克沁在对他的第一挺重机枪经过多次改进才定型下来的一型重机枪，当时1887型机枪曾被称作"第一支完美机枪"，而且在公司的目录册上还将它描述成"世界标准机枪"。试验后，瑞士军方对这挺机枪印象非常深刻，当即就与马克沁签了订单，但要求他将口径改为正处于试用阶段的7.5mm瑞士枪弹口径。这给马克沁带来了难题，他只得重新对图纸进行设计改进。

1887型11mm机枪使用的是带突缘的以黑火药作为发射药的枪弹。马克沁最初的尝试是直接把口径从11mm改为7.5mm，但是由此带来的却是频繁的故障。在第二轮尝试中针

MG11枪口前方特写，注意看制退/消焰膛口装置、蒸汽冷凝管口以及密闭塞。在冷凝管口处可见一个排水控制扳手，调整扳手的位置即可封闭/打开水冷管，将水排出

34

来自阿尔卑斯的"割草机"——瑞士MG11马克沁重机枪

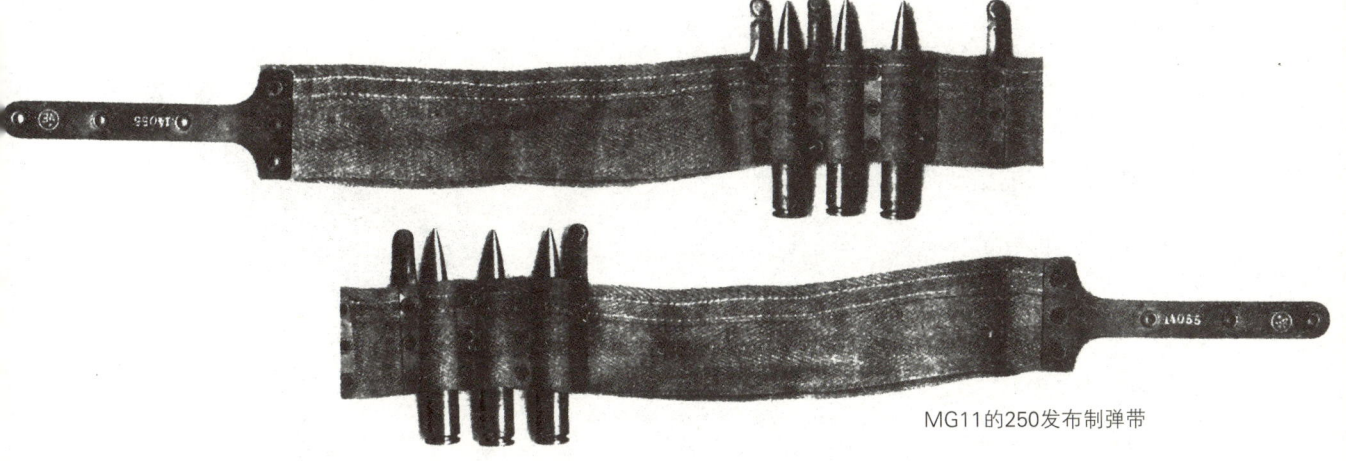

MG11的250发布制弹带

对7.5mm无突缘枪弹,对1887型11mm机枪进行了重新设计。1889年,该枪进行试射,在打了近5000发弹后,没有出现一次故障。同年,7.5mm瑞士枪弹也正式定型,与这挺枪同时正式装备瑞士军队。

但是由于该枪的水冷枪管过重,加上本身的质量过大,使得该枪很难在山地地形条件下机动作战,于是马克沁针对水冷枪管又进行了改进,在随后几年里,马克沁还对枪本身和枪械配件不断进行改进。终于在1894年,马克沁将其正式定型,命名为"MG94",该枪共生产了大约72挺,所有的这72挺机枪均由位于英国的马克沁-诺顿菲尔德枪械弹药有限公司生产。

MG00机枪 1899年,马克沁的一个子公司——位于伦敦的威克逊·马克沁有限公司接受了瑞士军方的一份40多挺机枪的订单。根据要求,马克沁再次对他的机枪进行了改进,这些改进包括:重新使用了体积较大的标准型号的黄铜水冷枪管;新型的S形拉机柄;针对瑞士光学瞄具装配了相应的瞄具座等等。1900年,这批机枪装备瑞士军队时,定型号为MG00型机枪。

就在威克逊·马克沁有限公司为瑞士生产MG00的同时,瑞士还与位于德国柏林的DWM公司签订了订购合同,这家德国的大军火生产商同样得到了生产MG00的授权。据估计,大约有60挺MG00从德国卖到了瑞士。

细剖MG11机枪

瑞士军方的采购合同一直紧随着武器的发展步伐。尽管当时新产品层出不穷,例如佛比斯机枪、马克沁轻型空冷机枪、法国的霍金斯机枪等,然而MG00在当时依然是最先进的武器。但是在1906年,质量将近20kg的奥地利施瓦茨劳斯(Schwarzlose)新型水冷机枪横空出世,从而引发了武器研发的新一轮竞争。当时正值马克沁机枪专利期满之时,威克逊·马克沁有限公司恰逢其时地推出了新型威克逊机枪;DWM公司也推出了外贸型M1909机枪,该枪比其他任何型号的马克沁机枪都轻。经过多方比较,瑞士军方最终与DWM签订了外贸型M1909机枪的订单,两年后将其定型为MG11装备部队。在随后几年里,DWM公司先后向瑞士出口了167挺MG11,直至1915年第一次世界大战期间,由于德国本身的战争需要,DWM公司才停止向瑞士的出口。这时瑞士发现自己已经陷入非常尴尬的境地:他们失去了重型主战机枪的供应商。瑞士国会随后颁布法令,法令规定瑞士今后所有的军火订单都委托给德国柏林的国家兵工厂(W+F),从1915年到1946年的31年间，瑞士从该兵工厂共购得了10269挺MG11。

两次世界大战间的改进

在第一次世界大战和第二次世界大战间的几年里，瑞士对MG11机枪进行了数次改进。其中在1934年到1935年两年间，瑞士的科研人员就对MG11机枪进行了数项改进，包括：（1）研制出新型金属弹链取代了原来的布制弹带，为了适应新式弹链，他们对供弹组件和拨弹齿相应地进行了改动，原有的基于布制弹带的供弹机构被新式弹链供弹机构所取代。（2）研发了新式轻巧的消焰/制退装置。（3）设计了可以单手操作的扳机组件，这样方便了射手在射击过程中进行高低、水平方向的校准，另外为了减小枪身后坐，在三脚架的横梁上增加了驻锄。（4）瑞士政府认识到：未来战争的威胁不仅来自地面，随着航空技术的发展，"头顶上的威胁"越来越大。为了应对这种状况，他们为MG11设计了用以安装环形防空瞄具的基座；同时沿着水冷枪管上缘，做了一条白色的瞄准基线，以便于快速捕捉、瞄准目标。

工作原理

MG11采用了与其他马克沁机枪相同的枪管短后坐式自动方式。击发后，枪管、枪机一起后坐，推动曲柄，使曲柄顺时针方向回转，带着枪机加速后坐而开锁。枪管后坐到位后，在复进簧的作用下复进，枪机后坐到位后，复进簧使曲柄反方向回转，推动枪机复进到位而闭锁。

供弹原理 首先，将装满枪弹的弹链尾端从右向左装入供弹机构，使得拨弹齿抓住第一发枪弹，用右手操作拉机柄，将拉机柄前推到位，此时右手拉住拉机柄不放，左手向左拉弹链到位，此时右手松开，枪机回位，武器处于"半装填"状态。然后将上述

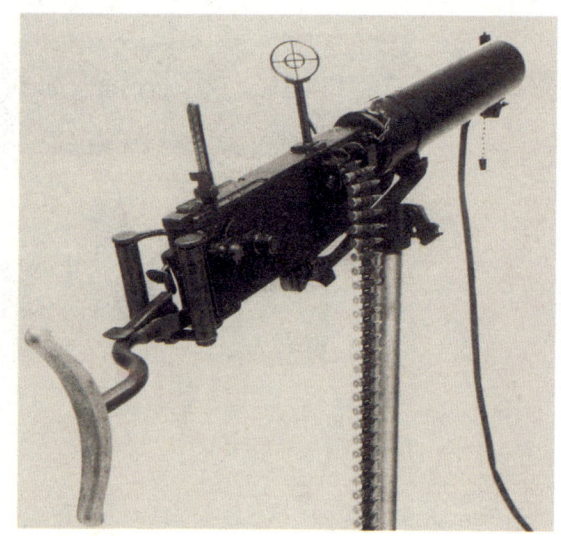

安装于防空型三脚式枪架上的MG11右后部特写，可见环形防空瞄具安装于上机匣，肩托安装于握把后方，MG11可以在高低90°、方向360°范围内进行射击

安装于防空型三脚枪架上的MG11左后部特写

动作重复一遍，即完成了首发装填，此时该枪处于待击状态。MG11的扳机位于两个木质手柄之间，用大拇指向下按压即可解脱击锤实现击发，保险机构位于扳机两侧，在扣动扳机前用食指向后拉便可解脱。

来自阿尔卑斯的"割草机"——瑞士MG11马克沁重机枪

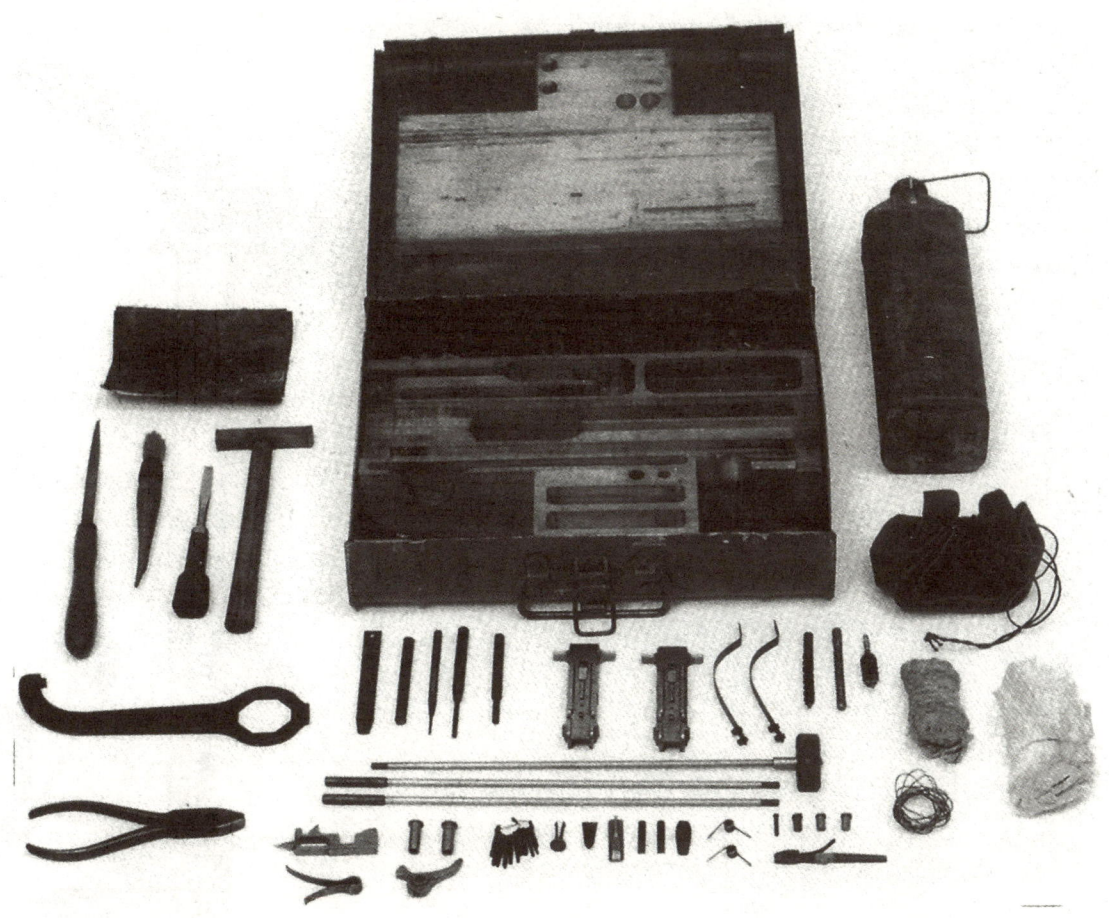

MG11的维修工具箱,箱内设置了用于放置各种工具的隔层。这个工具箱存放了所有维持MG11正常工作的维护工具,其中包括操作手册、刷子、钳子、扳手、螺丝刀、铜锤、组合工具、冲子等以及两个抽壳钩、三根通条、铰刀、油壶。工具箱中还有一个皮囊,用于装一些诸如击针、击针簧、扳机保险、阻铁簧之类的小零件

弹链和装弹机构

瑞士为MG11研制的第一条使用7.5×55mm枪弹的弹链融合了德国产马克沁机枪弹链的很多特征。瑞士的弹链主体材料为纤维布,利用铜制压片,隔一定距离将两条布带铆合在一起,两对压片间的空隙用以容纳枪弹,每条弹链的最大容弹量为250发。压片在每隔三发弹的位置都延伸出一段距离,这样做的目的是为了防止在利用弹箱运输枪弹的过程中,枪弹从弹链中滑脱。在将已装弹的弹链装入弹箱时,必须将压片延伸部分的前端抵在弹箱前端面,枪弹底缘则与弹箱后端接触。根据瑞士枪弹的尺寸,压片延伸部分的长度为60.5mm。在最初的试验样机上,突出部分的末端利用铜制铆钉将两片压片铆合在一起,而同时代的德国造弹链的延伸部分的末端用的是钢制铆钉。在整条弹链末端铆接有两片铜制连接带,用于将多条弹链连接起来,为了便于快速连接,连接带

使用的铆钉是空心铆钉。迄今为止，几乎所有能见到的瑞士MG11弹链的连接带上都有德国国家兵工厂的"W+F"圆形标记，还有一些连接带上有一些数字标记。

1934～1935年间，MG11曾做过不少改进，其中一项就是弹链供弹系统。在布制弹带服役期间，其柔性大、对于气候变化敏感等弱点暴露无遗，与此同时，钢制弹链正逐渐取代布制弹带的地位，越来越多地被广泛采用。钢制弹链的容弹量仍然保持为250发，利用锁扣将弹链节装配成弹链。在弹链末端装有一条钢带，以便将弹链装入机枪上。历史上曾有多种依照相同思路设计的钢制弹链，例如用于装7.92×57mm弹的罗马尼亚产施瓦茨劳斯弹链及使用7.65×54mm、0.30-06弹的比利时勃朗宁弹链，其中比利时勃朗宁弹链与其他弹链的不同之处在于其弹链节之间使用了连接销而不是锁扣。令人遗憾的是，由于第二次世界大战，比利时勃朗宁弹链未能得到进一步的优化设计，在二战中的应用也不多。

枪架

MG11使用德国DWM公司设计、瑞士自己生产的1909式三脚架，这种枪架被认为是最稳定同时也是与MG11机枪配合最好的。整个枪架收起状态长1m，质量25kg。瑞士军方从20世纪30年代开始自主研发针对空中目标的MG11防空型三脚式枪架。他们的设计简单而又牢固，采用三条可以折叠的分脚架式设计，通过伸缩实现高低方向的调整。这种新式的三脚式枪架融合了一种独特的枪身座设计，这种枪身座还可以安装瑞士的LMG1925式轻机枪。

瞄具

MG11的表尺在非战斗状态时可以折叠，表尺射程按照100～2600m划分，无法进行

MG11的供弹机构足以将满载的弹链从地面拉到供弹位置，注意下面的防空型三脚式枪架

修偏，在战斗过程如果需修正，只能通过调整准星实现。另外历史上还曾出现很多用于MG11的光学瞄具，另外也有一种适用于山地的长距离望远式瞄具。大多数普通的直瞄式瞄具都产于德国的卡尔则斯，后期的一款不同设计风格的产品由韦德赫布鲁格在1940年前后生产。此外，韦德赫布鲁格还为MG11设计了两种非直瞄式瞄具。

来自阿尔卑斯的"割草机"——瑞士MG11马克沁重机枪

附件

瑞士MG11机枪是一个包含了维护、使用、运输等方面的庞大的武器系统。该武器系统的所有附件不仅是必需的，同时也体现了武器设计者对战争的认识，其融合了当时武器行业最前沿的科技成果，这些附件现已成为许多收藏爱好者搜寻的目标。

满载的MG11机枪拖车前方特写，车上装有MG11机枪所有的配套零部件，包括枪身、三脚架、水箱、弹药箱、维修工具箱等

诸如卡尔则斯工厂生产的维修工具箱、光学瞄具等，很容易在现在的收藏市场上找到，而防空瞄具及配套的皮套、防空式肩托、冷凝管、水罐等配件则非常少见，MG11专业的拖车现在更是非常抢手。一款1944年生产的多功能拖车是所有马克沁机枪拖车的代表之作，这款拖车长7m，宽1.3m，尽管它不是专为MG11设计的，但是当时的军队非常喜欢用它来托运MG11及其附件，同时这款拖车还适用于弹药、迫击炮等武器装备的运输。该车采用钢架木质结构，有两个直径0.66m的充气轮胎。该车可挂在车辆尾部，也可以通过车身四角安置的木杆绳索以人力拖拽。如果有必要，还可利用车身设置的独辕将拖车"改造"成一辆马车。该拖车的刹车装置由手控制，扳下刹车杆，刹车片即可卡住车轮。车厢前方安置了固定式工具箱，用于存放一些小的零散附件。另外这款拖车还配备了斧头、铁锹、镐头等应急工具。

MG11机枪拖车空车特写，可以看到车内的固定式工具箱

总结

瑞士的MG11机枪被认为是马克沁机枪家族中最优秀的一种，其制造工艺、配合精度、表面粗糙度等方面超过了以往任何一款马克沁机枪，其可靠性是所有马克沁机枪中最好的。由于中立国的身份，瑞士对于武器出口非常谨慎，因此在瑞士以外的国家，MG11是难得一见的，目前只是在美国有6支MG11。

MG11零部件及附件：维护工具箱、弹箱、装弹机、光学瞄具、环形防空瞄具、肩托以及枪管等

名垂史册
——法国哈奇开斯M1914重机枪

M1914是种类繁多的哈奇开斯系列机枪中的一种,是一战时法军的制式装备;与同时期采用水冷式枪管的马克沁重机枪、勃朗宁重机枪不同,它采用气冷式冷却方式,全枪质量大为降低,不仅便于机动,也避免了在寒冷季节水蒸气过于明显而暴露射击阵地的危险。它是同时代机枪的佼佼者。

当海勒姆·马克沁成功研制出第一挺利用火药燃气实现射击循环的自动机枪后,世界各地的发明家纷纷开始在不侵犯马克沁机枪专利权的情况下设计全自动射击武器。其中维也纳一个年轻的发明家——阿道夫·冯·奥德科莱克成功设计并生产出一款采用导气式工作原理的机枪,并努力把这个机枪推向市场。

1893年,奥德科莱克到位于法国圣艾蒂安省的哈奇开斯兵工厂参观时,哈奇开斯兵工厂的首席工程师劳伦斯·贝尼特和他的助手亨利·梅西正致力于开发一种新式机枪,因此他们对奥德科莱克的机枪非常感兴趣。经过试验,他们发现该枪容易出现枪管过热的问题,但该枪采用的活塞式导气系统,让

名垂史册
——法国哈奇开斯M1914重机枪

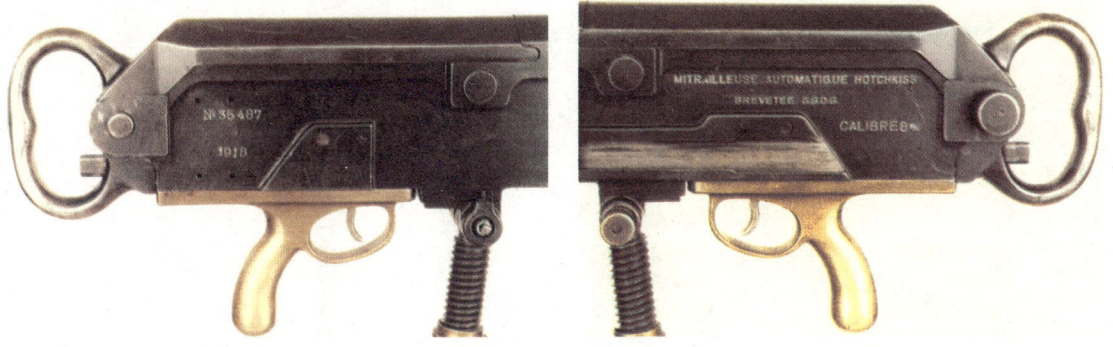

哈奇开斯M1914重机枪机匣的左、右视图。注意机匣上刻有生产年份及序列号，黄铜D形握把、拉机柄。射击时，该拉机柄是不动的

他们看到了亮点。不过经权衡考虑，贝尼特还是拒绝了生产奥德科莱克机枪，而是买下该枪的专利权，目的是想更好地发展完善这个系统。

1895年，贝尼特和梅西在奥德科莱克机枪的基础上设计出发射8mm勒贝尔枪弹的第一支样枪，出于对该兵工厂的创始人——本杰明·哈奇开斯的尊重，该枪被命名为"哈奇开斯"，同时放弃了奥德科莱克机枪采用的布制弹带，转而采用金属弹板供弹。经试验，他们发现该枪枪管仍然升温很快，发射一小批枪弹后，枪管就热得无法触摸。为了解决枪管过热的问题，贝尼特想出了一个方法——在枪管尾端设计几个巨大的类似面饼圈的圆圈，这样可以吸收多余的热量，但是这种散热装置会明显增加枪管的质量。

劳伦斯·贝尼特试射装在轮式枪架上的哈奇开斯M1897机枪

轻武器典藏手册 ——世界著名机枪 I

哈奇开斯M1900机枪被销往世界各地，如墨西哥、日本等国。注意其机匣后部的固定式肩托

于是，他改用传热性较好的黄铜制成的散热片装在枪管尾端，这种散热片厚度比以前的薄了很多，使枪管散热面积大幅增加，而枪管质量却没有明显增加，从而基本上解决了散热问题。改进后的型号被称为哈奇开斯M1897，随即法军采用了该枪。由于哈奇开斯M1897采用导气式自动方式，质量又比采用水冷的马克沁机枪要轻，所以受到了极大的欢迎。特别是在非洲的法属殖民地，水源是一个不可忽视的难题，哈奇开斯M1897的出现则解决了这个难题。

由于哈奇开斯M1897的枪管材质不太理想，尽管采用了散热片，但其枪管寿命仍不是很高，加之黄铜比较贵重，所以1900年对该枪进行了改进，枪管采用低碳钢，延长了寿命；同时将黄铜散热片改为钢材制成，并对枪架进行细微的改进，改进后的机枪被命名为哈奇开斯M1900机枪。

哈奇开斯M1900取得了巨大的销售业绩，该枪被销往世界各地，如墨西哥、日本等国。在1904～1905年的日俄战争中，参战双方均使用了机枪——俄军使用的是马克沁机枪和麦德森机枪；日军则使用的是哈奇开斯机枪。哈奇开斯机枪的设计特点给日军留下了深刻印象，战后日本便仿照该枪研制了三年式重机枪。

1914年，一战席卷了欧洲，此时法国发现自己的武器装备严重短缺：只有少量的短步枪以及结构复杂、过时的圣艾蒂安M1907机枪和一些哈奇开斯M1900机枪。不过幸运的是，法国国内正好有一家工厂，他们有一支经过检验的哈奇开斯机枪，只需要进行简

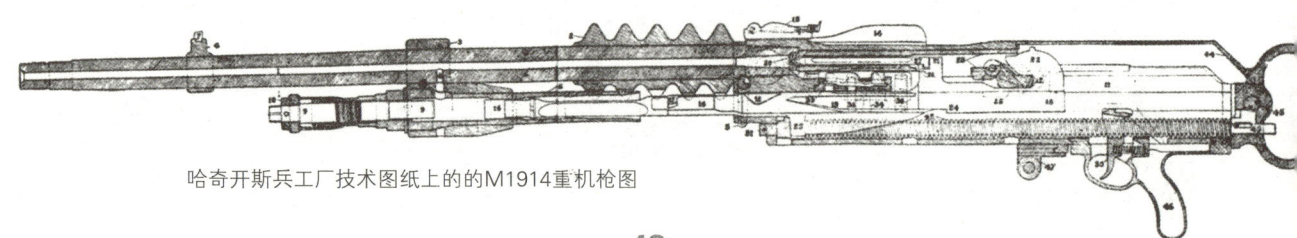

哈奇开斯兵工厂技术图纸上的的M1914重机枪图

名垂史册
——法国哈奇开斯M1914重机枪

法国机枪手和架在哈奇开斯M1916三脚架上的哈奇开斯M1914重机枪

品评结构

哈奇开斯M1914重机枪采用导气式自动方式及枪机偏移式闭锁方式。导气系统由导气孔、活塞杆、气室组成。与现代大部分枪械的活塞杆与枪机框是两个部件不同，该枪的活塞杆与枪机框是一个部件。枪机框（活塞杆）上有凸轮槽，其后坐时，凸轮槽带动输弹凸轮旋转，通过其他输弹零件的配合，带动金属弹板移动，完成输弹动作。枪机在枪机框上方，二者的尾部通过开闭锁连杆连接在一起，枪机框向前复进到位时，开闭锁连杆将枪机尾部上抬，卡入机匣的闭锁支撑面上，完成闭锁。击发后，枪机框后坐，通过开闭锁连杆将枪机尾部向下拉，使其脱离机匣的闭锁支撑面，完成开锁。

哈奇开斯M1914重机枪采用开膛待击、前冲击发式发射方式，只能连发发射。弹板上的枪弹打完后，弹板从枪身右侧抛出，同时枪机/枪机框被阻铁阻于后方，便于插入新的弹板。换用新弹板后，扣动扳机，枪机/枪机框复进，枪机推弹入膛。枪机框复进时，

表尺射程250～2000m，不能调整风偏。其上的铭文表示："该枪使用标准8mm M1886D勒贝尔弹"

单的修改就可以批量生产。生产中，除去了肩托，增设一个简单的D形握把——这便是大名鼎鼎的哈奇开斯M1914重机枪。该枪凭借可靠的性能迅速得到了法军的认可，1917年便取代了圣艾蒂安机枪和其他杂牌机枪，成为法军第一次世界大战期间的主要武器装备之一，同时也是美国远征军的主战武器。

其上的凸轮槽带动供弹凸轮旋转，通过其他零件的配合，使拨弹齿扣住下一发弹。枪机框复进到位后，开闭锁连杆使枪机尾端上抬而闭锁，同时枪机框撞击击针，击针击发枪弹。枪弹击发后，在火药燃气压力作用下，枪机框后坐，通过开闭锁连杆使枪机开锁并带动枪机后坐，完成抽壳、抛壳动作。枪机框后坐时，其上的凸轮槽带动输弹凸轮旋转，经过一系列零件的传动，拨弹齿将下一发枪弹输送到进弹位置。如果松开扳机，则后坐到位的枪机框被阻铁扣住而停止射击，如果一直扣住扳机不放，则在复进簧力作用下，枪机框复进，完成下一个射击循环，直至将弹板上的枪弹发射完毕。

哈奇开斯M1914重机枪采用片状准星，缺口式照门，表尺射程250～2000m。为便于对空射击，该枪还配用高射瞄具作为该枪的附件一起配发给部队。

哈奇开斯M1914重机枪的供弹板由薄金属板冲压而成，每个弹板可装24发枪弹，弹板之间还可以连接起来形成更大的弹板，以提高火力持续性。

哈奇开斯M1916三脚架的高低、方向调整机构

配用3种枪架

哈奇开斯M1914重机枪共配用3种枪架，主要使用两种枪架。第一种是圣艾蒂安M1907机枪使用的Omnibus M1915 三脚架——也许是哈奇开斯M1914重机枪的生产时间过于紧迫，初期没来得及设计专用的三脚架，只好借用圣艾蒂安M1907机枪的三脚架了。Omnibus M1915三脚架的显著特征就是位于上架左边的一个巨大的升降轮。转动升降轮，可以调整该枪的高低射向。射手可以坐在后架腿的底座上进行瞄准射击。当射手用跪姿射击时可以将两个前架腿折叠起来。

第二种是哈奇开斯M1916三脚架——这是专门为哈奇开斯M1914重机枪设计的。其与Omnibus M1915三脚架大致相同，只是要简单轻便一点。不过该三脚架没有升降轮，高低射向的调整由一个小手轮控制。

哈奇开斯M1914重机枪还有第三种枪架，只不过很少见而已——这便是美国版哈奇开斯M1916三脚架，一般也称为克利夫兰枪架，由位于美国俄亥俄州的克利夫兰标准公司生产。该枪架只是哈奇开斯M1916三脚架的一个仿制型。该枪架的明显特征就是在托架座上有一个大圆盘，可以进行360°的对空射击。

初上战场 立显威力

关于哈奇开斯M1914性能优异的最好实例是发生在1916年春天的凡尔登战役——一个仅装备2挺哈奇开斯M1914机枪的部队，在

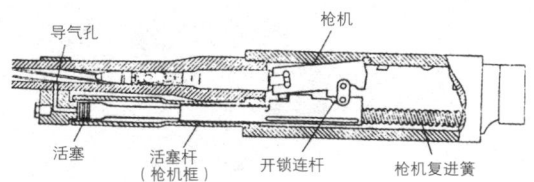

哈奇开斯机枪闭锁状态示意图

枪管散热槽特写

靠近304高地附近连续守卫了10天10夜，打退了德军的数次进攻。在这10天10夜中，这支部队被隔绝了所有的支援和对外联系，耗费了超过15万发枪弹。这两挺哈奇开斯M1914在射击了75000发后仍能继续使用，令人钦佩不已，该枪也得以一战成名。再如1918年7月15日的一战，法军用哈奇开斯M1914重机枪大败德军，仅此一仗，德军伤亡人数就是德军在整个第一次世界大战伤亡人数的15%。

1917年美国远征军到达法国时，并没有装备机枪，因此法国为美军部队装备了该枪，最终5255挺哈奇开斯M1914被递交到美军16步兵团以及15机枪团等。美军士兵对手中的哈奇开斯M1914感到十分满意，无论其作为进攻武器、防守武器还是防空用武器，均十分可靠且坚固耐用。1918年，美军最终加入一战时，这批武器继续发挥着威力。

威力强大 服役多年

哈奇开斯M1914重机枪的诞生对于法国军队来说，可谓"在合适的时候遇见了合适的人"，其可靠、耐用，不管什么地形、气候及情况都可以使用，且威力相当可观。另外，哈奇开斯M1914重机枪的零部件很少，结构简单，不需要任何工具就可以进行分解结合。一战结束后，该枪继续在法国服役，并在法属殖民地以及欧洲等国家中担任了重要角色，其中也包括二战中的使用。哈奇开斯M1914重机枪让人不满意的地方就是弹板的设计非常不人性化，副射手需要一直端着弹板供弹，而且弹板很容易变形弯曲。另一个缺点就是其全枪质量为49kg，需要两名机枪手推着手推车或者马车来运输，因此该枪的机动性很难谈得上灵活，而且在射击1000发枪弹以后就需要冷却。所以一战结束后，美国并没有继续使用哈奇开斯M1914重机枪，而是选择了本土的勃朗宁机枪。不过哈奇开斯M1914重机枪在一战中的重要作用还是值得一书的。

相关资料

本杰明·伯克利·哈奇开斯（1826－1885）

1826年，哈奇开斯出生在美国康涅狄格州的沃特敦，但在他很小的时候全家就搬到了沙伦。在父亲的五金店里，本杰明·哈奇开斯开始了他的机械试验。19世纪50年代，他进入康涅狄格州首府哈特福德的柯尔特专利火器公司当学徒，在成为总机械师之前，他就被委以设计和完善各种型号的柯尔特转轮手枪和温彻斯特步枪的重任。1860年，他研制出一种步枪改

哈奇开斯重机枪最早为弹板供弹，照片中的M1903型是哈奇开斯重机枪系列中最早采用弹带供弹的型号

本杰明·伯克利·哈奇开斯（1826—1885）

进系统和一个新型的击发引信。

与同时期的美国很多轻武器发明家一样，哈奇开斯在1867年去了法国，在那里他的武器创造才能得到了更好的承认。

1875年，哈奇开斯在圣艾蒂安创办了自己的公司——哈奇开斯公司，而令哈奇开斯蜚声海外的，则是他创造的一种广泛应用于海军舰艇的37mm哈奇开斯转管加农炮。该炮广泛用于多个国家的海军，如德国、英国、荷兰、意大利、澳大利亚、土耳其、丹麦、俄罗斯以及美国等。

劳伦斯·文森特·贝尼特（1863—1948年）

1863年，劳伦斯·文森特·贝尼特出生于纽约的西点，其是美国军队军械局长官斯蒂芬·贝尼特将军的儿子。1884年，劳伦斯从耶鲁大学机械工程系毕业。1885年，他去往法国，在哈奇开斯公司开始了长达50年的工作生涯。

贝尼特在哈奇开斯公司的任职期间，曾两次离任：第一次是在美西战争期间，他担任美军的海军少尉；第二次是在一战

20世纪30年代,中国从法国进口2700余挺哈奇开斯重机枪,是抗战时期的主力重机枪之一。图为"八一三淞沪战役"中,中国军队在上海附近的一个防空机枪阵地

劳伦斯·文森特·贝尼特(1863—1948)

特获得了很多荣誉和勋章。

在哈奇开斯公司工作期间,贝尼特凭借着娴熟的机械技能以及良好的管理才能,一直如鱼得水,升迁得很快。1887年被公司的股东推选为总工程师,他的助手亨利·梅西兼任销售经理。两人是一对黄金搭档,为哈奇开斯公司创造了一连串的辉煌:随着37mm哈奇开斯转管加农炮取得巨大成功,哈奇开斯公司也在军队站稳了脚跟,贝尼特和梅西乘胜追击,在合适的时间、合适的地点推出了这个时代新的发明——哈奇开斯机枪。

贝尼特退休前是哈奇开斯公司的副总裁兼董事,退休后是该公司的荣誉总裁。1937年,贝尼特在退休后回到了美国,直至1948年去世前一直居住在华盛顿,逝世后他被安葬在阿灵顿国家公墓。贝尼特在一次采访中曾说到,他的职业不允许他骄傲自满,而他一生最感骄傲的就是由于哈奇开斯机枪的使用,使得法制武器名扬天下。

期间,他供职于驻法美军的野战医院,一战结束前两年,贝尼特还担任过美国探险队采购办的咨询参谋。正是由于以上经历,贝尼

轻武器典藏手册 ——世界著名机枪 I

细说"鸡脖子"机枪
——日本九二式重机枪

鲜为人知的俗名

日本九二式7.7mm重机枪，是日本于昭和天皇七年（公元1932年），在三年式重机枪的基础上，经局部改进而成的制式重机枪，因当年为日本神武纪年2592年，故将其年式定为"九二式"。九二式重机枪主要是将口径由三年式重机枪的6.5mm改为7.7mm，将"框式把手"改为呈"八"字布局的"拐式把手"以及在枪口加了可以取下的防火帽等。这些改动比较细微，一般人若不是特别注意，通常不易分别。不过在这两型重机枪的机匣上方，分别刻有"九二式"和"三年式"，一看便可分辨出来。

九二式重机枪是日军在第二次世界大战时期分队的主战制式自动武器，主要由枪身、枪架和副品等三大部分组成。其采用导气式自动方式，枪机起落式闭锁机构，利用空气冷却枪管；采用刚性金属弹板供弹；可以用机械瞄具或光学瞄具瞄准射击；枪架兼有平射和高射两种方式。其外观造型的一个最大特点，就是枪身上的螺旋状散热片几乎占了全枪的60%，与当时世界上大多数国家（包括中国）军队所使用的采用枪管短后坐式自动方式、水冷方式的马克沁重机枪，形成了明显的区别。从外观造型样式和内部结

细说"鸡脖子"机枪
——日本九二式重机枪

图为1942年长沙会战中,日军使用九二式重机枪阻击中国军队的进攻

构特点来看,九二式仍然继承了"歪把子"的血统,只不过是体形放大了而已。早先出产的三年式重机枪,由于使用6.5mm有坂三八式步/机枪尖弹,因此连防火帽都不要。九二式改用7.7mm尖弹以后,包括枪口动能和枪口焰在内的各方面能量都相应增大,考虑到射手瞄准射击条件,设计并安装了一个防火帽,而在这个防火帽被卸下时,其枪口与原来的三年式并无两样。由于九二式装上防火帽以后,与枪身上的散热片以及全枪整体外观构成一只"斗鸡"模样,加上其射击时的频率不高,枪声听起来"咯、咯、咯"的,所以抗日战争时期被抗敌军民形象地戏称为"鸡脖子"。

总观外部造型

"鸡脖子"主要是从外观而得名。一定的外表,必定反映着一定的内涵,凡事应透过现象看本质。那么,就让我们透过"鸡脖子"的外表,来看这只"斗鸡"的内涵吧。

枪械作为一种专用的机械系统,其外表往往集中地反映出设计者的思想观念乃至技术战术观念。从"鸡脖子"的外观和整体造型布局可以看出,其总体上仍然反映了"歪把子"所具有的一切特征。例如,枪口部分加工出螺旋状的散热片；枪管的后半部分加工出光滑表面，但是这一段表面光滑的枪管又套装进了带有更大螺旋状散热片的枪管套之中。从外观上看，这两部分螺旋状散热片浑然连成一体。日军对机枪的散热片极其感兴趣，但对防火帽却毫无兴致。"歪把子"和早些时候的三年式重机枪，都没有防火帽，"鸡脖子"在最初设计上也没有防火帽。"歪把子"刚设计出来时，枪声很大，枪口焰也很大，从枪械技术与战术的角度来讲，这是一个缺点，因为打起枪来对射手以及机枪旁边的人的耳朵、眼睛等感官刺激很大，然而日本军方不这么看。他们认为，战场上生命的安全性尚且已经降到了最低限度，枪声、火焰对人员感官的刺激实在微不足道。倒是爆裂的枪声、猛烈的火焰，反而给己方人员的心理造成一种震撼，可起到鼓振士气的作用；而对于对方人员的心理则会造成一种威慑，可起到动摇对方士气的作用。至于后来在九九式轻机枪和"鸡脖子"上装防火帽，实在是为了抑制硕大的枪口焰，以利于夜间瞄准射击的不得已之举。当然，为研制的枪械选择一个什么样的外形，也绝对不是一个纯粹的技术问题，其中自然会包含着鲜明的思想性。日本军国主义是人类文明进步和发展中的一种具有极端化的恶性变异，其枪械技术不可避免地会蕴含和表现出这种极端意识形态的变异。不管"鸡脖子"采用和借鉴了多少别国机枪的结构和特点，它的外观造型都是极为独特的。为什么非要"独树一帜"，其缘由绝不仅仅是可以用追求技术上的"标新立异"来一言概之的。事实上，"鸡脖子"的内部结构无非就是法国哈奇开斯机枪的翻版，并没有什么特别的创新之处，然而其外观造型却与哈奇开斯机枪大相径庭。究其原因，还是军国主义的观念作怪，力图通过外形上的不一样，造成人们认为其内部结构和性能的不一样，进而在军队中造成这样一个心理等式：

外观造型不一样

卸下防火帽的"鸡脖子"

=内部结构不一样
=战技性能不一样
=比别人强

日本军国主义决不允许日军中出现法国人的"哈奇开斯"，更不允许其军队中出现水冷式的"马克沁"。

细看内部特点

再说枪的内部结构。众所周知，到了20世纪30年代，马克沁机枪已经达到炉火纯青的程度，其性能稳定、技术成熟、威力强大，已为世界所公认。事实上，早在1904～1905年的日俄战争中，日本军队就吃够了俄国的马克沁机枪的苦头。所以日本不采用马克沁机枪成熟可靠的枪管短后坐式自动方式和水冷方式是情有可原的。其采用导气式自动方式和气冷方式是因为有仿哈奇开斯自动机结构的三年式和"歪把子"在先。

细说"鸡脖子"机枪
——日本九二式重机枪

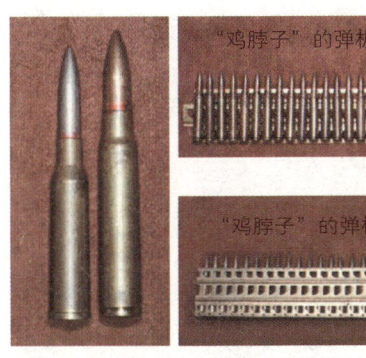

有坂三八式6.5mm尖弹（左）与九二式7.7mm尖弹（右）比较

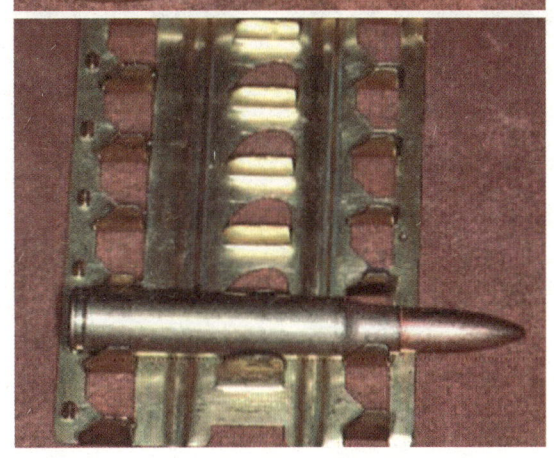

"鸡脖子"的枪弹和弹板

　　"鸡脖子"与当时盛行的马克沁机枪最大的不同有三个方面：其一是采用了法国哈奇开斯机枪的金属刚性弹板供弹方式，而不是马克沁机枪的柔性弹链（帆布带）供弹方式；其二是采取了导气式自动方式，而不是马克沁机枪的枪管短后坐式；其三是采用了气冷方式，而不是马克沁机枪的水冷方式。而这三大不同点的核心，是供弹方式。也就是说，由于采用了弹板供弹的方式，故在全枪的整体结构布局上只能采取导气式自动方式，进而也只能采取气冷方式。"鸡脖子"的供弹机构，装置在机匣的前部，由进弹口、弹板制退齿、输弹板以及拨弹板等主要部件组成。"鸡脖子"的弹板用黄铜薄板冲压制成，枪弹单排排列卡在弹板上，一块弹板可卡装30发枪弹。进弹口在供弹机构的左侧，上面装有可以兼作进弹口防尘盖用的进弹导轮。装弹时，射手右手拉动拉机板向后到定位，使机枪处于待击状态，随即向前送回拉机板；副射手在射手左侧，以右手四指在上、拇指在下抓握弹板中部（注意：枪弹必须在弹板上面，弹头朝前），左手握弹板尾部，将弹板头部放在进弹口进弹导轮上，并使弹头对准受弹机定位，然后左手在稍稍托起弹板尾部的同时，用短促的力量，将弹板向右插入进弹口（听到"咔"的一声为止）。输弹板底面的棱形突笋配合在枪机框上面的斜向导槽之中，枪机框每（纵向）复进一次，即带动输弹板左右滑动一次，使拨弹板将弹板向右移动一发枪弹的位置，这样把枪弹一发一发送到进弹口，并一发一发打出去。弹板制退齿的作用，是制止弹板在

51

"鸡脖子"的机匣上部特写（注意年式铭文及其硕大的油壶）

"鸡脖子"的把手部特写（注意扳机按键和瞄准镜座黄铜护盖板）

射击震动等情况下向回移动，以确保供弹可靠性。在弹板制退齿的中部下方，有一个凸齿，其作用是当枪上未装有弹板时，阻止自动机复进，有点类似"空仓挂机"的意思，如果一个弹板完全打完，又没有接挂下一个弹板时，自动机即被阻止在后方，此时即使按动扳机也无济于事。当再次插入弹板时，弹板制退齿下方的挂机凸齿即解脱自动机，自动机在复进簧张力作用下，向前移动一段很小的距离（约8mm）后，被击发阻铁扣住，射手按压扳机，机枪又可以继续射击。

弹板供弹方式的可靠性，除了与机枪输弹机构的状态良好与否关系重大外，与弹板的状态良好与否也有很大的关系。用黄铜薄片冲压制成的弹板，虽然有一定的弹性，但不能有硬折弯伤，否则就可能导致供弹不畅或卡滞；枪弹是被翘起的卡片固定在弹板上

的，弹板经多次使用，卡片的紧固程度渐衰，枪弹就可能被震落下来，从而导致机枪空射、停射，等等。此外，弹板的质量显然比弹链要大许多，机枪手在携弹质量相同的情况下，弹板的装弹数比弹链的装弹数会少许多。加之，弹板在战斗中还可能丢失，所幸是用在重机枪上，重机枪阵地通常比轻机枪阵地靠后一些配置，阵地的转换也不如轻机枪那样频繁。从这一点，我们又可以找到

细说"鸡脖子"机枪
——日本九二式重机枪

"鸡脖子"的枪身中部特写（注意枪管套和活塞套筒上的散热片以及准星座）

"鸡脖子"的枪身前部导气箍特写（注意枪管上的散热片、导气箍和防火帽）

为什么日本"歪把子"同是沿袭法国哈奇开斯机枪结构，进弹方式却采用了弹夹供弹的装弹机，而没有像"鸡脖子"这样采用弹板供弹方式的原因所在。当然，弹板还有一个不可克服的缺陷，这就是在战斗暴土扬尘、雨雪泥泞的条件下，枪弹和弹板很容易脏，这是造成故障的潜在原因。二战以后世界上的机枪普遍采用弹链供弹方式而没有采用弹板供弹方式的原因，也就不言自明了。至于"鸡脖子"所采用的导气式自动方式，是今天大家都很熟悉的事情，自不必多言。倒是"鸡脖子"那比任何机枪都多的散热片值得一说。理论上说，利用自然空气散热的物体，与空气接触的表面积越大，散热效果越好。但是就具体情况来说，这种效果与表面积并不成正比，从气冷式枪械实际使用的情况来看，没有散热片的枪管与有散热片的枪管的散热效果，差别很微小。然而，那么多

"鸡脖子"的枪架高低机特写

"鸡脖子"的枪架方向机特写

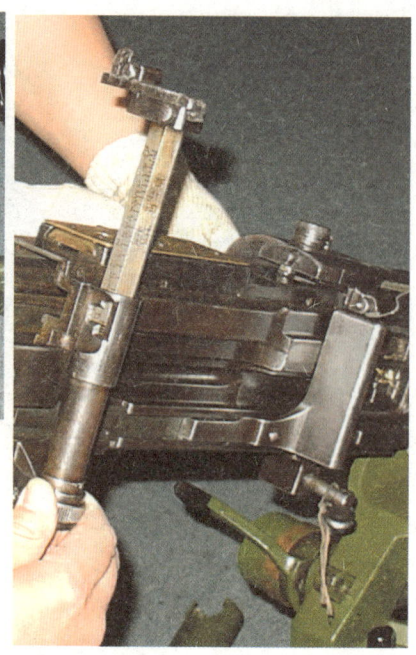
"鸡脖子"的表尺特写（注意光学瞄准镜座）

硕大的散热片表面上看是增大与空气的接触面积，实际上却大幅度地增加了全枪质量，在加工制造上也很繁琐，大散热片所获得的那一点点散热效果，与由之产生的负面效应相比，实在是得不偿失。

说到日本机枪，就不能不说枪上的油壶。"鸡脖子"的油壶，装置在受弹机座的上方，壶内可盛装0.16L枪油。油壶的注油孔与油帮座旋接，油帮心上套有油帮簧，在注油孔的下方有毛刷。当机枪未装上带枪弹的弹板时，油帮心在油帮簧张力作用下闭塞注油孔，枪油不能流到毛刷上；当机枪装上弹板后，枪弹即将油帮心向上顶起，使注油孔开启，枪油流到毛刷上，当枪弹经过毛刷时，弹壳上就被涂上枪油，从而起到润滑枪弹、减少故障的作用。我们先不说这个油壶可能降低故障的效率有多高，单单从它的结构这一点，就可以看出其设计者用心之"良苦"，真可谓"无所不用其极"。

类似这种"良苦"之心，在"鸡脖子"上可见之处颇多，在此仅以其瞄具作为一个例子加以叙述。"鸡脖子"的机械瞄具，表尺为一个六角形立柱，距离分划为3～27，表示射击距离为300～2700m，照门为觇孔式，可以左右调整风偏；准星座带有护框，准星可以左右调整修正；准星与照门上都涂有

"鸡脖子"的高射状态

荧光剂，在夜间可以瞄准射击。在机匣的后部，有瞄准镜座，可装置九六式、九四式以及九三式等3种白光瞄准镜，其中使用最多的是九三式白光瞄准镜。

细说"鸡脖子"机枪
——日本九二式重机枪

"鸡脖子"的上架特写（注意防盾插槽）

耳轴
防盾插槽
拉机板
升降柱手轮
方向机固定手柄
高低机固定手柄

"鸡脖子"由于全面承袭了一战时期法国哈奇开斯机枪的"衣钵"，因此在实战使用中，也与哈奇开斯机枪同病相怜，其发生概率最高的故障，就是进弹不良，包括卡弹、顶弹、输弹不畅，抽壳、排壳动作不良以及断壳，等等。这些问题的根源，主要是出自弹板供弹结构复杂与滞涩，弹板固弹不确实，枪弹位置保持不正确和弹板本身在战斗使用中造成的各种残疵与缺陷。当然，油壶不断地涂油与暴土扬尘搅和生成的油泥也是一个先天不足的"病灶"。因此，要确保不出故障，就对擦拭保养提出了相当高的要求，当然，这在恶劣的自然天候和战场环境条件下，要做到是相当困难的。也就是说，"鸡脖子"的军械技术勤务性很差，这在当时就是一个令使用者头痛的问题。

"鸡脖子"的枪架为左右前两脚和中间后一脚布局，脚架头用连接销和连接衬铁座与升降柱座下部连接在一起，脚板下面各焊有驻锄，放列时可使全枪稳固。前两脚板面上，各焊有一个枪棍座管，以便插入棍棒（通常是插入木棍）抬枪；后脚板上，焊有制式抬枪柄座，并有抬枪柄驻栓，当插入后抬枪柄后，可旋转驻栓予以固定。这样，前面两名号手和后面两名（有时后面可一名）号手可以方便地携枪运动和抬枪行军。升降柱座中间有升降柱，可通过升降柱手轮调整火线高度；升降柱上端与上架连接，上架用以连接和固定枪身，由枪身耳轴固定座、方向机、高低机以及防盾插槽等部件组成。其中方向机上有方向分划盘、方向机固定轴等，用以赋予枪身射向（方向射界36°）；高低机用以赋予枪身射角（高低射界-15°～+9°）。总的来看，其结构要比二十四年式马克沁重机枪枪架简单，但是质量却重7kg。当然，"鸡脖子"的枪

八路军某部在敌后突击战斗中的一个火力点，注意射手正在调整"鸡脖子"的高低机手轮进行精确瞄准

身也要比二十四年式马克沁重机枪枪身重6.6kg。

战争使用情况

"鸡脖子"作为侵华日军主要的制式重机枪，主要配备到日军大队（相当于营级的作战分队），直接配属到连以下分队使用的情况并不多见。那时候，我军若打了较大的仗，常可以缴获到"鸡脖子"，但是缴获的枪弹大部分是三八式6.5mm枪弹，7.7mm枪弹及其弹板往往不是很多。但到了后来，缴获的"鸡脖子"与7.7mm枪弹就逐渐多起来，我军部队使用得也就越发广泛。我军中凡是经常与日本侵略军作战的部队，到了抗战后期以至整个解放战争时期，营属重机枪多以"鸡脖子"为主。

抗日战争时期，重机枪在军队中的地位和作用，与其说是以其猛烈强大的火力来体现的，倒不如说更多地是以其外观架势来体现的。换句话说，重机枪"打人"的分量还不如其"吓人"的分量重。那时候，重机枪实际上已经是部队编制规模和作战能力大小的一种有形的外在象征。一支军队中是否编有重机枪，有几挺重机枪，往往是判断这支军队的数量、规模、等级以及战斗力等方面的重要因素。作战中，重机枪打起来，枪声和节奏与步枪、轻机枪的声音有很大区别，所以往往重机枪一响起来，战斗的规模就好像升级，人们心理上的紧张程度也随之升级

八路军某部在反扫荡战斗中用缴获的三年式重机枪向来犯的日军射击（注意三年式重机枪的特征："框式把手"，枪口没有防火帽）

八路军某部在一次进攻战斗中的"鸡脖子"阵地，注意副射手正在向机枪上推弹板

了，当然，对于战场情况的判断、作战的决心、兵力的部署、战术的运用等一系列问题都可能随之变化。然而这一切又常常与重机枪本身的射击与杀伤效果没有直接联系。正是因为这样，我军可以游刃有余地造成日寇判断上的错觉，有效地打击日本侵略者。例如，日军获得的情报中说，"当面的这支八路军人数不详，但看到队伍中有马克沁水压重机枪"时，日军往往就可能做出这是老八路而不是土八路的判断。再如，一次拔除敌据点的战斗，如果只凭步枪或轻机枪打，据点里的日伪军可能会凭借工事负隅顽抗，倘若重机枪一响，战斗发展可能就会顺利许多，这倒不一定是因为重机枪给敌人以多有效的压制和杀伤，而主要是由于重机枪对敌人心理上的压制和威慑可能会更大。可以想象，当那些日本鬼子听到那熟悉的重机枪声和射来的那些7.7mm重机枪弹，是出自八路军手中的原装日产"鸡脖子"的时候，恐怕要比听到"马克沁"的声音和遭到"马克沁"的打击更为恼火。

特别要提及的是，日本投降以后，国民党军队接收的"鸡脖子"也非常多，为了适合当时国民党军队通用的7.92mm毛瑟98式枪弹，减少弹药补充的麻烦，国民党军政部兵工署曾饬第六十兵工厂，把7.7mm的"鸡脖子"改成7.92mm口径，并在枪管口部刻上"改七九"三个字，以便于识别，避免用错了枪弹。解放战争期间，中国人民解放军主力部队中以7.92mm步/机枪弹为主的作战分队，凡编配"鸡脖子"者，大多是后来缴获自国民党军队的"改七九"；当然，使用纯"鸡脖子"的解放军分队也不在少数。当时我军使用的重机枪主要有3种型号，一是二十四年式马克沁重机枪，二是美制7.62mm勃朗宁M1917A1重机枪，三是日本的"鸡脖子"。由于"鸡脖子"采用了有利于迅速调整火线高的枪架，特别是由平射状态转换为高射状态时，较其他重机枪来得方便，因此还比较受欢迎。直到抗美援朝初期，志愿军主力部队中的日本"鸡脖子"还不少。

建国以后，随着我军正规化建设的步伐，新一代的制式武器逐步取代了战争时期缴获的武器。主力部队换下来的各种杂式武器。交由民兵使用。因此，直到20世纪60年代中期，在我国许多的民兵重机枪分队中，还能时常看到日本"鸡脖子"的身影。

"鸡脖子"重机枪的不完全分解

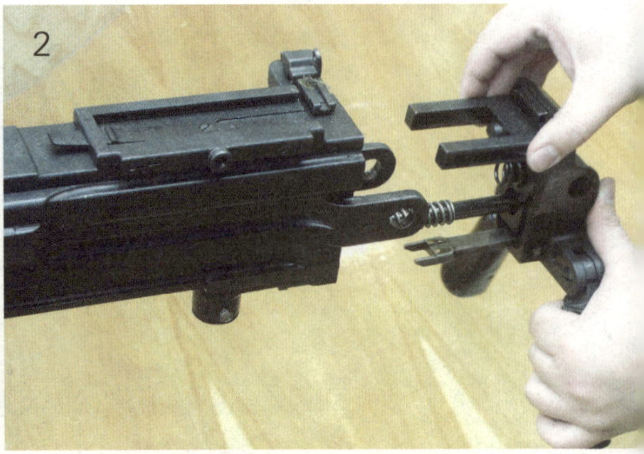

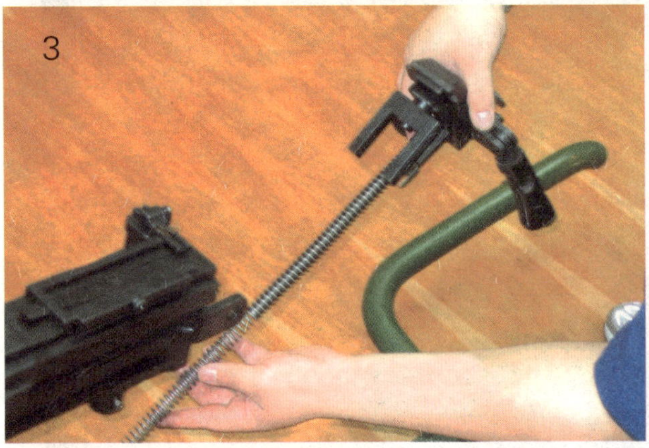

分解：（1）卸下把手部件：以右手握住把手并向前顶压，左手将把手部插销由下向后转大半圈（135°）并向左拔出，然后取下把手部并卸下复进簧和缓冲器（见图1～图6）。（2）卸下自动机：右手向后拉拉机板，左手中指由后伸入自动机复进簧穴内，并带动自动机沿机匣向后滑动，以右手接住自动机下部并全部取出。接着从枪机框上取下枪机和闭锁卡铁（当从枪机上取下击针时，闭锁卡铁随之分离，见图7～图10）。

细说"鸡脖子"机枪
——日本九二式重机枪

(3)卸下拉机板:以右手向右取出(一般分解只进行到此,见图11)。

结合:按分解的相反顺序进行。

注:日本九二式重机枪的结构较一般枪械复杂许多,其分解步骤除了上述三点外,进一步分解则需要使用工具才能进行。

意大利第一支国产制式机枪
——菲亚特-列维里M1914机枪

研制背景

早在1901年,意大利炮兵工厂的主管朱思皮·佩里诺曾设计了一挺采用导气式工作原理的机枪,该机枪的独特之处在于它的供弹方式。它采用弹板供弹,但又不同于哈奇开斯机枪及日本九二式重机枪所采用的弹板供弹方式。它的弹板容弹量为25发,将5个这样的弹板上下排列起来,放在一个弹箱内,再将弹箱挂在机枪左侧,射击时,从弹箱内最下一层的弹板开始供弹,这个弹板上的枪弹用完后,其上的弹板自动落下,然后处于最下层的弹板接着供弹。这种供弹方式使副射手的工作变得简单,他只需将装满枪弹的弹板从上面放入弹箱,保持弹箱内始终有5个弹板即可。在与马克沁机枪的对比试验中,该枪表现得非常出色,意大利作战部门也认为该枪设计得非常好,但为了对外保密,遂

意大利第一支国产制式机枪
——菲亚特-列维里
M1914机枪

1917年6月，驻扎在米兰的意大利第8机枪连的10名队员和他们所使用的M1914机枪

将其列为最高机密，只允许极少量地生产，以进行秘密试验。而正是这种保密意识扼杀了该枪的生命，导致其生产量很少，也没有进行过公开的试验，对其改进也非常少，这实际上阻止了该枪的进一步开发及研制，所以等到要装备使用时，它已经非常落后了。

1908年，一位年轻军官贝特尔·艾比尔·列维里（Bethel Abiel Revelli）利用申请的专利设计了一挺机枪，这挺机枪采用半自由枪机及枪管短后坐式工作原理，卡铁回转式闭锁机构及水冷却系统。列维里花了几年的时间来完善他的设计，并由菲亚特汽车公司生产了样枪。在军方的几次试验中，该枪的性能令军方满意，但由于当时意大利装备的制式机枪供应很充足，所以军方对是否采用该枪一直犹豫不决。随着一战的爆发及国外机枪供应的断绝，军方才决定采用这支机枪，并命名为菲亚特-列维里M1914机枪（FIAT Revelli Model 1914）。正是一战的爆发，才给了列维里及M1914机枪成名的机会。

实际上大约在1906年，列维里就曾引起意大利陆军的注意，当时他设计了一支卡铁回转式闭锁机构的手枪，这支枪便是1910年成为意大利军队制式装备的格利森蒂（Glisenti）M1910手枪（该手枪于1934年被伯莱塔M34手枪取代）。M1914机枪所采用的卡铁回转式闭锁机构与格利森蒂M1910手枪上的闭锁机构相似。列维里是意大利一位多产的设计师，著名的帕洛沙（Perosa）M1915 9mm冲锋枪也出自其手，后来他成为意大利一名高级军官。

图中标注：
- 表尺
- 冷却套筒上方的注水孔
- 打开的抛壳窗盖
- 冷却套筒下方的注水孔
- 泄气孔
- 用于安装防盾的狭槽
- "捕鼠笼"供弹器
- 方向粗略调整锁紧手柄

M1914机枪局部图

机构剖析

菲亚特-列维里M1914机枪的机匣呈不规则的方形，分上下两层。上层容纳枪机、复进簧、击针、枪管套、枪管等零件，前端连接水冷却套筒。下层容纳扳机连杆、击发阻铁、单发阻铁、闭锁系统、拨弹系统等零部件，后端装握把及扳机。机匣顶端前部安装有铰接的抛壳窗盖，射击前需将抛壳窗盖打开，便于弹壳向右上方抛出。

与枪机为一个整体的拉机柄从上层机匣后端伸出，呈十字形，便于握持。握把座顶部前侧面装有缓冲垫，枪机后坐过程中，拉机柄撞击缓冲垫后便停止后坐。射击时，外露的拉机柄在机匣上方做快速往复运动，这对正、副射手来说是一个潜在的危险，若不小心将手放在拉机柄附近，其结果可想而知。这是该枪设计上的一个不足之处。

击针装在枪机内，枪机与击针共用一根簧，即复进簧与击针簧是同一根簧。

扳机位于两个握把中间，待击时，用拇指向前推扳机，便可完成射击动作。快慢机杆在扳机上方，有3个位置，左侧位置标有"LENTA"，为单发位置；上方位置标有"SICURA"，为保险位置；右侧位置标有"RAPIDA"，为连发位置。射手可根据不同的目标状况来转动快慢机杆，设定单发或连发发射状态。从理论上来说，这种在两侧

意大利第一支国产制式机枪——菲亚特—列维里M1914机枪

M1914机枪尾部细节

拉机柄
快慢机杆
扳机
握把

机匣侧板卸掉后看到的内部机构
1–拨弹杠杆驱动杆；2–枪机随动杆；3–摩擦力调整凸轮；4–方向精确调整锁紧手柄；5–表尺折叠并置于槽中。

位置设定单、连发状态，中间位置设定保险状态的设置方式是比较合理的，但该枪的快慢机杆的定位不够牢固，当快慢机杆竖起于中间的保险位置时，很容易因碰撞或因手指的不小心推动而倒向一侧，使武器处于非保险状态，引起意外发火。

上层机匣尾端上方有框形表尺，照门为V形缺口式，可上下移动照门位置来设定不同的射击距离。表尺座前方有纵向槽，武器储存或运输时，表尺可向前折叠并置于这个槽中，从而避免因碰撞而使表尺变形。准星为柱形，位于水冷却套筒前部正上方。

与现代武器的枪管结构不同，M1914机枪的枪管与枪管套是两个不同的部件。枪管套装在上层机匣内，前端刚性连接着枪管，枪机装在枪管套内。枪管套底面有一纵向孔，枪机底面对应部位有闭锁斜槽，枪机复进到位后，在闭锁卡铁复位簧的作用下，下机匣中的闭锁卡铁头部通过枪管套底面的孔，并作用于枪机的闭锁斜槽内，使枪管套与枪机形成闭锁。

闭锁卡铁的旋转轴与枪管轴线垂直，枪机、枪管套、枪管闭锁在一起后坐时，推动闭锁卡铁向后旋转，枪机、枪管、枪管套后坐约4mm后，闭锁卡铁头部从枪机闭锁斜槽内滑出，使闭锁卡铁与枪机完全解脱扣合，此后枪机便自由后坐，枪管套、枪管则被闭锁卡铁前侧面阻挡而停止后坐。在枪机自由后坐过程中，闭锁卡铁头部被枪机底面限制而不能抬起。枪机复进时，当闭锁斜槽前沿越过闭锁卡铁头部后，在复位簧的作用下，闭锁卡铁便开始抬起，并靠其前侧面推动枪管套、枪管一起向前运动，向前运动约4mm距离后，枪机复进到位，借助闭锁卡铁的作用，与枪管套形成闭锁。

闭锁卡铁的轴是偏心的，可通过摩擦力调整凸轮将闭锁卡铁分别定位在3个位置，以调整闭锁卡铁对运动件的摩擦力大小，保证武器工作平稳。

M1914机枪的阻铁有两个：击发阻铁和单发阻铁。顾名思义，单发阻铁是使武器进行单发发射的阻铁。当快慢机杆位于单发位置时，单发阻铁后端运动不受限制，可被压下或抬起；当快慢机杆位于连发位置时，单发阻铁后端被压下，不能与阻铁解脱杆扣

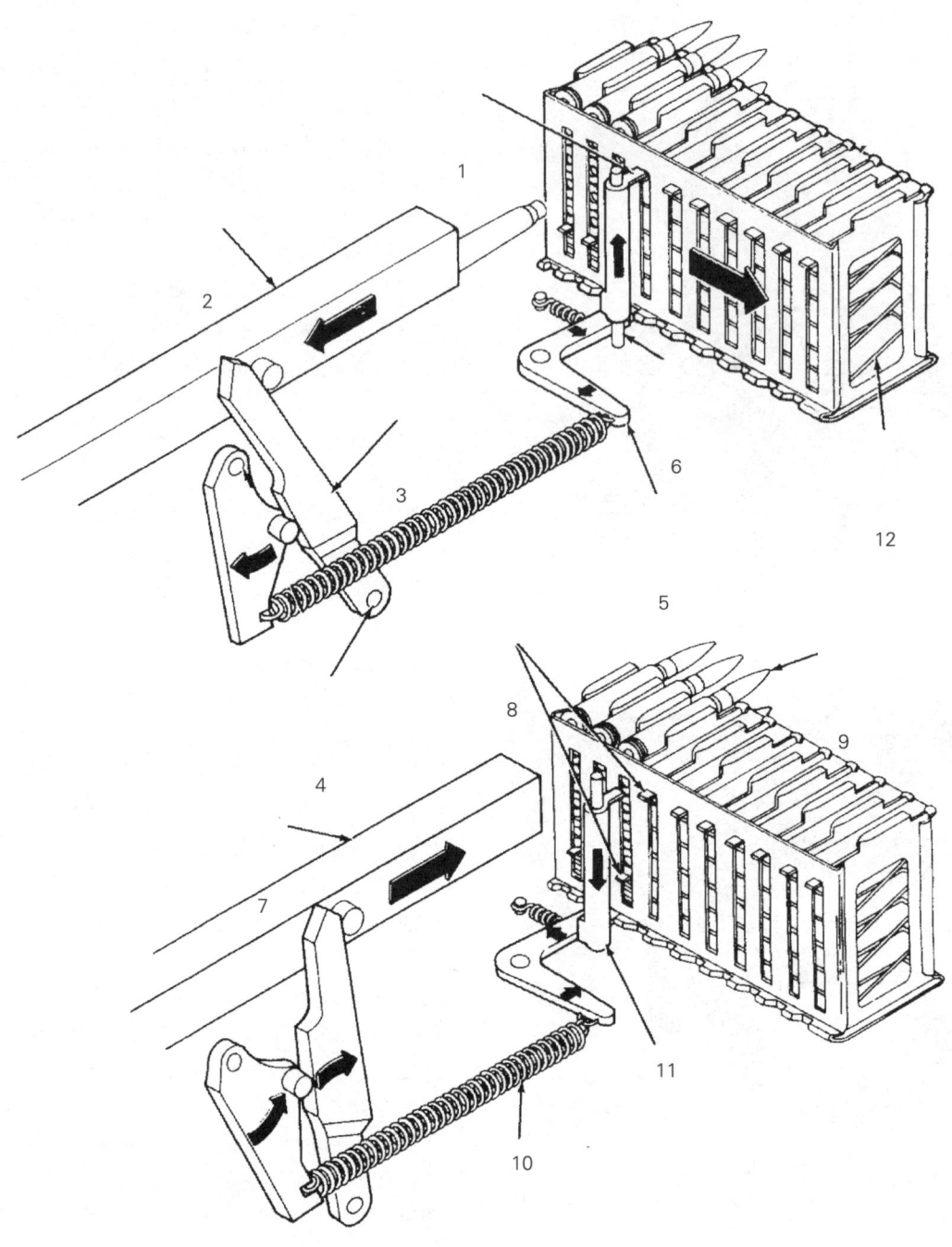

供弹机构示意图

1—托弹板尾部抬起拨弹杠杆限位销；2—后坐的枪机；3—枪机随动杆；4—枪机随动杆轴；5—拨弹杠杆；6—拨弹杠杆限位销；7—复进的枪机；8—托弹板尾部；9—待进膛的枪弹；10—拨弹杠杆簧；11—拨弹杠杆限位销；12—托弹板簧。

意大利第一支国产制式机枪
——菲亚特—列维里
M1914机枪

M1914机枪木质弹药箱、"捕鼠笼"供弹器及木质装弹器

合。

供弹系统 M1914机枪采用独特的供弹系统，其供弹器呈方形，像捕鼠笼，所以被形象地称为"捕鼠笼"供弹器。供弹器有两种容弹量：50发和100发，二者内部结构完全相同，只是外部尺寸不同。供弹器内部分若干格，每格装5发弹，50发的供弹器分10格，100发的则分20格，实际上这种供弹器可看作若干个容弹量为5发的弹仓横向排列而成，为便于描述，笔者采用"弹仓"这个概念。通常M1914机枪使用的是50发的供弹器，作防空武器时则用100发的供弹器。

向这种供弹器中装弹时，可采用两种方法：一种是逐发地向其中装弹；另一种是利用一种特制的木质装弹器，一次向其中装5发弹。采用第一种方法时，左手抓住供弹器，并用拇指将突出于供弹器后部的托弹板尾端向下压，右手拿着枪弹，将弹底部插入抱弹口下方，在向下压的同时向后推枪弹，直至弹壳底部抵在供弹器后壁上，这样，一发弹便被装了进去。使用同样的方法，便可一发一发地将供弹器装满。

利用木质装弹器装弹时，先将5发弹置于相邻的5个弹仓顶部、抱弹口前方，将装弹器放在5发弹上面，并使装弹器的5个齿与5发弹对齐，然后向下压装弹器，当枪弹低于抱弹口时，下压装弹器的同时并向后推枪弹，直至弹壳底部抵在供弹器后壁上，这样一次可将5发弹装进供弹器。

射击过程中，为保证供弹器中所有弹仓中的枪弹依次被送进弹膛，列维里设计了独

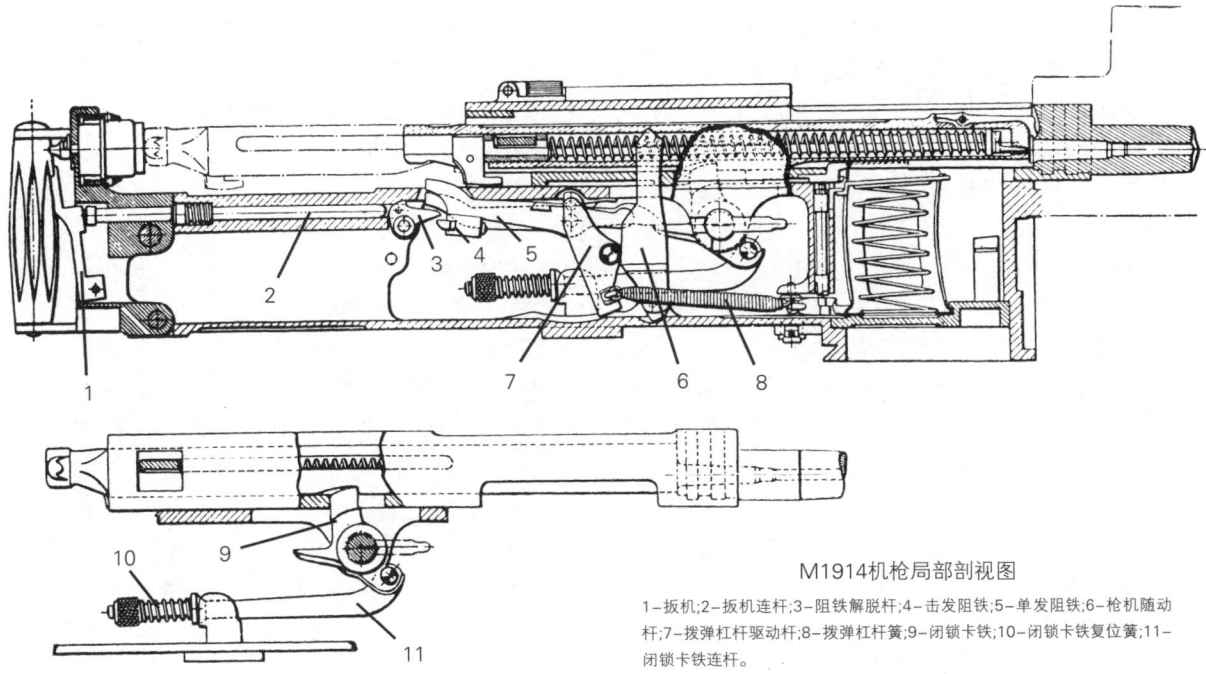

M1914机枪局部剖视图

1-扳机;2-扳机连杆;3-阻铁解脱杆;4-击发阻铁;5-单发阻铁;6-枪机随动杆;7-拨弹杠杆驱动杆;8-拨弹杠杆簧;9-闭锁卡铁;10-闭锁卡铁复位簧;11-闭锁卡铁连杆。

不安装三脚架时,也可利用副射手作M1914机枪的射击平台

特的供弹系统。该系统由枪机随动杆、拨弹杠杆驱动杆、拨弹杠杆簧、拨弹杠杆、拨弹杠杆复位簧、拨弹杠杆限位销组成。

当正对弹膛的弹仓中尚有枪弹时,拨弹杠杆限位销处于最低位置,限制拨弹杠杆摆动。若该弹仓中的最后一发弹被送进弹膛,托弹板在簧力作用下上升至最高位置,突出于供弹器后部的托弹板尾端将拨弹杠杆限位销抬起,使拨弹杠杆能自由摆动。枪机后坐时,带动枪机随动杆向后方摆动,枪机随动杆又带动拨弹杠杆驱动杆向后方摆动,通过拨弹杠杆簧,拉动拨弹杠杆向右摆动,推动供弹器向右移动一个弹仓的位置,使后一个弹仓对正弹膛。由于与前一个弹仓托弹板的尾端脱离,拨弹杠杆限位销下降,压在拨弹杠杆臂上。枪机复进时,在拨弹杠杆复位簧的作用下,拨弹杠杆向左摆动,拨弹杠杆限位销进一步下降至最低位置,并重新挡在拨弹杠杆臂的右侧,限制拨弹杠杆的摆动。每当对正弹膛的弹仓内的枪弹用完时,拨弹杠杆便向右摆动一次,将供弹器向右移动一个弹仓的位置。若供弹器内的枪弹全部用完时,拨弹杠杆则将供弹器向右抛出枪外。

许多有关菲亚特-列维里M1914机枪的书中均提到该枪机匣内设计了一个小油泵,润滑进膛前的枪弹,以便减小抽壳阻力,其实该枪内并没有这样的油泵,只是在20世纪30年代生产的后期型号中曾短暂地采用过这种润滑系统,但也很快就被在弹膛中加工出纵槽以减小抽壳阻力的方法所取代。

三脚架 M1914机枪的三脚架采用两腿在前、一腿在后的设置,后脚架上没有多余的空间安排座椅,所以射手只能跪着或趴在地上射击。三脚架顶部支座上有一个燕尾槽,机匣底部、进弹口下方有相应的导轨,要将枪身安装在三脚架上时,可将枪身上的导轨从燕尾槽前方向后推入燕尾槽,当枪身向后推到位时,燕尾槽后方的一个弹性销进入机匣底部相应的孔中,此时,枪身便被固定在三脚架上。

三脚架上有相应的高低、方向调整机构。其顶部右侧有一个较大的锁紧手柄,松开这个手柄,可粗略调整方向,如精确调整,就要利用三脚架顶部后方的一个较小的

意大利第一支国产制式机枪——菲亚特－列维里M1914机枪

试射M1914机枪。副射手一手操作水泵,向水冷却套筒中加水,一手拿着"捕鼠笼"供弹器,准备向武器中补充新弹。弹壳及空的供弹器均被抛在武器的右侧

锁紧手柄。高低调整则通过三脚架后腿左侧的两个旋钮,上面的用于粗略调整,下面的用于精确调整。

水冷却系统 与同时期的马克沁、维克斯、勃朗宁机枪一样,为了使枪管在连续射击过程中不致过热,M1914机枪也采用水冷却系统。但与其他武器的水冷却系统不同的是,列维里设计的水冷却系统更为先进,在水冷却系统中增加了一个额外的水补充机构。除了可以用冷却套筒顶部后端的注水孔向冷却套筒中加水外,列维里在泄气孔的前面又增加了一个注水孔,通过一个软管将水箱连接在该注水孔上,操作水箱上的水泵便可将水箱中的水送入冷却套筒中,这个动作一般由副射手完成。

操作使用

M1914机枪操作使用一般分如下步骤:

首先,将快慢机杆转到竖直位置,即设定为保险状态;

其次,将装满枪弹的"捕鼠笼"供弹器从枪身左侧插入进弹口,并向里推到位,使拨弹杠杆与供弹器底板后侧的凸齿扣合;

第三步,打开进弹口上方的抛壳窗盖;

第四步,右手抓住拉机柄向后拉到位并释放,枪机复进过程中,将正对弹膛的弹仓中的最上一发弹推进弹膛,同时击针被击发阻铁扣住,呈待击状态;

第五步,根据需要将快慢机杆转至左侧(单发)或右侧(连发)位置;

第六步,两手握住握把,用拇指向前推扳机,便可完成击发动作。

其自动循环过程如下:

向前推动扳机,扳机推扳机连杆前移,使阻铁解脱杆向前下方转动,其头部下压击发阻铁后部下端的凸齿,使击发阻铁后端下降,解脱击针,击针在击针簧的作用下前

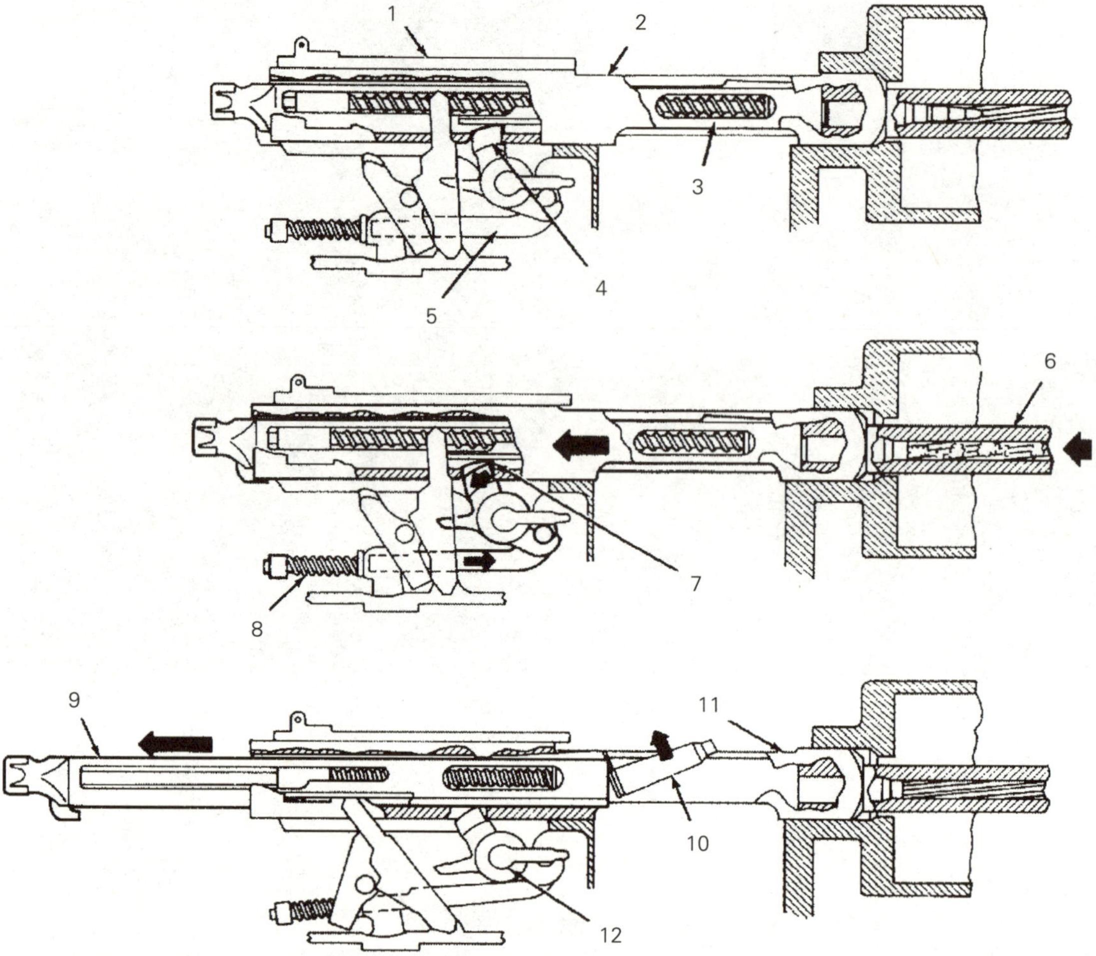

射击过程示意图

1-机匣;2-枪管套;3-枪机;4-闭锁卡铁;5-闭锁卡铁连杆;6-枪管;7-枪机闭锁斜面;8-闭锁卡铁复位簧;9-枪机;10-弹壳;11-枪管套;12-摩擦力调整凸轮。

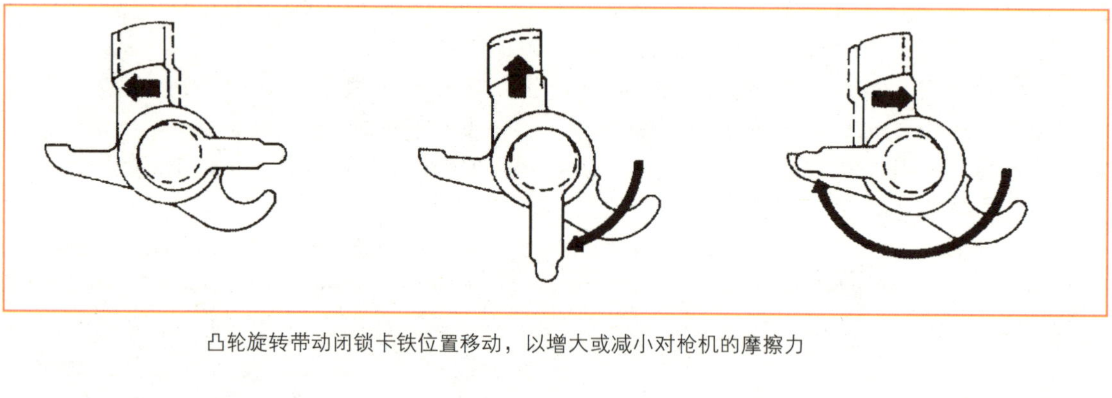

凸轮旋转带动闭锁卡铁位置移动，以增大或减小对枪机的摩擦力

M1914机枪的携行由4名人员完成

意大利第一支国产制式机枪——菲亚特-列维里M1914机枪

冲,打击底火击发枪弹。火药燃气在推动弹头向前运动的同时,也作用于弹壳底部,推动闭锁在一起的枪机、枪管套、枪管向后运动。其后坐约4mm后,枪管、枪管套被闭锁卡铁阻挡而停止后坐,枪机与闭锁卡铁解脱而自由后坐,并进一步压缩复进簧,抽壳钩从弹膛中抽出弹壳,至一定距离后,在抛壳挺的作用下将弹壳从枪的右上方抛出。

当快慢机杆位于单发位置时,枪机后坐过程中,枪机底面下压单发阻铁后端,使其下降,下降的单发阻铁后端又下压阻铁解脱杆,使其头部进一步向前下方转动,进而解脱与击发阻铁的扣合,击发阻铁在其簧力作用下后端上抬,以便扣住随枪机向前复进的击针。拉机柄与握把座上缓冲垫撞击后,枪机停止后坐,然后在复进簧张力作用下复进。枪机复进过程中,从供弹器中推一发弹进膛,同时击针被击发阻铁扣住而停在后方位置,当枪机复进到位闭锁后,这一射击循环便结束。由于阻铁解脱杆与击发阻铁没有扣合在一起,要开始下一射击循环,须松开扳机,使阻铁解脱杆在其簧力作用下复位,重新与击发阻铁扣合在一起,使武器呈待击状态,此时再向前推扳机,才可击发下一发枪弹。这便是单发发射过程。

当快慢机杆位于连发位置时,单发阻铁后端被压下并处于最下方位置,使其不与枪机底面及阻铁解脱杆接触。所以,只要向前推住扳机不放,击发阻铁后端就一直与阻铁解脱杆扣合在一起而不能上抬,便不能与击针合住而呈连发状态。

结束语

在意大利所采用的制式机枪中,M1914机枪列装的时间并不长(1914~1943年),比起同时期的马克沁、勃朗宁、维克斯等机枪,其名气也稍逊一筹,而且以今天的眼光来看,它确实比较笨重。但作为意大利的第一支国产制式机枪,其有一些值得称道的地方,如它的快慢机机构、水冷却系统,特别是它的快慢机机构,在100多年前的1908年,这种能选择发射方式的机构是很少见的。

二战时期美军装备的M2重机枪,摄于1944年

在战争中磨砺——美国勃朗宁重机枪传奇

从0.50in勃朗宁机枪弹说起

0.50in(12.7mm)勃朗宁机枪弹虽然早在80多年前就已问世,但在近20年来又焕发出第二次青春,成为像美国巴雷特狙击步枪及法国、比利时联合研制的海克提狙击步枪的专用弹。

勃朗宁机枪弹的历史成就,很难一笔表述清楚。此弹是一种威力很大、用途十分广泛的弹种。即使是在500m射程上,其弹着能量也比0.44in(11.176mm)马格努姆弹在10m距离上的弹着能量大。它能够击穿钢板、墙壁和其他掩体,也能击穿现代凯芙拉复合纤维织物。此弹与勃朗宁重机枪相结合,填补了在中等距离对付快速运动目标的火力空白,如对付小型橡皮艇、直升机,或者在许多第三世界国家冲突中遇到的装有机枪或火箭发射器的丰田小货车等。纵观80多年来世界各国部队装备的勃朗宁枪/弹系统,其基本结构几乎没有什么改变,足见勃朗宁机枪的生命力和其发明者约翰·M.勃朗宁非凡的天赋。

德国人吹响前奏曲

第一次世界大战迫使人们面对无数新的残酷的威胁:致命的军用毒气、连续数日的猛烈炮火和毁坏严重的空战。战争中,再也不是马匹决定行军速度,而是内燃机。敌人浮在水面

从左至右为常见的5.56mm、6.5mm、7.62mm、12.7mm枪弹。从视觉上就可以感受到，12.7mm机枪弹在威力上的分量

勃朗宁M2重机枪使用的M33型12.7mm机枪弹

或潜在水下，藏在堑壕或地道中实施杀戮；空域从战争一开始就变成了战场，飞机使用机载武器攻击前线阵地和后方目标。1915年，装载有许多机枪的德国"齐柏林"飞艇越过英吉利海峡对伦敦实施轰炸，而装有刘易斯轻机枪的英国战斗机由于缺乏集中火力，几乎没有任何机会去阻击缓缓飞行的"齐柏林"飞艇。

为了对付坚硬目标，枪弹要具有较强的侵彻力。法国人率先产生了增加枪弹口径的想法，把传统的8mm勒贝尔枪弹的口径增大，安装了11mm弹头。

1916年，英国将坦克应用于战场，当坦克在开阔地带滚滚驶来时，防御一方几乎无法对付。于是，德国加紧研制对付坦克的武器。位于马格德堡的波尔特公司制造出一种新型钢心弹。该弹口径13mm，弹壳长92mm，全弹长133mm，弹头质量依种类不同从51.8g到62.5g。毛瑟兵工厂于1918年1月研制出发射该弹的单发反坦克枪——战防枪，全枪质量11.8kg，初速820m/s，可以击穿英国坦克的两侧，从而吹响了大口径机枪的前奏曲。

勃朗宁机枪姗姗来迟

协约国方面不是没有察觉到德国人的进步。英国人用放大了的维克斯机枪试射0.50in口径的枪弹，美国军械局则委托温彻斯特公司研制新型枪/弹系统。

美国国防部对弹药的要求是，采用0.50in口径，弹头质量不小于52g，初速约820m/s，在25m距离上能确保击穿至少30mm厚的装甲。另外，连发射击时射速应达到500~600发/min，发射该弹的机枪质量不得超过22.7kg，以便在西线堑壕里也能携行。

温彻斯特-韦斯顿公司的弹药专家承担了新型枪弹的设计任务。他们以法国的11×60mm燃烧弹为基础进行开发。然而这种弹壳有突缘，这就自然不能赋予新型枪弹足够的射速。

与此同时，曾做过摩门教传教士、著名的枪械设计师约翰·M.勃朗宁，在柯尔特公司开始研制发射新型大口径枪弹的机枪。勃朗宁早在1890年就为柯尔特公司研制出一种导气式机枪，史称"甘薯挖掘机"或M1895机枪。

勃朗宁（右）在柯尔特公司的试验场测试其设计的重机枪原型枪

一战爆发后，他又设计了一种枪管短后坐式自动武器，1917年装备美军，被命名为M1917 7.62mm勃朗宁重机枪。

1918年夏，勃朗宁在哈特福德制造出第一挺0.50in口径机枪，并送到温彻斯特公司。这支68kg重的"怪物"进行第一次射击试验的结果令人失望。发射时后坐力很大，射手无法调整命中精度，枪弹没有达到所要求的终点弹道性能。

美国远征军司令"黑夹克"潘兴对反坦克武器很感兴趣。潘兴曾经领教过德国毛瑟反坦克步枪的威力，该枪在250m距离上击穿了坦克装甲。他的部队缴获了德军的这种武器和弹药，他希望他的士兵也装备类似的枪械。于是，潘兴将缴获来的枪和弹运到了美国。在温彻斯特-韦斯顿公司，弹道专家仔细分析了这种武器。他们对德国的13×92mm SR枪弹进行研究，最终搞出了无突缘弹壳枪弹，弹壳长为99mm。

此时，勃朗宁也修改了他的设计方案：在机匣末端加了一个充满机油的橡胶件以支撑复进簧。橡胶件的使用不仅减小了后坐，而且使得射速可变。将其向左旋转，机油流入活塞的缝隙，射速可提高到550～600发/min；将其向右旋转，可以使射速降低到450发/min。为便于握持，新设计的勃朗宁样枪采用双握把，取代了M1917 7.62mm勃朗宁机枪单手握持的小握把，这样，扣扳机的手指可以稍稍往上一点。

但是，1918年11月11日西线停火，第一次世界大战结束，勃朗宁的新机枪没有派上用场。研制时间不紧迫了，勃朗宁回到了他的家乡，柯尔特公司的技术人员则进一步对样枪加以改进而达到了批量生产的水平。柯尔特公司为勃朗宁0.50in机枪加装了缓冲器，机匣和枪架的质量也减轻了。1921年美国陆军正式采用勃朗宁0.50in机枪，一种是水冷式高射机枪，另一种是气冷式机载机枪，统称为M1921机枪。不过，自1925年第一批机枪到部队，到20世纪30年代中期，陆军总共装备不到1000挺。

在战争中磨砺
——美国勃朗宁重机枪传奇

M2HB QCB机枪

然而，美海军对"大50"表现出更大兴趣，自己拨款给勃朗宁继续研制。

从M1921到M2HB

美国陆军部于20世纪30年代初开始对M1921机枪进行检修。S.G.格林上校对附件和枪架进行了标准化。他没有改变原型枪的基本结构，但对机匣上的一些连接点进行了加固，并可通过更换少量部件即可由左侧供弹改为右侧供弹，使得勃朗宁机枪适合安装在各种车辆、炮塔和飞机枪架上。改进后的高射机枪称为M1921A1，机载机枪称为M1921E2。

柯尔特公司继续对M1921进行改进设计，研制了一种质量更轻、操作更为方便的气冷式变型枪。与此同时，美国骑兵队于20世纪30年代初研制了一种用于侦察和支援步兵作战的轻型装甲车，新0.50in机枪正好适合装在该车上使用，于是，1933年将该枪冠名"M2"而列装。美国士兵渐渐将该枪称为"50"或"老祖宗（Big Mama）"。在第二次世界大战中，德军称其为"魔鬼"。

M2采用889mm长的薄壁枪管，射击70～90发枪弹之后便发烫，难以保证持续射击，为此，柯尔特公司采用了1143mm长的重枪管。重枪管的英文为"Heavy Barrel"，缩写为"HB"，所以该枪称为M2HB。重枪管的采用，使机枪可持续射击，并且后坐力也大为减小，同时，该枪已不再是单一的车载或高射机枪，而成为多用途重型机枪装在各种车辆里对付地面目标。由于美国军械局在20世纪30年代前期就着手进行0.50in机枪的标准化，致使美国在1941年12月参加第二次世界大战时，M2机枪已形成一个系列。

截至二战结束，美国各企业和政府兵工厂总共生产了200万挺M2HB重机枪。即使如此，仍然满足不了部队需求，不仅地面部队和坦克装甲车上的装备数量不足，美国空军的前

M2HB QCB机枪。QCB即"Quick Change Barrel"的首字母缩写，是快速更换枪管之意

轻武器典藏手册 ——世界著名机枪 I

FN美国分公司在M2重机枪基础上最新推出的M3M重机枪。主要作为平台机枪使用

身陆军航空兵更缺：一架歼击机，机翼上要装2～3挺机枪，枪架炮塔上也要配置机枪。可见M2HB机枪需求量之大。

M2HB机枪也是美国向其盟军提供援助的传统武器，就连苏军也将该枪同自己的德什卡机枪一起装在谢尔曼坦克和轻装甲巡逻车上。

二战结束后，勃朗宁机枪并没有退役，美国曾把存货销售给其盟国和第三世界国家。勃朗宁机枪流传甚广，在地球的任何一个战场上，几乎都能听到其清脆的枪声。

M2HB未到寿终时

当然，勃朗宁机枪也有缺点，主要是零部件太多，维护困难，需要有经验的人才能进行维修保养；枪机易出现问题，导致不能击发。此外，勃朗宁机枪全长达1650mm，无疑是太长了，特别是粗大的机匣过长，不适合安装在装甲车辆上。

时任美国总统布什视察军队时的场景。布什脚下即为百年寿星——M2重机枪

在战争中磨砺
——美国勃朗宁重机枪传奇

随着步兵机械化的不断发展，M2重机枪更多的是作为车载机枪使用。在伊拉克战争和阿富汗战争中，M2重机枪的表现得到普遍认可

美军在20世纪80年代希望以新型机枪取代该枪，包括通用动力公司研制的M86，后来则搁浅了，倒是英阿马岛战争，英国军队又从军械库里取出了勃朗宁机枪。英军对于这种曾在二战中使用过的武器，在对先头部队的火力支援和守卫桥头堡作战中所显示出的良好性能惊讶不已，于是，他们又把M2HB机枪列入步兵武器的装备序列。冷战结束之后，英国加紧建设快速反应部队，相应地，对0.50in勃朗宁机枪的需求也在增加，以安装在越野车和沙滩车上使用。

现在所说的勃朗宁机枪，大多指M2HB QCB机枪。QCB即"Quick Change Barrel"的首字母缩写，是快速更换枪管之意。其在某些结构上同原型枪有所区别。最大的创新是，为这挺老枪研制了一种快速更换枪管系统，并且无须调整闭锁间隙。

在美军中，一度有过关于该枪即将退出历史舞台的传言。但从阿富汗战争和伊拉克战争的战果来看，已经80高龄的"老祖宗"仍没有退役的可能。另一方面，勃朗宁机枪配用的12.7×99mm枪弹将继续无可争辩地在世界枪弹家族中占有一席之地。此弹在狙击步枪和运动步枪上得到广泛运用就是佐证。

勃朗宁不老，勃朗宁机枪长存。

装在CROWS-II通用武器遥控站上的M2HB重机枪

遍布五洲
——美国勃朗宁M1919系列机枪

约翰·摩西·勃朗宁设计的M1919系列机枪尽管不够完美,但其足迹还是遍布五大洲,直到20世纪80年代,仍有许多国家的军队装备。

初尝胜果

M1919系列机枪有着光辉的历史,但它的成功却不是一帆风顺的,其研制过程整整持续了16年。

1910年,勃朗宁在美国犹他州展出了他设计的第一挺样枪,但直到1917年该枪才受到军方的关注,这便是M1919系列机枪的早期型M1917。究其原因,美国在一战期间从法国购买了38000挺M1915绍沙机枪。该枪在射击过程中极不稳定,且半圆形弹匣易损坏,导致其在美军中口碑不佳。据说,有些美国士兵在欧洲战场上甚至干脆将不适用的绍沙机枪扔掉。鉴于此,美国国防部开始着手在国内寻求一种性能可靠的机枪,于是勃朗宁的M1917机枪得以一展才华而初尝胜果。

绍沙机枪出现上述问题的原因在于枪机和枪管后坐行程过长,而M1917机枪则采用枪管短后坐式解决了这一问题:枪弹击发后,枪机和枪管只共同后坐一小段行程,机匣中的两个开锁斜面同时下压闭锁卡铁两侧的销轴,迫使

遍布五洲
——美国勃朗宁M1919系列机枪

勃朗宁M1917A1重机枪

M1917机枪在法国部队演示时,射击阵地前面放置有包装箱,右后方有3.3L的水桶

闭锁卡铁滑出枪机下部的闭锁槽,于是枪机开锁,脱离枪管节套,单独后坐;枪管节套在惯性作用下向后运动,一方面压缩枪管复进簧,一方面迫使加速机构后转,促动枪机加快后坐速度,继续压缩复进簧。后坐过程中,枪机上方的取弹器从弹带中抽出一发枪弹,其前端的T形抽壳钩则从弹膛内抽出发射过的弹壳。枪机后坐到位后,复进簧伸缩,推动枪机复进,抛壳挺撞击弹壳,使之向下方抛出。枪机继续复进,完成推弹入膛、枪机与枪管的闭锁动作。在枪机与枪管共同复进过程中,打击枪弹底火,完成一个自动循环过程。

美国战争部的一个委员会在对勃朗宁M1917机枪进行试验时,2万发枪弹顺利地"穿膛"而过,但委员会认为这是一个例外。于是,勃朗宁在第二型机枪上采用了加长弹链,能够进行48min12s的连续发射。勃朗宁机枪的出色表现,使那些抱怨者闭了嘴,并获得了1万挺机枪的订单。到一战结束,勃朗宁总共提供了56608挺机枪。

形成系列

一战结束后,美军大约拥有14万挺机枪,

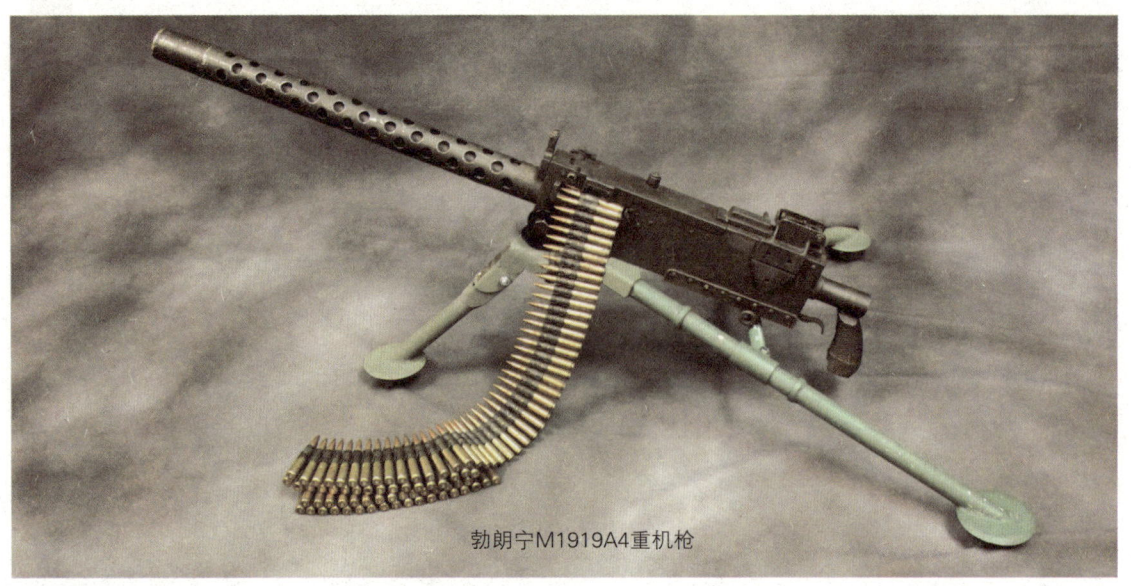

勃朗宁M1919A4重机枪

这在和平时期显得太多了。但是这一时期M1917机枪的发展却一帆风顺。军方将刘易斯机枪和维克斯机枪存库备用,而将M1917机枪的改进型M1917A1列为制式机枪。按照军方要求,勃朗宁又针对一些不足做了如下改进:因托底板易裂,以环箍加固;采用新的弹链输送杆和改进的机匣盖固定销。二战期间,生产商向军方提供了近5.4万挺M1917A1机枪。美国国防部对该枪表示满意,所以在朝鲜战争中还在使用。尽管军方满意,但勃朗宁并没有停止改进的步伐,在M1917的基础上逐步推出了M1919的一系列机枪:笨重的水冷式机枪不适合装在飞机和坦克上,也不适合骑兵使用,所以勃朗宁将水冷式改为气冷式,推出了装在坦克上的M1919和M1919A1,供骑兵使用的M1919A2。这些机枪的自动方式未变,仍然是枪管短后坐式。此后,又研制出了M1919A4机枪,质量14kg,其中三脚架约6.5kg。部队把它当作轻机枪,用于在中、近距离上对步兵进行火力掩护,还可以在侧翼支援步兵进攻,在防御阵地实施火力支援。但M1919A4在进攻中赶不上步兵的速度,所以不适合作为进攻性武器。美国武器局再次对其加以改进,于是出现了M1919A6机枪。

"终结者"M1919A6

勃朗宁M1919A6机枪是美军正式装备长达40余年的M1917系列机枪中的最后一种,也是最独特的一种,虽然存在诸多缺点,但仍算得上是一种较为成功的改型产品。作为对制式武器不断改进以适应多种用途的成功先例,M1919A6机枪对以后的M60机枪和M16系列步枪都产生了很大影响,至今仍为各国的枪械设计师们所借鉴。

二战期间,美军使用的M1919A4重机枪

遍布五洲
——美国勃朗宁M1919系列机枪

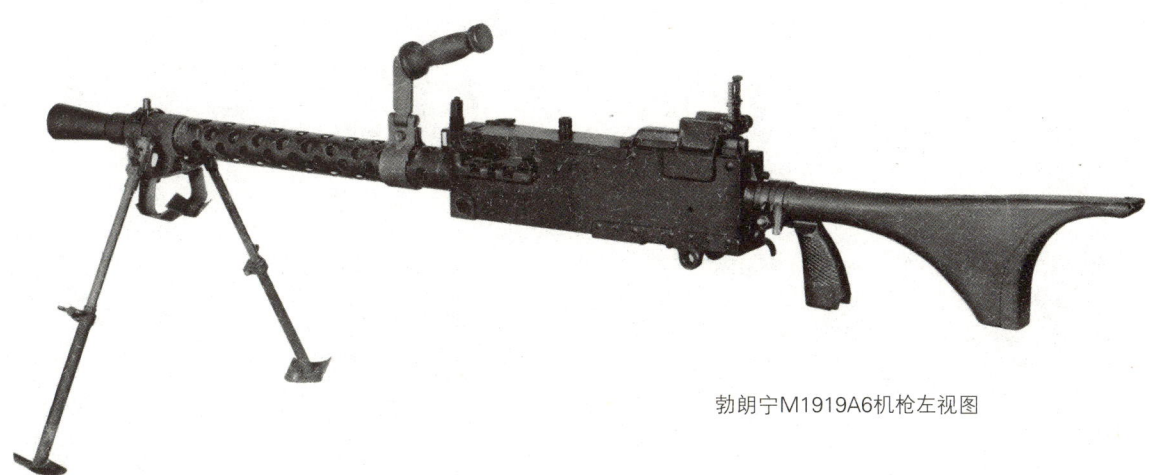

勃朗宁M1919A6机枪左视图

M1919A6是由勃朗宁M1919A4重机枪改进而成的。后者则是勃朗宁M1917A1水冷式重机枪的改进型，由于将水冷方式改为气冷，M1919A4的全枪质量大为减轻，既可车载又可用于野战，珍珠港事件后M1919A4逐步取代了大多数M1917A1，成为二战期间美国陆军最主要的连级机枪。但对于美军连以下部队来说，仍然缺乏机枪火力的支援，当时每个步兵班仅配有勃朗宁M1918A1自动步枪，即著名的BAR，扮演轻机枪的角色，但它20发的弹匣容弹量却严重影响了火力持续性，其枪管不易拆卸和更换更是严重的缺陷，因为持续射击将很快烧蚀枪管，而它的枪管只能在修械所里更换，这些都决定了BAR不能提供足够的持续性火力。尽管M1919A4的射程和火力持续性都要胜过BAR许多，但对于机动作战来说，还是显得过于笨重。特别是它转移阵地时至少需要两人操作，其中一人搬运枪身，另一人扛M2三脚架，一般还有一名士兵负责携带弹药箱。在战场上，火力支援机枪往往是敌方火力优先和重点"照顾"的目标，因此转移过程中只要有一人倒下，枪身、三脚架、弹药三者中可能就有一部分将不能到达目的地。当时美军研制了可以同时携带枪身和三脚架的专用携行具，但由于单个士兵本身负重所限，想要迅速地转移机枪和所必备的弹药也是很困难的。所以，在实际作战中，很多情况下美军士兵们只能依靠M1919A4的枪身来进行概略射击，其作战效能大打折扣。因此，质量较轻、便于移动和迅速展开、能进行较长时间连续射击以压制敌方火力，也就是结合了BAR和M1919A4两者优点的轻型机枪，成为美国陆军急需的装备。

美国陆军从1940年起就开始了轻型机枪的试验和选型工作。从1941年到1942年，美国人将质量在10kg以下的近10种由美国、捷克、丹麦等国制造的不同机枪进行了对比试验，可是所有这些武器都未能达到陆军事先制定的战技指标要求，选型工作就此搁浅。

战争在不断扩大，美军要在欧洲和太平洋

将重机枪装上两脚架和枪托后当作轻机枪使用是德国人在一战中的首创。图为一战后德军使用的马克沁MG08/15式轻机枪

勃朗宁M1919A6机枪右视图

的各个战场上进行厮杀,当时交战各国早已普遍装备轻机枪,而美军却未正式装备,这使得美国陆军兵器委员会感到非常不安。1942年,美国陆军与有关军工厂制定了将M1919A4重机枪改进为轻机枪的折中方案,并很快拿出了样枪。这种方式并非美国人的首创,一战时德国就曾将马克沁MG08重机枪装上两脚架和枪托,改进成MG08/15式轻机枪。

最初的样枪被提供给部队试用,并在步兵学校进行了射击演示,结果颇受好评。陆军兵器委员会因此向美国政府提交了一份报告书,在叙述了试验取得的成果后,声称如果在已成为制式武器的M1919A4基础上将其改进成一种轻机枪,不仅军工厂将原先的生产线稍做修改即可成批制造,而且装备到部队后,所需的训练时间也能减少到最低程度。该报告书最后的结论是应该加速推行该项改进计划,尽快将其作为制式武器装备部队。

收到这份报告书后,美国政府于1942年9月23日批准了陆军兵器委员会的请求,将这种改进型轻机枪列入制式武器的发展计划。同年10月,由杰内拉·英塔斯公司制造的5挺由M1919A4改造而成的新型轻机枪被送到马里兰州阿伯丁武器试验场进行测试。根据测试的结果,对枪管套筒、两脚架、提把和枪托等零部件进行了改进,随后进行了下一步的测试。陆军兵器委员会对测试结果感到满意,最终在1943年2月17日,正式将这种改进型武器列入

M1919A6轻机枪右侧面(机匣盖处于打开状态)

M1919A6轻机枪机匣左侧后下方的局部特写,可以看到该枪独具特色的扳机和小握把,表尺左侧的附加装置是用来安装瞄准镜的

遍布五洲
——美国勃朗宁M1919系列机枪

1950年10月,在朝鲜作战的美国第2步兵师所使用的M1919A6机枪

制式,并命名为勃朗宁M1919A6机枪。

勃朗宁M1919A6机枪是根据美国陆军的紧急需要而设计生产的,但与前线部队的迫切需求相反,其生产过程却是一波三折。等到用于部队试装备的10挺定型后的M1919A6机枪下了生产线,已经是1943年12月以后的事情了。从正式定型到开始批量生产,其间竟用了8个月的时间。主要原因是盟军的战线不断拉长,对各种武器的需求达到了顶峰,可用于车载、舰载等多种用途的M1919A4重机枪的生产得到了优先安排。美国的军工企业除了要为美军提供枪械装备外,还要为盟国生产轻武器,包括美国通用汽车公司、柯尔特公司在内的6个厂家的勃朗宁机枪生产线都在加班加点连续运转,即使这样还不能满足需求,有时只能把已经过时的水冷式机枪运往前线。在这种情况下,陆军专用的M1919A6机枪的生产只能一拖再拖,等到大量制造并供给前线部队时,已经到了1944年的春天。

但是,迟来的M1919A6机枪在随后的一系列机动作战中,很快体现出它的独特优势和卓越性能。其较轻的质量和弹链供弹的持续火力,保证了其在地面战斗中的重要地位。欧洲战场上的美军步兵终于有了一种足以与德国MG34、MG42相抗衡的班用轻机枪。它不仅能以两脚架状态射击,在必要时也可以像M1919A4一样以一个L形连接销通过机匣下方的连接孔安装在M2三脚架上,当作重机枪使用。除了持续射击时间略短外,M1919A6的各项性能都不亚于其前身M1919A4。1944年初,美军一个伞兵连中装备12挺M1919A6机枪,平均每个排2挺,诺曼底登陆后编装有所改动,每个排拥有的M1919A6增加到3挺。尽管1943年底才开始正式生产,而且从未获得过优先生产地位,但是整个二战中M1919A6一共生产了43487挺,虽比M1919A4的389251挺和BAR的208380挺的产量要少许多,但考虑到它是一种战时应急性的改进产品,这个数字已经相当惊人了,比后来越战时期的斯通纳63A1轻机枪(该枪的正式型号为MK23,只少量装备海军陆战队)的产量更是高出10多倍。当时的需求是如此之多,以至于在工厂中不仅生产全新的M1919A6,还将已经制造出来的许多

M1919A4按M1919A6的标准再次改造,然后提供给前线部队。

M1919A6机枪脱胎于M1919A4重机枪,枪身部分的构造几乎与后者一样,大部分零件可以互换。两者均采用勃朗宁设计的枪管短后坐式工作原理,卡铁起落式闭锁。当射击时,随着弹头在枪管内向前运动,在膛内火药燃气压力作用下,枪管和枪机开始共同后坐6~8mm,同时压缩枪管复进簧和枪机复进簧。当弹头飞离枪口后,闭锁卡铁离开枪机上的闭锁支承面,其两侧的销轴被机匣上的开锁斜面压下,闭锁卡铁下降并脱离枪机下的闭锁槽,枪机开锁。该枪设计有凸轮"加速子"机构,后坐中的枪管节套撞击加速子,使其上端拨动枪机尾部,加速枪机后坐。枪机后坐过程中由抽壳钩将空弹壳抽出,同时取弹器从弹带中抽出一发新弹,通过机匣盖上方曲线槽导引,将新弹压至枪管轴线位置,新弹压下时同时将空弹壳挤出,并使其从机匣正下方的抛壳窗内抛出。此时由于闭锁卡铁下端被机匣底面上的凸起挡住,使得枪管节套不能先行复进,只有当枪机到位后开始复进时,其上缺口对准闭锁卡铁,卡铁才能上抬解脱节套,同时枪机尾部的凸起部分撞击加速子上端使其向前回转,推动枪机和枪管节套一并复进到位,闭锁卡铁在枪机闭锁斜面作用下强制上抬,进入枪机下方的闭锁槽,枪机完成闭锁,同时拨弹杆卡入枪机顶部的曲线槽内,使拨弹板拨动下一发弹到机匣口,以便下一次取弹,同时将已对准弹膛的那发新弹推入弹膛,进入下一次发射循环过程。

M1919A6机枪的进弹口在机匣左侧前方,可以同时使用M1919A4的250发金属可散弹链和M1917的250发帆布弹带,以及一种不常用的100发帆布弹带。金属弹链可以收集起来重复使用,而布制弹带多是一次性的,因为一旦用过就有可能被拉长了。该枪的瞄准装置则直接照搬自M1919A4,准星和表尺位于机匣两端,瞄准基线很短。为避免搬运过程的损坏,准星座可以折叠,通过旋转刀形准星

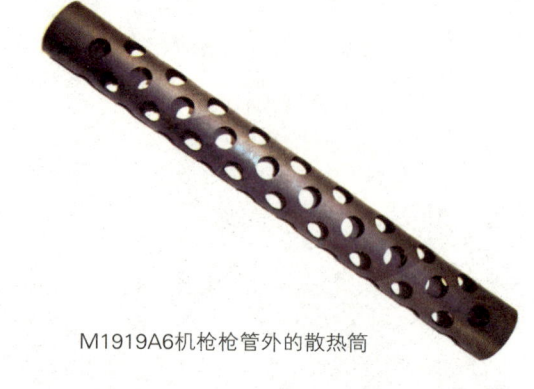

M1919A6机枪枪管外的散热筒

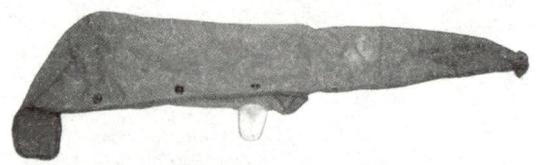

M1919A6机枪的附件之一:枪衣(上)和工具袋

M1919A6机枪最明显的外部特征:用钢板冲压而成的鱼尾形枪托和连接装置

尖下方的圆环来调节其高低。至于表尺则与M1917A1的完全相同,可以向前折叠,并可进行左右和高低调整。

遍布五洲
——美国勃朗宁M1919系列机枪

重机枪状态下的M1919A6机枪

M1919A6机枪与其前身相比，主要是增加了消焰器、肩托、提把和两脚架。早期的M1919A6与M1919A4一样，枪口部分只有助退器，后来改为喇叭状的消焰器，其消焰作用虽不明显，但在夜间射击时可以有效地防止射手因枪口火光而暂时致盲。M1919A6的鱼尾式枪托形状非常特殊，上端很长且近乎水平，这是识别该枪最主要的外形特征。该枪托是钢板冲压成形后焊接而成的（早期也有木制的枪托），和小握把一起用一个钢板冲成的定位环和蝶形螺丝固定在枪身末端缓冲器上。小握把的形状与M1919A4的一样，类似转轮手枪握把，扳机突出在枪身后端下方，没有扳机护圈，这也是M1919A6脱胎于重机枪的痕迹之一。可折叠的提把位于枪管和机匣的结合处，由铆接的钢板和木把组成，可以折叠在枪身左侧下方，早期的提把不用时则是旋转到枪管散热筒下方。提把所在的位置接近全枪的质心，在进攻和转移阵地时可以方便地单手将机枪提起。两脚架是M1919A6上最显著的特征，外形与BAR的类似，用钢管和钢板冲压件焊接而成，并以定位环和蝶形螺丝固定在枪管套筒上。两脚架在不用时可以向后收起紧贴在套筒上，脚架的长短可以调节。有意思的是，两脚架的内侧还有一对固定的"短两脚架"，在两脚架折叠后才显露出来，可以在把机枪架在窗台上或从工事的射孔中向外射击时提供支撑。与二战时的其他轻机枪相比，M1919A6的外形显得很不匀称，甚至可以说是丑陋，但这并不妨碍它成为一种简单实用而且非常结实的武器。

由于枪托等附件增添了额外的分量，为使M1919A6的质量能够保持在相对合理的范围内，不得不采用了轻型枪管，厚度较M1919A4有所减少，这就使得连续射击时枪管容易过热，火力持续性较M1919A4有所降低。但美军官兵们仍然对M1919A6机枪的质量颇有怨言，全枪质量接近15kg，几乎比BAR重一倍，比不带三脚架的M1919A4只轻了不到4kg。对于该枪早期主要的用户之一伞兵而言，在空降过程中，M1919A6的质量会使机枪手下降的速度大幅度增加，增加了跳伞失败的危险，而且能够随身携带的弹药数量有限。另一缺点是，虽然M1919A6与M1919A4的许多零件是通用的，但也有少数零件不同，在生产和后勤补给中，容易造成混乱。

尽管存在着诸多缺陷，但作为一种改进产品而非专门设计的机枪，M1919A6机枪还是达到了预期的目的，战斗中的实际表现可圈可点，特别是在战场那种严酷的环境下，仍然能够保持勃朗宁系列产品所特有的可靠性。许多参加过二战和朝鲜战争的老兵在回忆起自己的从军经历时，对M1919A6轻机枪这个拥有猛烈火力的可靠伙伴仍记忆犹新。

无论是在阿纳姆的桥头，还是在阿登的冰天雪地，勃朗宁M1919A6机枪参与了1944年到1945年间美军所有的地面战斗。战后，该机枪的生产仍然延续了一段时间，直至1954年最终停产。在侵略朝鲜战争中，M1919A6仍和BAR一起装备美军地面部队，只是数量较少。1958年，M1917、M1919系列机枪最终被M60通用机枪所取代，M1919A6机枪作为美军制式装备的历史就此完结。但和其他勃朗宁机枪一样，它并没有立即退出战争舞台，而是作为剩余物资被出售到中东、南美一些国家，在那里一直使用到20世纪70年代后期，甚至在越南战争期间仍有它的身影出现。

轻武器典藏手册 世界著名机枪 I

DShK机枪 　　拆除防盾但加上肩托的DShK机枪 　　DShKM机枪

DShK机枪
——苏联第一种制式大口径机枪

研制历程

苏联的第一种大口径机枪是在1925年底设计的，当时苏联红军需要一种大口径机枪作为低空防御武器，因此就参照德国的德莱赛（Dreyse）机枪设计了一种机枪，但在测试中发现这种机枪的自动机并不可靠，而且射速太低。

1929年，设计师捷格加廖夫接到设计大口径机枪的研制任务，在此之前由他设计的

DP-27轻机枪在1928年已经被苏联红军正式采用。捷格加廖夫在1930年设计成功了一种12.7mm口径的大口径机枪，并命名为DK机枪（俄语ДК），即"捷格加廖夫大口径机枪"的缩写。1931年DK机枪被苏联红军正式采用，并在1933年至1935年期间少量生产。DK机枪是一种采用导气式工作原理的武器，基本上是DP-27轻机枪的放大型，发射大威力的12.7×108mm枪弹。DK机枪采用弹鼓供弹，每个弹鼓只能装30发枪弹，而且弹鼓既

DShK机枪
——苏联第一种制式大口径机枪

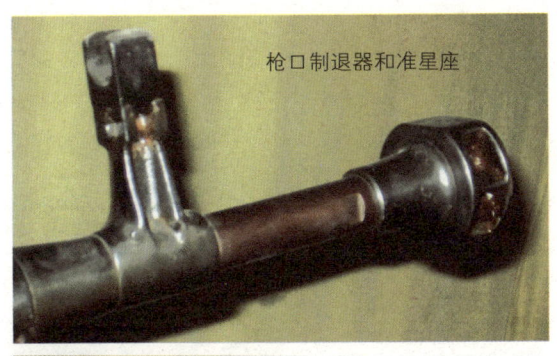

枪口制退器和准星座

另一种形式的枪口制退器

DShK机枪上的高射瞄具

名为DShK-38,或简称为DShK(俄文字母为ДШК,读音"德什卡"),即"捷格加廖夫-什帕金大口径机枪"的缩写。

二战开始前苏联已经生产了2000挺DShK机枪,到1944年1月,苏联红军已经拥有8440挺DShK机枪。这些机枪被步兵分队广泛应用于低空防御和步兵火力支援,也在一些重型坦克和小型舰艇上作为防空机枪使用。

战争后期,设计人员根据一些战场反馈的意见对DShK机枪进行了改进,因为转鼓式弹链供弹机构复杂、故障率高,故捷格加廖夫于1946年放弃了这种供弹机构,而把RP-46轻机枪上的往复式供弹机构移植到DShK机枪上,此外还有一些其他方面的改进。改进后的新机枪在1946年正式被采用并重新命名为DShK-38/46或DShKM("M"表示改进型),但据说早在1945年2月已经有250挺经过改进的DShKM机枪在战场上试用了。

20世纪60年代后期70年代初期,DShKM机枪在苏联军队中逐渐被比较先进的NSV/NSVS/NSVT机枪代替,但直到现在,俄罗斯军队中仍然保留有不少DShKM机枪作为坦克或装甲车上的标准配备。此外,DShK和DShKM机枪也被广泛输出到其他国家或被仿制,就像著名的勃朗宁大口径机枪一样,现在许多战乱地区仍然可以看到DShK两兄弟的身影。

结构特色

DShK/DShKM机枪是一种弹链供弹、导气式工作原理、只能连发发射的武器系统。闭锁机构为中间零件闭锁卡铁撑开式。闭锁时,靠枪机框在复进中将左右两块卡铁撑开,锁住枪机。自动机系统与DP-27轻机枪上的类似,但按比例增大了枪机及机匣后板上的机框缓冲器组件。

DShK机枪使用不能快速拆卸的重型枪管,枪管前方有较大的制退器,枪管中部有

大又重,因此战斗射速并不高,不能令人满意。

1938年,另一位著名的苏联轻武器设计师什帕金设计了一种转鼓式弹链供弹机构,该机构可以很容易地安装在DK机枪上,代替原来的弹鼓供弹机构,这样就能增加机枪的实际射速。1939年2月经过改进的捷格加廖夫大口径机枪正式被苏联红军采用,并重新命

高射状态下的DShKM机枪

平射状态下的DShKM机枪，枪架上安装有防盾

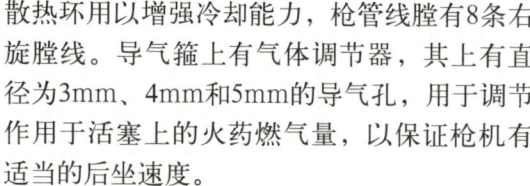

DShK机枪的受弹机盖

50发弹链箱架设在摇架上，随枪身一起活动

散热环用以增强冷却能力，枪管线膛有8条右旋膛线。导气箍上有气体调节器，其上有直径为3mm、4mm和5mm的导气孔，用于调节作用于活塞上的火药燃气量，以保证枪机有适当的后坐速度。

枪管前部有带护翼的柱形准星，机匣后上方有立框式表尺，表尺上有从0至35的刻度线，每一刻线为100m。机匣后壁上安装有把手和扳机。

DShK机枪使用不可散弹链，最初的供弹机构由什帕金设计，受弹机外形像一个圆鼓，上面有一个带轴和棘轮的拨弹轮。拨弹轮与一摇臂连接，而摇臂通过联杆与枪机框相连。弹链从左侧装入，当拨弹轮在枪机框的带动下转动时，枪弹在转轮内同时产生旋转和直线运动，每发射一发枪弹的过程中，同时有10发枪弹在转轮内参与运动，而每发枪弹的运动行程为全行程的1/10。

为了提高射速，DShK机枪还采取了如下措施：增加了复进速度、在弹膛部分开槽以减小抽壳阻力、运动接触面间增加滚轮以减小运动阻力、增大活动件运动速度，等等。

DShKM与DShK结构基本相同，主要变化是供弹机构。DShKM机枪的供弹机构由拨弹滑板、拨弹杠杆和拨弹臂等组成，受弹机

DShK机枪
——苏联第一种制式大口径机枪

重型坦克上的DShK机枪

小型舰艇上使用的DShK机枪

盖呈低矮的方形，这是区别DShKM与DShK的一个明显外观标志。

DShK机枪采用50发弹链，可放于金属弹箱内。12.7×108mm大口径机枪弹是以维克斯0.50in（12.7mm）机枪弹为基础而研制的（另一说法是参照德国的13mm机枪弹）。根据租借法案，苏联也曾获得许多维克斯0.50in口径重机枪用于战争。弹药类型主要有1932型（B–32）穿甲燃烧弹和1930型（B–30）穿甲弹。

DShK机枪采用科列斯尼科夫设计的多用途枪架。该枪架由两个前脚架、一个后脚架和座盘组成，还有一对轮子，便于步兵拖行。后脚架上有一个鞍座，射手可坐在鞍座上射击。枪架左侧还配有可拆卸的钢盾。当用作防空用途时，只要卸去轮子并把三脚架竖起来就可成为高射机枪，但作为防空武器使用时，还要装上专门的肩托和环形高射瞄具。高平状态之间的转换只需1min就可以完成。此外，DShK还可通过柱形支座安装在小型船艇上使用（例如鱼雷艇）。

结束语

DShK在战争期间逐渐替换了许多7.62mm马克沁重机枪，在战争中表现优秀，是当时一种非常成功的武器。用DShK机枪发射穿甲弹，可以在500m距离处击穿15mm厚的钢板，不仅能抗击低飞的敌机，也能有效地对付轻型装甲目标或步兵掩体，因而是一种极好的支援武器。但是Dshk和DshKM机枪太重、太复杂，而且生产成本偏高，在恶劣环境下的可靠性欠佳，因此最终还是被后来的重机枪所代替。

第二章 轻机枪

轻机枪是紧随重机枪之后应运而生的产物。尽管重机枪在一战中凭借惊人的杀伤力引起了各国的重视,但在实战中发现,重机枪作为阵地型武器,机动能力差,容易成为被对方重点"关照"的目标;而军队希望有一种轻型机枪能在进攻中伴随步兵冲击,加强步兵火力,因此各种轻型机枪在二战期间蓬勃发展。20世纪70年代后,世界范围内掀起了轻(班用)机枪小口径的浪潮,步兵班的火力得到明显加强。

英国M1915刘易斯7.7mm轻机枪

刘易斯轻机枪外观上最显著的特点是枪管上巨大的散热筒。其设计试图利用枪口喷出的火药燃气将空气吸入筒中形成空气流通,以达到散热的效果。但实战证明效果甚微,反倒使全枪质量明显过重

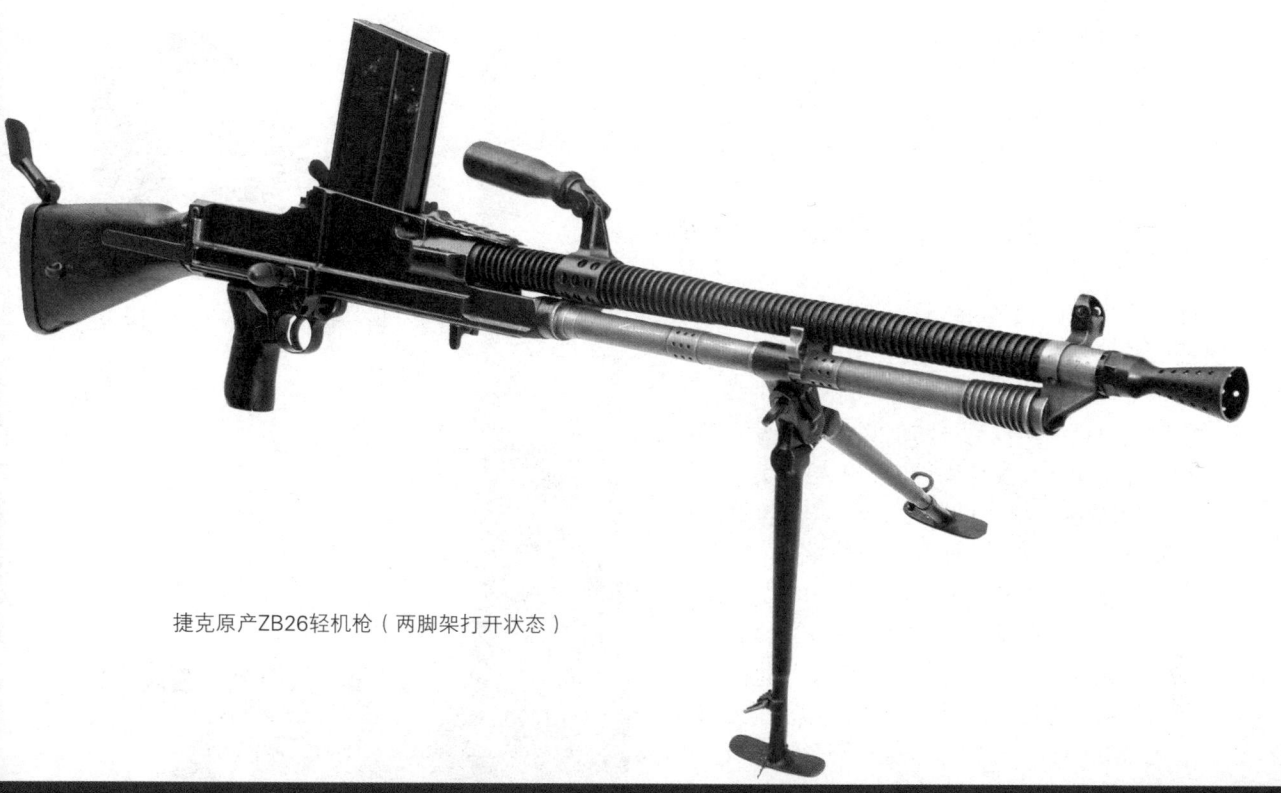

捷克原产ZB26轻机枪（两脚架打开状态）

血浴长戈——捷克ZB26轻机枪传记

ZB26轻机枪于80多年前诞生在捷克斯洛伐克，但即使以今天的眼光来审视，它仍是一支设计优良、制作精细且性能可靠的武器。ZB26曾在多个国家广泛应用，在中国，它更以"捷克式"这一名称为国人所熟知。这是因为在20世纪超过一半的时间里，"捷克式"都活跃在中国的军事舞台上，特别是在八年抗战中，其作为中国军队主力武器之一，功不可没。捷克式在中国的留存数量很大，一方面是当年曾经大量进口，另一方面是国内众多厂家的仿制生产，其生产厂家数量之多、持续时间之长，在旧中国武器生产史上是少有的。现在就以"捷克式"的结构设计及其在中国的经历为两条主线，为读者全面介绍这支颇具传奇色彩的武器。

本土孕育 造就名枪

一战给军事家带来的最直观的经验之一，就是重机枪和火炮成为堑壕战中防御一方最有力的武器。而对于进攻者来说，当时的水冷机枪和直瞄小口径火炮过于笨重，不适合步兵冲锋时随身携带，跃出战壕的士兵迫切需要一种便于携行的，同时又具有持续火力、能够起到一定压制效果的武器，这种需求导致了轻机枪这一新枪种的诞生。这一时期典型的轻机枪有法国的绍沙M1914、英国的刘易斯和丹麦的麦德森等。这些早期产品在战争中的应用验证了轻机枪的确是一种行之有效的武器，因此在一战结束后，更多国家开始研制自己的轻机枪，其中包括1918年10月刚从战败的奥匈帝国中独立出来的捷克斯洛伐克。

1920年，布拉格兵工厂的设计师瓦克拉夫·哈里克（Vaclav Holek，著名的哈里克三兄弟之一，三人后来都成为著名枪械设计师）与同事鲁道夫·杰兰（Rudolf Jelan）合作，开始设计一种新式轻机枪，这也是该厂设计的第一种野战用自动武器。加工出来的首支样枪称为布拉格I式(Praga I)，其外形带有明显的重机枪遗痕，采用一个装有德国MG08/15式马克沁机枪布制弹带的圆筒形弹带盒供弹。该枪经由捷克斯洛伐克国防部测试后，发现其性能可与勃朗宁、麦德森等老牌机枪媲美。

1923年，捷克国防部正式宣布将挑选一款轻机枪供给陆军使用。布拉格I式的改进型——布拉格II式A型(PragaⅡA)参加了这一竞选，该枪发射德国7.92mm S尖弹（捷克仿制的产品称为VZ23枪弹），枪管长740mm，它在米洛维斯进行的测试中表现优异，得分仅次于麦德森轻机枪。同场竞技的还有哈里克根据布拉格Ⅱ式A型再次改进试制而成的布拉格I-23，此枪采用伸缩枪托、两脚架等设计，可以快速更换枪管，已经具备了现代轻机枪的全部要素。在当年4月的测试中，布拉格I-23获得了比哈奇开斯和维克斯-贝法机枪好得多的成绩，在两天时间内，2根枪管轮流更换，顺利发射了7500发枪弹。到1924年1月为止，某支样枪累计发射了35000发枪弹，说明该枪的设计非常可靠。虽然该枪总成绩仍未超过麦德森轻机枪，但由于它是本国设计制造的，在成本上相比昂贵的麦德森轻机枪有很大优势，因此最终被捷克陆军选定。不过此时布拉格兵工厂已濒临破产，哈里克和大部分技术人员都先后离职，虽然布拉格I-23轻机枪获得军方认可，但却无力生产。直到1925年11月，布拉格兵工厂与设在布尔诺(Brno)的捷克国营兵工厂签订生产合约，授权后者生产和销售暂定名为M24的布拉格I-23轻机枪。

捷克国营兵工厂于1922年成立，其生产的毛瑟M98/22步枪行销各国，反响良好。该厂75%的股权属于捷克斯洛伐克政府，另一股东

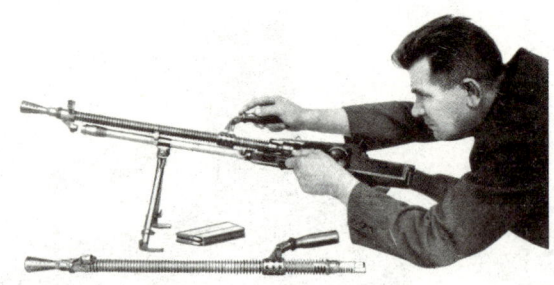

瓦克拉夫·哈里克在射击试验中为他设计的ZB26轻机枪更换枪管

哈里克三兄弟之一的伊曼纽尔·哈里克(后来他与伊热·塞马可合作设计了Vz58突击步枪)和早期型的布拉格I-23轻机枪，桌上摆放的是该枪的备用枪管。与后期型相比，该枪采用重型枪管，没有两脚架和枪管提把，配有可调节的小型三脚架

是斯柯达（Skoda）钢铁厂。而正是在后者的帮助下，该厂才最终获得了M24轻机枪的生产合同。首批供测试用的20挺M24于1925年6月交付。同年11月，该厂接到了国防部订购4000挺M24的大订单，次年正式开始批量生产。因此该枪的正式生产型号称为布尔诺国营兵工厂26型轻机枪(Zbrojovka Brno vzor 26)，缩写即ZB26。

血浴长戈
——捷克ZB26轻机枪传记

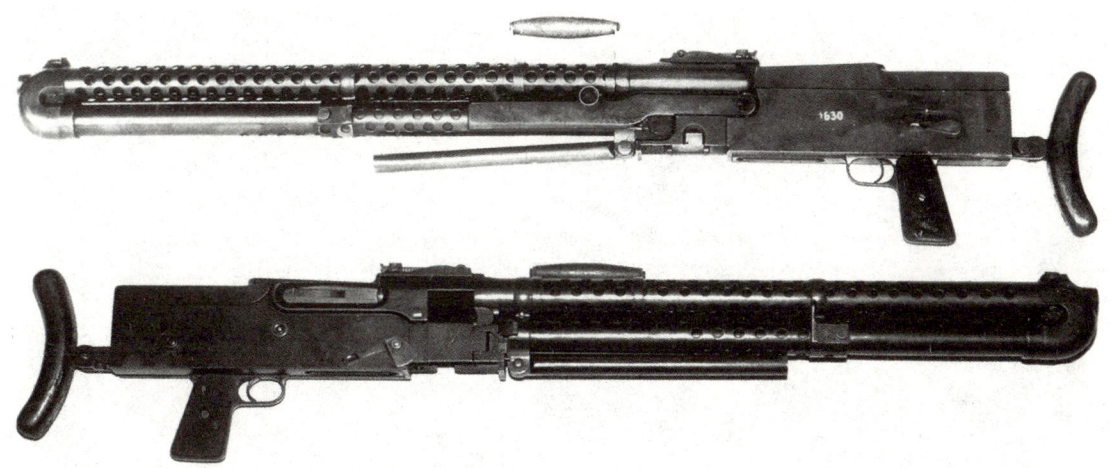

布拉格Ⅱ式A型轻机枪（左右侧）外观。从外形上看，该枪更像是缩小版的气冷式重机枪

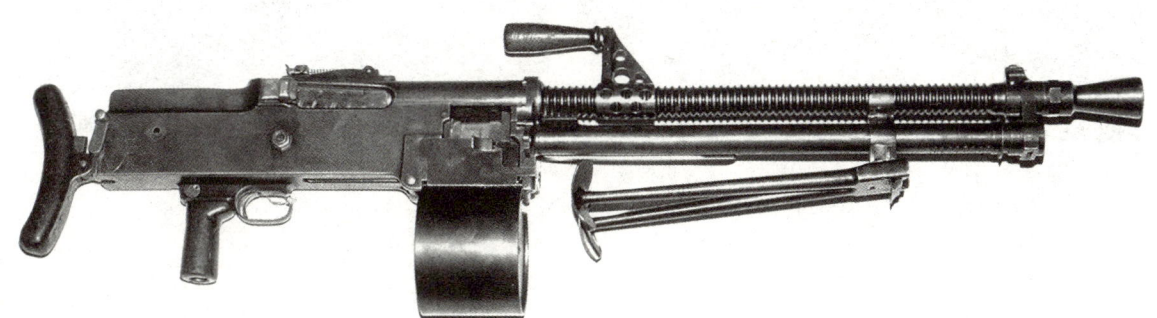

后期型的布拉格I-23轻机枪。在外观上已经具备了ZB26的许多特征，但仍采用安装在枪身下方的弹带盒供弹

正式定型的ZB26轻机枪（编号为0672）

捷克式轻机枪的供弹方式很有特色,弹匣由枪身上方插入,弹壳由下方排出。照片为1942年3月,中国军队185师士兵正在示范捷克式轻机枪的标准操作动作

内部结构 全景展现

ZB26是ZB系列轻机枪中最早定型生产的型号,其结构最为典型,同时中国装备和仿制的捷克式轻机枪基本上都是这一型号。

ZB26轻机枪属于导气式、枪机偏移闭锁的弹匣供弹式轻机枪。该枪采用开膛待击方式,有利于弹膛的冷却。全枪可分为枪管组件、枪机组件、机匣组件、两脚架组件、发射机和弹匣组件、枪托组件等6大部分。

枪管组件 枪管组件由消焰器、导气箍、准星、准星护翼、枪管、提把等组成。以枪管为主体,其余所有零件均安装在枪管上。

枪管口部一段较细,并加工有细牙螺纹,用于安装喇叭状消焰器。螺纹段后面加工有一段精度较高的光洁配合面,与导气箍配合。在导气箍前下方槽内安装有消焰器定位卡笋,将

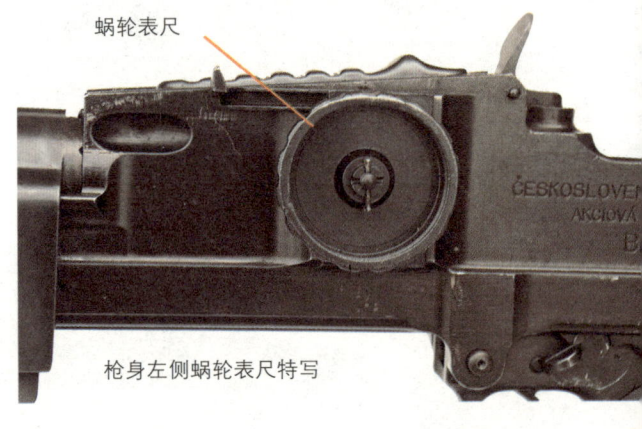

枪身左侧蜗轮表尺特写

消焰器固定住,防止松动。

由于该枪采用供弹具位于枪身上方的设计,为便于瞄准,使供弹具不至遮挡视线,机械瞄具则采用枪身左侧设计结构,即在导气箍左上部设有突出的准星座,准星座上部为T形,加工有安装准星的燕尾槽,准星为倾斜的倒V形,利用工具可以左右调节。准星与准星

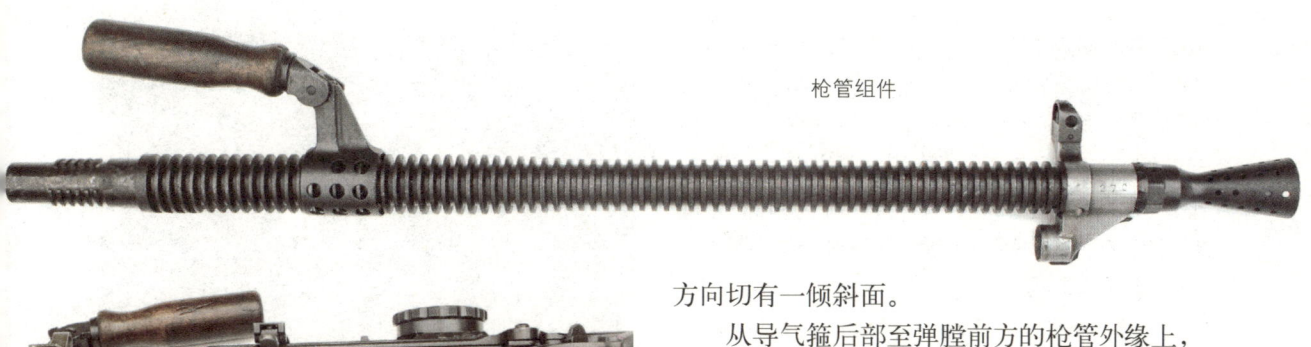

枪管组件

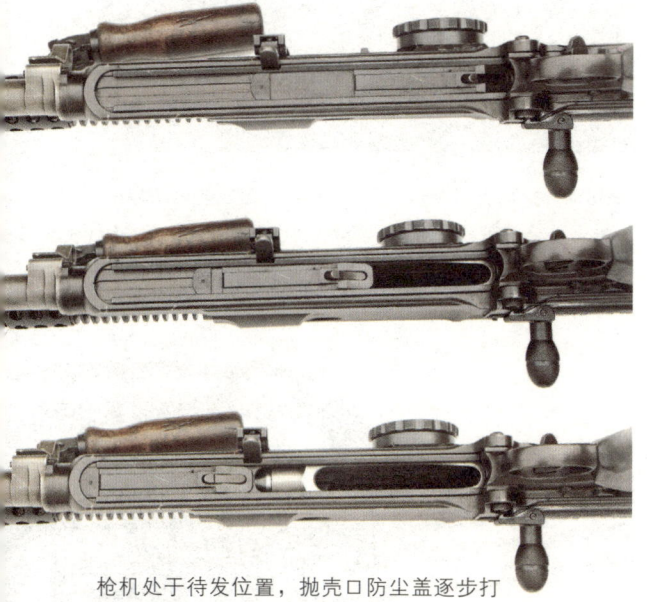

枪机处于待发位置，抛壳口防尘盖逐步打开的过程

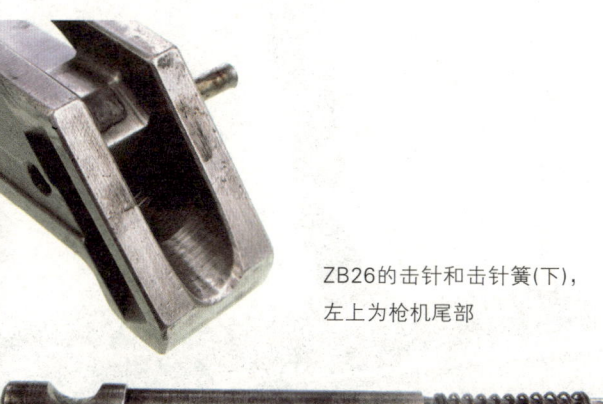

ZB26的击针和击针簧(下)，左上为枪机尾部

方向切有一倾斜面。

从导气箍后部至弹膛前方的枪管外缘上，均加工有圆环状散热槽，从枪管中部至弹膛后方直径逐渐增大。提把为手柄式，是一个独立组件，通过提把环卡笋、卡笋簧固定在枪管后部的散热槽内，可以径向转动。提把为折叠式设计，可调整到水平和竖直两种状态，以满足不同情况下的需要。转移阵地时可将提把调至水平状态，以便于携行枪械；需要在行进间腰际夹持射击时，一般要将提把扳直充当前握把。

枪机组件 ZB26的枪机组件包括枪机和枪机框两大部分。枪机由枪机本体、击针簧、击针、击针销、抽壳钩、抽壳钩顶杆和抽壳钩簧组成。枪机本体近似长方体，前端中心为弹底窝，上方有推弹突起，其间有通槽，用于容纳抛壳挺，下方有安装抽壳钩和抽壳钩顶销、抽壳钩簧的孔和槽。击针与击针簧倾斜安装在贯穿枪机的击针孔内，击针后部由击针销固定住。

由于ZB26采用枪机偏移闭锁方式，因此枪机前端在开闭锁过程中有一个较小角度的摆动，为使击针在上下受力时能有较好的刚度，击针尖截面专门设计成竖直的扁圆形，击针孔也做成相应形状，与通常枪械惯用的圆锥形击针尖和圆形击针孔有明显区别。

枪机框组件由枪机框本体、活塞杆组成。枪机框本体为一整块钢料铣削而成，形状比较复杂，前部车成圆形，中心有螺纹孔，用于与活塞杆连接。枪机框上开有一个长椭圆形抛壳缺口，用于向下抛出弹壳。枪机框后部左右对称地各有一条突起的矩形导棱，与机匣内的导槽配合，引导枪机框和枪机正确运动。右侧突

座前部有标记刻线，作为调整时的参考。准星护翼呈∩形，为整体切削件，利用螺钉固定在准星座上，准星护翼左右有圆孔，前部向枪口

棱的最后端还有个小突起，其与拉机柄后端配合，可使枪机向后形成待发状态。枪机框后底部加工有楔形的待发凹槽，与阻铁配合，形成待发状态。枪机框两侧导棱上下方均加工有凹槽，用于减少枪机框与机匣内壁的接触面，同时也有利于减少污垢影响。在枪机框后部上方有一个半圆形突起，其起到击铁的作用，在枪机框复进到位后，打击击针后部，击发枪弹。枪机框最后端中心有个锥形凹坑，用于容纳复进簧导杆头部。

圆柱形活塞杆用钢棒车制而成，为防止生锈和火药燃气的烧蚀，活塞杆表面镀铬。为防止漏气，活塞杆头部外缘前端车有一圈半圆弧形槽，而后部有一圈径向均布的弧形凹槽，用于减少活塞与活塞筒之间的接触面积，同时也能容纳火药残渣，提高可靠性，活塞杆中间有两段突起，表面也有类似的弧形凹槽。

机匣组件 机匣组件是ZB26上最复杂的部分。所有部件均以机匣为基础，从前至后由活塞筒、机匣本体组件、枪管锁定环组件、抛壳口防尘盖组件、拉机柄组件和机匣固定销组件等组成。活塞筒为圆柱空心结构，其前部为锥形，有缺口与导气箍相配合定位，外表车有散热槽。活塞筒中部有2组排气孔，每组18个，均呈圆周排列，用于排除剩余的火药燃气。在前方一组排气孔后设有一套箍，套箍上左右对称加工有高射瞄具的安装孔，套箍最上方设有半圆弧形枪管支撑面，后面车有两脚架的安装环槽。活塞筒后端通过螺纹拧在机匣上。

机匣本体为一整块金属切削而成，加工比较费事。其上部加工有弹匣座，后有弹匣卡笋、弹匣卡笋簧和抛壳挺等零件。在机匣前部枪管安装孔内有一个半圆槽，槽内安装有枪管锁紧环，其内壁加工有与枪管尾部配合的断隔螺纹，用于锁定枪管。锁定环左侧有一个长条形把手，当需要拆解枪管时，扳动锁紧环，将枪管锁定环旋转一定角度后即可解脱其对枪管的锁定。把手末端装有卡笋和卡笋簧，用于将把手固定在机匣上，防止意外打开。弹匣座下

1938年，捷克陆军的一个两人机枪小组正在使用ZB26轻机枪。该枪安装的是为发射空包弹而特意设计的圆柱形消焰器

上图：提把呈水平状态，便于携行枪械。下图：提把呈竖直状态，在行进间腰际夹持射击时，可充当前握把使用

套箍(用于安装高射瞄具)

两组排气孔

排气孔局部示意图

倒V形准星

导气箍

准星座

ZB26的准星座与准星

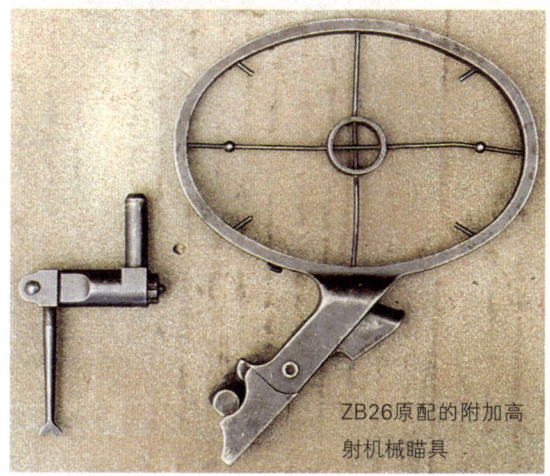

ZB26原配的附加高射机械瞄具

方的T形槽内还装有抛壳口防尘盖，用于平时携行时防止污物进入机匣内，射击前需要打开。防尘盖采用伸缩式设计，防尘盖后方中央位置装有定位卡笋，用于将防尘盖固定在打开或关闭的位置上。机匣右侧后下方加工有容纳拉机柄的T形槽，拉机柄与枪机不是一整体件，在射击过程中拉机柄不随枪机往复运动。

两脚架组件　ZB26的两脚架安装在活塞筒上，不与枪管相连，支撑效果和射击精度要优于那些脚架直接固定在枪管上的轻机枪，同时更换枪管也更加快捷。该两脚架为可伸缩并向后折叠的式样，用钢管焊接而成，长度可调。两脚架转轴中间有弹簧，将脚架向前旋转到位后，架腿可自动向两侧弹开并自动锁住。折叠时需要先将架腿向中间并拢，然后再向后旋转到位。

发射机、枪托组件　发射机、枪托组件用于控制枪械发射方式和握持操作使用。发射机主要由扳机、扳机连杆、扳机连杆叉、阻铁等组成，既可单发发射，也可连发发射。阻铁、扳机和扳机连杆等零件设计得格外粗壮，结实耐用。

该枪采用固定式木枪托，托内装有复进簧和复进簧顶杆，在枪机框撞击的位置还装有缓冲圈和缓冲簧，用于减缓枪机撞击发射机座的力量。枪托底端有上下排列的两个大孔，内各装一个大型缓冲簧，用于减轻传递到射手肩部的后坐力。在底板顶端还安装有一个肩托板，用于抵肩射击时调整射击角度使用。该肩托板折叠方向与一般轻机枪不同，是向前上方折叠的，平时叠放在枪托上方，不是常见的转向后下方并折叠在枪托底板上。

弹匣组件　ZB26配用的弹匣为双排双进直弹匣，容弹量为20发，由弹匣体、托弹板、托弹簧、托弹簧底板和弹匣底板组成。弹匣体由钢板冲压点焊而成，口部后面有突起，供弹匣卡笋固定使用。托弹板为整块金属铣削而成，下方加工有T形槽，用于卡住托弹簧。托弹簧为钢片折弯的Z字形片状弹簧，而不是常见的圆柱钢丝绕制的弹簧，片簧的好处是压缩

轻武器典藏手册 ——世界著名机枪Ⅰ

后长度小，在同等容弹量下有利于减小弹匣高度，但耐久性和热处理工艺要相对复杂一些。托弹簧底板和弹匣底板由钢板冲压而成，通过弹匣底板上的圆孔与托弹簧底板突起将弹匣底板限制在弹匣体下方。

这种弹匣由于容弹量不多，装弹相对比较方便，但为了提高装弹速度，ZB26还专门设计了一种快速装弹器，其外形很像日本"歪把子"轻机枪的供弹漏斗，将预装在5发桥夹上的枪弹依次摆放在装弹器中，并将空弹匣固定在装弹器右侧的对应位置上，利用一侧的扳手，每次可以向弹匣内推进5发枪弹，完成装弹后空桥夹则自动脱落。

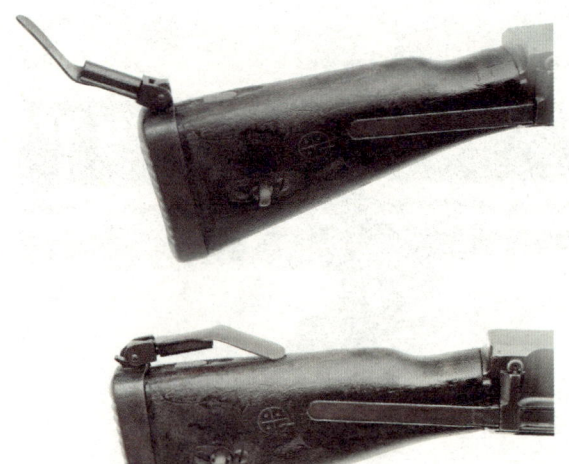

ZB26采用固定式木质全枪托。图中显示的是枪托底部肩托板打开和折叠时的不同状态

操作简便　击发流畅

ZB26轻机枪的操作非常简单，根据射击阵地情况，先将两脚架打开，调至合适高度，展开抵肩托板，打开弹匣座和抛壳窗处的防尘盖，将实弹匣插入弹匣座并使其被弹匣卡笋可靠固定。向后拉动拉机柄，带动枪机向后，直至被阻铁挂住形成待发状态，然后将拉机柄推回原位。将快慢机装定在需要的发射位置（单发或连发），并装定表尺。

当快慢机装定在单发位置时，快慢机轴上的缺口向下对正扳机连杆，扳机连杆后部上抬与阻铁扣合。此时扣动扳机，则带动扳机连杆向前，进而带动阻铁旋转脱离枪机框的待发卡槽，枪机框在复进簧的作用下带动枪机前进。枪机框复进过程中压下扳机连杆使其与阻铁脱离，阻铁在其簧力的作用下回到原来的位置。枪机经过弹匣口时，推弹突笋推动一发枪弹进膛，枪机复进到位后，枪机框继续复进，其后部左右闭锁斜面推动枪机后部向上进入机匣上壁的闭锁槽，形成闭锁状态，此时枪机框后端的击铁打击击针尾部，击针前冲击发枪弹。

枪弹被击发后，弹头在火药燃气的推动下前进，经过导气孔时，部分火药燃气进入导气箍，推动活塞使枪机框后坐。枪机框先走完一个短的自由行程后，枪机框上的开锁斜面与

弹匣分解状态

ZB26原配的铸铝制弹匣快速装弹器

血浴长戈
——捷克ZB26轻机枪传记

ZB26使用的20发直弹匣

弹匣快速装弹器使用时的状态

枪机上的开锁斜面接触，将枪机后部向下压而开锁，并随枪机框后坐。抽壳钩从膛内抽出弹壳，并由机匣内部上方的抛壳挺将弹壳从机匣下方抛出。枪机框后端面撞击到缓冲圈和发射机座后停止运动，随后在复进簧的作用下向前运动，但仅运动一小段距离就被阻铁挂住。此时扳机连杆仍被压下而与阻铁脱离，即使射手虽仍扣着扳机却不能解脱阻铁，只有松开扳机，扳机连杆在其簧力作用下上抬与阻铁扣合，使枪处于待发状态。再次扣动扳机，可进入下一个射击循环。

当快慢机装定到连发位置时，此时快慢机轴圆柱部将扳机连杆压至下方位置，扳机连杆的T形钩与阻铁下端T形槽的下方扣合，且不会与阻铁脱开。此时扣动扳机，扳机带动扳机连杆向前运动，扳机连杆带动阻铁旋转释放枪机框，就会重复上面的击发过程。由于在连发位置时，扳机连杆始终与阻铁扣合在一起，只要不松开扳机，阻铁就无法上抬而扣住枪机框，射击就会一直持续下去，直到弹匣打空为止。若中途松开扳机，扳机连杆和阻铁则会回到原来位置，当枪机框后退到位后，就会被阻铁阻在后方位置上。

当快慢机位于保险位置时，快慢机转轴上的浅槽对正扳机连杆，将扳机连杆略微下压，这样连杆上的T形钩对正阻铁上的T形槽，使两者始终不能扣合。即使扣动扳机，扳机连杆也不能使阻铁旋转而释放枪机，从而形成保险状态。不过由于没有锁定阻铁，当枪械跌落或意外撞击时，阻铁仍有可能造成枪机走火。

各种改进 畅销国内外

ZB26还有ZB27、ZB30、ZB33等发展型号。ZB27与ZB26的区别是开闭锁机构有所不同，其更类似于后期的布伦轻机枪。ZB30主要是改进了ZB26的部分缺陷：其一是改变了枪机框与枪机的连接方式，ZB30枪机后部为空心结构，内有开闭锁斜面，与枪机框上的突

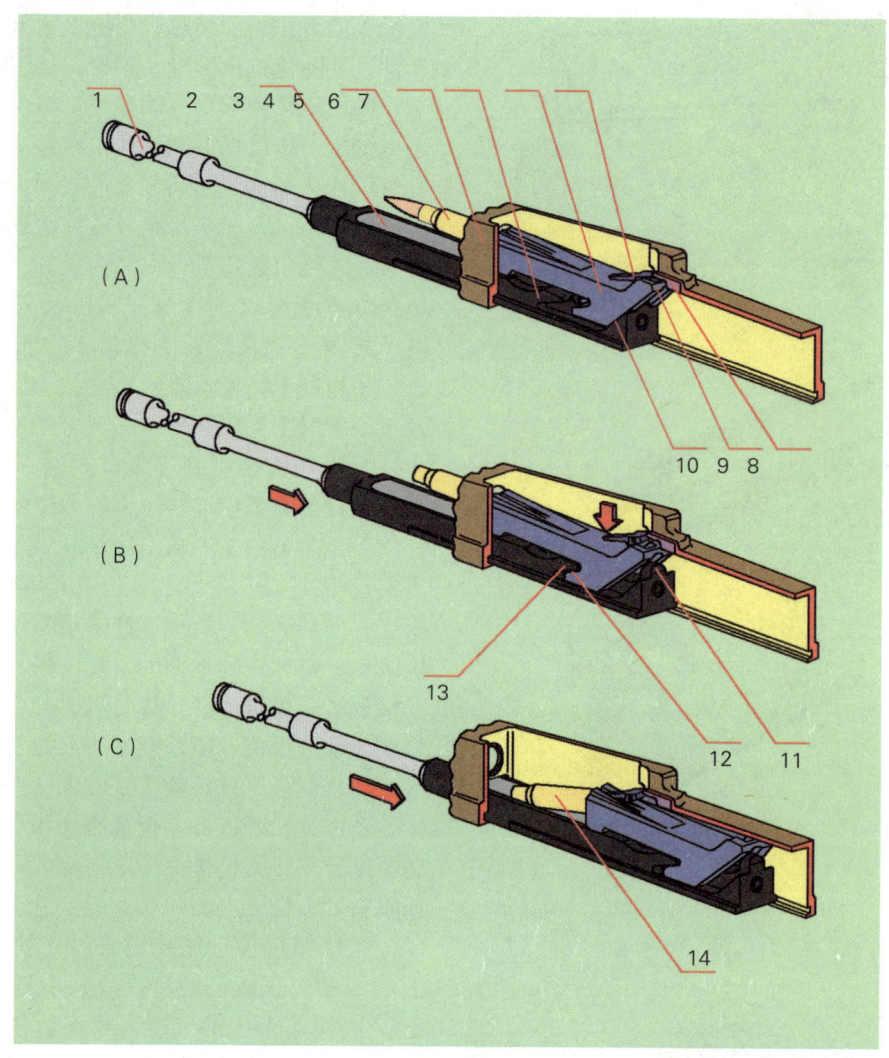

ZB26轻机枪开闭锁过程示意图。图中（A）为闭锁状态。1-与活塞杆一体的枪机框；2-枪机框上的抛壳口；3-进膛的枪弹；4-机匣；5-枪机框上的开锁斜面；6-枪机；7-抛壳挺；8-机匣上的闭锁斜面；9-枪机上的闭锁面；10-枪机框上的闭锁面。（B）为开锁状态示意图，箭头所指表示枪机框后退，枪机后端下降开锁。11-枪机框尾部的击铁；12-枪机上的开锁斜面；13-枪机框上的开锁斜面。（C）为抛壳状态，枪机框继续后退，弹壳撞击抛壳挺后被向下抛出。14-抛出的空弹壳

起配合完成开闭锁以及击发动作，而ZB26枪机是由前部的T形导轨与枪机框配合，由其后部与枪机框后端斜面相互作用完成开闭锁动作，枪机框最后端中间上部的突起充当击铁，完成击发动作；二是ZB30在消焰器后面的活塞筒上增加了调节器，而ZB26无调节器；三是ZB30改变了枪管锁定环尺寸，增加了不到位保险功能，而ZB26枪管锁定环未锁定时仍可发射，此时会造成枪管飞出，严重时可能发生膛炸；四是快慢机附近机匣上的标记不

血浴长戈
——捷克ZB26轻机枪传记

ZB26的枪机和活塞系统

处于开锁状态时的枪机系统

击针孔

T形导轨

处于闭锁状态时的枪机系统

处于开、闭锁状态的枪机前端特写。从弹底窝处能看到ZB26特有的椭圆状击针孔，以及枪机框前下部的T形导轨

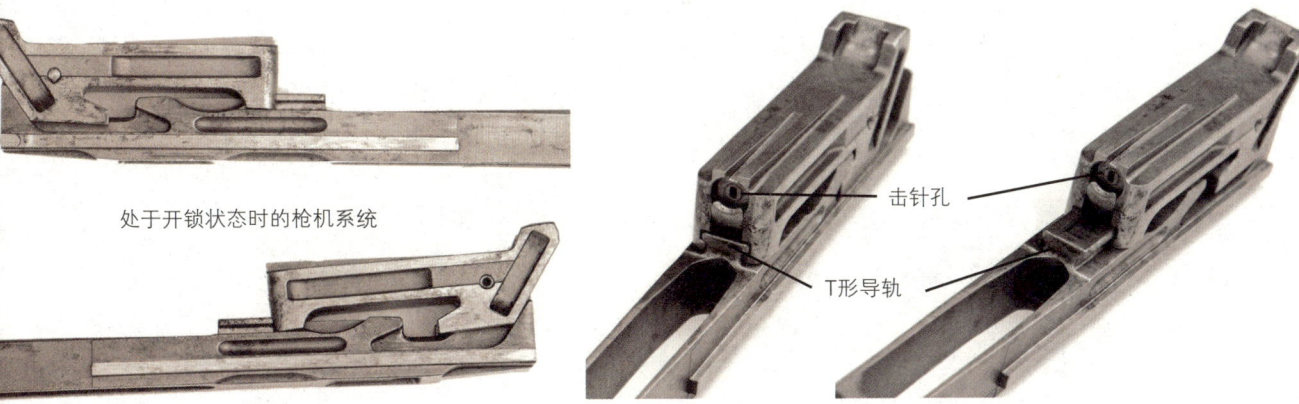

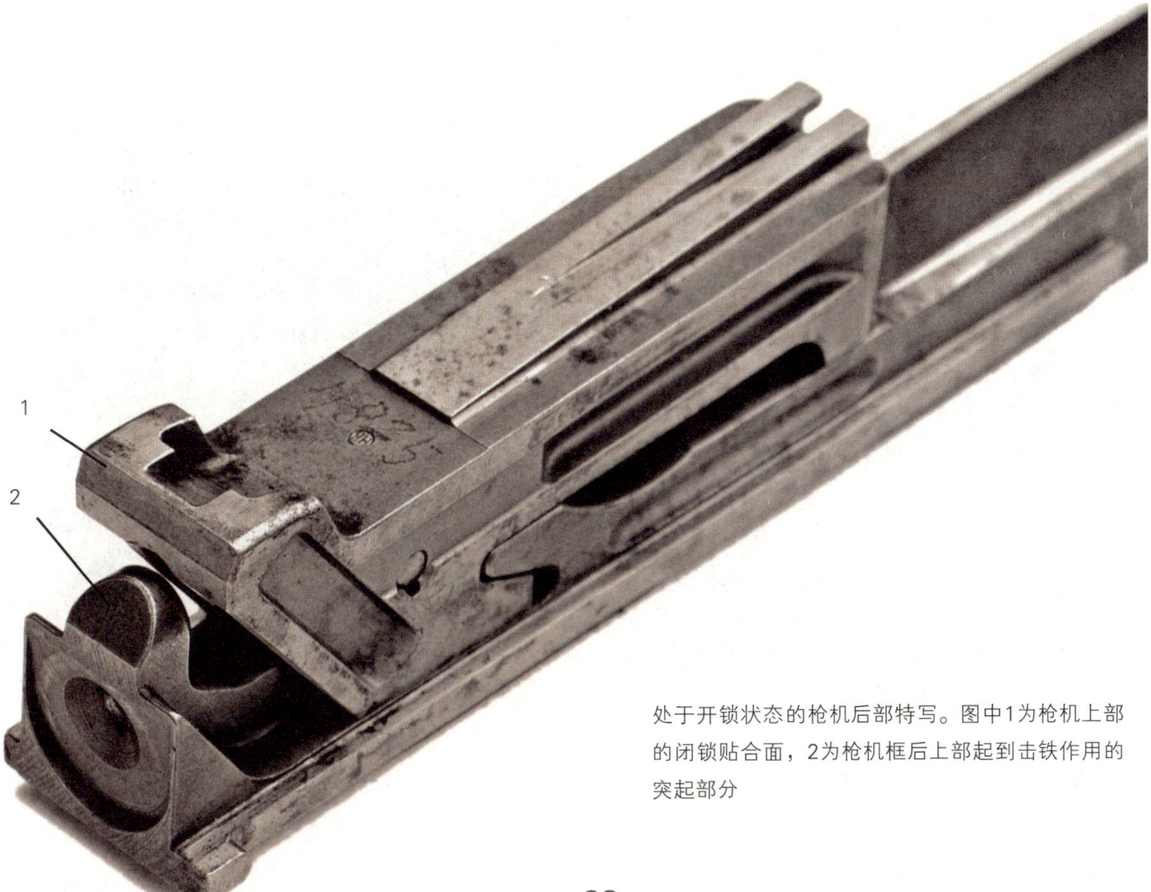

处于开锁状态的枪机后部特写。图中1为枪机上部的闭锁贴合面，2为枪机框后上部起到击铁作用的突起部分

99

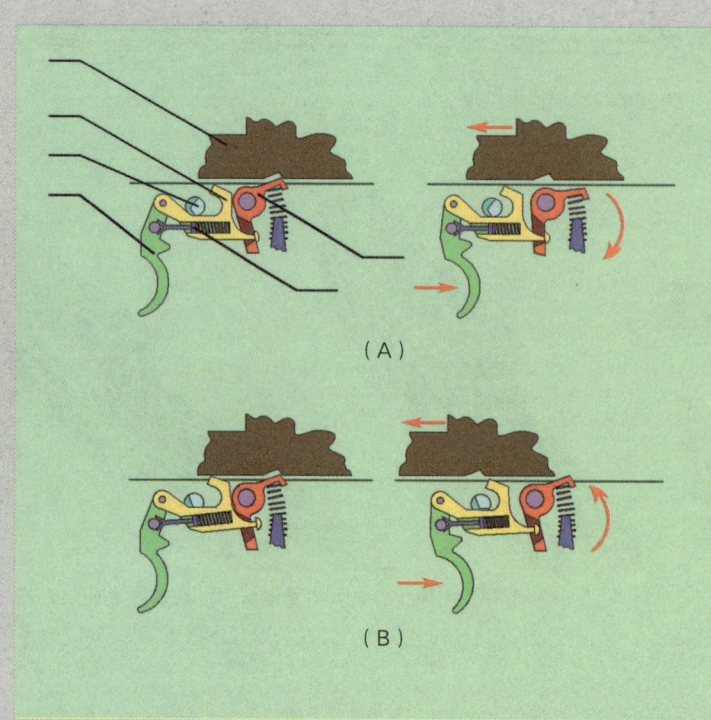

ZB26发射机构动作示意图。图中（A）为连发状态。1-枪机框；2-扳机连杆；3-快慢机轴；4-扳机；5-阻铁和阻铁簧；6-扳机连杆叉和扳机连杆叉簧。当扣动扳机后，扳机带动阻铁旋转释放枪机框，由于扳机连杆被保险轴压在下方，所以始终与阻铁扣合，不能释放阻铁，形成连发，直至枪弹射完或中途松开扳机。（B）为单发状态，此时保险轴上的缺口对准扳机连杆，扳机连杆上抬，当扣动扳机释放枪机框后，枪机框会将扳机连杆上抬的头部压下，释放与阻铁的扣合，阻铁立即回到原位，所以即使不松开扳机，枪机框还是会被阻铁挂住，以此形成单发状态，当松开扳机后即可进行下一次射击

同。ZB26与ZB30虽然外观相像，但内部结构有较大不同，零件不能互换使用，几乎可以算作两种不同的机枪。ZB33是为了参加英国制式轻机枪选型而在ZB30基础上进一步改进而成的，发射英国0.303in口径制式步枪弹，因此采用30发弧形弹匣，这也是该型号最显著的识别特征。ZB33的英国型号即称为布伦轻机枪，后来捷克军队自己装备的是ZB33的改进型ZB33R。

布尔诺国营兵工厂在为捷军生产ZB30轻机枪的同时，也在向世界其他国家出口ZB26等老旧型号，到1939年被德军占领为止，共出口了约12万挺各种型号的ZB系列轻机枪。最早进口ZB26的是南斯拉夫和立陶宛，然后是中国。此外在1929~1932年间，巴西、玻利维亚、厄瓜多尔、泰国和波斯（今伊朗）等国也购买过ZB系列轻机枪。

南斯拉夫改进生产的ZB33J轻机枪。其枪口消焰器加长，枪管后部仅有滚花而无散热槽，活塞筒形状也略有变化

血浴长戈
——捷克ZB26轻机枪传记

ZB26的改进型号ZB27左右视图。二者仅是在闭锁机构上有些微差别

ZB26（上）与改进型号ZB30（下）外观对比。注意红圈内部位的区别。ZB30的这些改进，使它能够更好地适应威力更大的sS重尖弹

　　1939年欧战爆发后，德军很快就占领了捷克斯洛伐克。布尔诺国营兵工厂被迫在德国监管下，为轴心国生产包括部分ZB30在内的各种枪械，它们主要装备德军的二线部队和罗马尼亚等国军队。二战结束后，捷克斯洛伐克纳入东方阵营，轻武器制式上向苏系靠拢，最后一种具有ZB血统的武器是发射M43 7.62mm枪弹的VZ52/57轻机枪，此后ZB系列轻机枪在捷克便永远成为了历史。

王牌对王牌

虽然ZB26轻机枪在中国可谓家喻户晓，但从世界范围来看，其名气并不算太响亮，远不及在它基础上改进的布伦轻机枪。不过，就整体来看，在二战期间同盟国列装的主要几种轻机枪中，ZB26是综合性能相对出色的一种。

ZB26与DP27、M1918A2之比较

二战中苏联广泛使用的轻机枪是DP27，而美军装备的是勃朗宁M1918A2。与ZB26一样，它们也都采用导气式自动原理，同样具有结构紧凑、可靠性高的优点。ZB26采用枪机偏移式闭锁方式，机匣为整块钢材铣削而成，结构虽然简单，但是加工繁琐，质量偏大。DP27轻机枪采用鱼鳃撑板闭锁片式闭锁机构，零件数量多，机匣也是整块钢材铣削而成的，加工也比较麻烦，并且闭锁片的加工要求较高，一旦损坏修配很不方便。M1918A2采用的是铰链式枪机偏移式闭锁机构，装配较麻烦，但零件形状比较简单，加工相对容易，其机匣也是整块钢材铣削而成的，也有加工繁琐、质量大的缺点。

ZB26没有气体调节器，导气箍结构相对简单，但活塞筒形状复杂，加工难度较大。DP27和M1918A2均有气体调节器，在特种环境下枪械的可靠性较好，而且两者活塞筒形状都比较简单，加工相对容易一些。

ZB26枪管上加工有散热槽，对散热有利，但枪管加工耗时较多。DP27原型枪管也带有散热槽，但量产型则没有。而勃朗宁系列一直采用简单的光滑表面枪管。不过，三者中只有ZB26的枪管不用工具就能更换，这对提高持续射击能力有很大好处，而且转移阵地时只需拎着提把即可，不受灼热枪管的影响。DP27更换枪管的过程比较麻烦，而且没有设计提把，枪管打热后更换更加不便，转移阵地时需要用手握住枪管护筒，虽不是直接握着枪管，但连续射击后枪管护筒的温度也会升高。而M1918A2的枪管是固定在机匣上的，野战条件下无法更换，同样存在着枪管打热后转移阵地时不便携行的问题。因此，DP27和M1918A2的持续射击和快速转移能力都要逊于ZB26。

在供弹具方面，ZB26和M1918A2都使用20发直弹匣，体积小，结构简单，携带方便，但是火力持续性差。而DP27使用的是47发弹盘，火力持续性好，但弹盘径向尺寸和质量过大，携带不方便，结构也比较复杂。

ZB26可以选择单、连发发射方式，M1918A2则具有快射、慢射和单发三种方式，对不同的战场环境适应性更好，有利于提高射击精度和节约枪弹，而DP27只能连发发

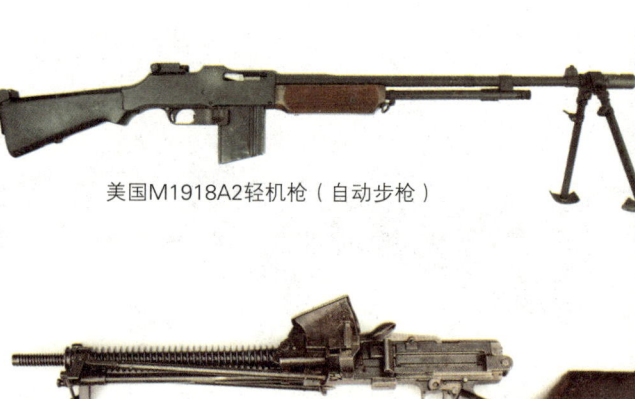

美国M1918A2轻机枪（自动步枪）

日本十一年式轻机枪

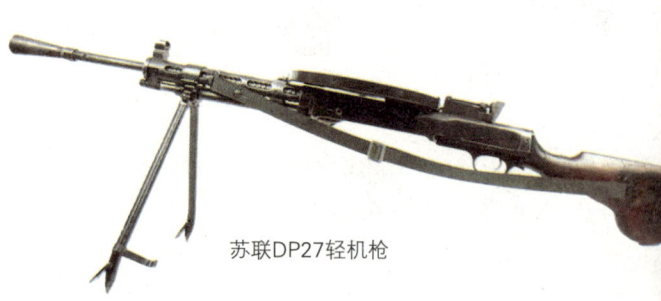

苏联DP27轻机枪

射,在某些情况下不适用,也不利于节约弹药。

ZB26采用的靠蜗轮调节的表尺体积和质量都较大,形状复杂,不便于加工,瞄准基线也比较短,对提高射击精度不利,同时弹匣安装在机匣上方,对射击视野有较大的影响。DP27瞄准基线长度适中,V形缺口照门视野开阔,利于瞄准射击,平置弹盘不影响射击视野,且其位于机匣上方,更换也较容易。M1918A2瞄准基线最长,且采用觇孔式照门,具有很好的射击精度,整个表尺的体积也比较小,只是弹匣安装在机匣下方,而弹匣卡笋又在扳机护圈内,不利于快速更换弹匣。

ZB26与十一年式之比较

在中国战场上,ZB26最主要的对手是日军装备的大正十一年式轻机枪,即"歪把子"。十一年式全枪尺寸较短,口径和威力较小,但质量却超过了ZB26。

ZB26全枪表面平整,左右平衡性好,且有提把,故携行方便。十一年式枪身左侧有一个向外突出的大型供弹漏斗,同时为便于贴腮瞄准,该枪枪托歪向枪身右侧,既增加了武器横向尺寸,又破坏了枪身的整体协调和平衡,再加上没有提把和前护手,操作和携行均不方便。

从结构方面看,ZB26的枪机系统只有枪机框和枪机两个部件;而十一年式采用闭锁块偏移式闭锁机构,除枪机框和枪机外,还有一个单独的闭锁块,在机匣内上下移动完成开闭锁动作,零件数量相对较多,加工更加复杂,同时这种闭锁机构对污垢很敏感,不如ZB26可靠。

从抛壳方式来看,ZB26采用刚性抛壳挺,向下抛壳,抛壳挺固定在机匣内,体积较小,一旦损坏方便更换;而十一年式使用整体式抽壳钩和外露的杠杆式抛壳挺,右侧抛壳,抛壳挺体积和质量都较大,加之是外露式设计,对枪械外形有一定的破坏,射击时还需注意不能触碰外露的抛壳挺,以免发生意外。

从瞄具来看,ZB26采用位于枪身左侧的

ZB26快慢机位于连发位置时,扳机扣动到底时的阻铁情况。注意此时阻铁被压在下方不能阻挡枪机,以此形成连发状态

ZB26的快慢机位于单发位置,扳机扣动到底时的阻铁情况。注意此时阻铁前方的扳机连杆升起,当枪机框复进时会压下扳机连杆,放开阻铁,等待枪机框再次与阻铁扣合,以此形成单发

日军缴获捷克式轻机枪后,摆出姿势拍照留念,摄于1937年。整个抗战期间,日军的武器装备大都比中国军队精良,而中方装备的捷克式轻机枪是少数几支让日军自叹不如的优质武器,日军也于1936年装备了参照捷克式设计的九六式轻机枪

蜗轮表尺,体积和质量较大,但结构坚固,不易损坏;十一年式采用的是体积小巧的弧形表尺,调整比较方便,但它突出在枪身右侧,又无护翼保护,需要时刻防止磕碰损坏。

从脚架来看,ZB26的两脚架可以缩放,有利于调节火线高度;而十一年式的两脚架不能伸缩,对阵地的适应性明显不及ZB26。

供弹具则是这两种轻机枪最值得对比的地方。ZB26采用20发直弹匣供弹,比较简单,除了弹匣外,全枪没有附加的用于供弹的多余零件,当弹匣内的枪弹用完后,可以用装弹器重新快速装填,或逐发手工装填,只是较费时间;十一年式别出心裁地在枪身左侧设计了一个30发的供弹漏斗,容弹量比ZB26多10发,装弹时没有取下空弹匣的动作,只需要副射手准备好6个桥夹(每个装5发弹),打开漏斗将桥夹一次放入即可,射击过程中空桥夹自动排出,相对来说弹药保障比较快捷。但这种供弹具的体积、质量和复杂程度都比弹匣要高得多,而且其活动机件多采用斜面带动原理,对污垢非常敏感,保养比较麻烦,反而成为最容易出故障的一个部件。

从枪托来看,ZB26枪托内有后坐缓冲簧,与小握把配合,射击比较舒适,调整姿势与位置时也比较方便。而十一年式使用的是与小握把成一体的鱼尾形枪托,本身不带抵肩托板,枪托后上部向后突出,充当抵肩托板作用,其小握把与枪托结合部分全部采用金属制作,形状比较复杂,工艺性不好。由于枪托偏向右侧,瞄准系统也在右侧,所以在射击时射手要尽量将头部靠向枪托右上方,时间长了射手颈部容易疲劳,对射击精度也有一定影响。

从发射方式来看,ZB26具有单、连发两种方式,特殊情况下使用单发利于节约弹药,当需要火力压制时使用连发,进行长、短点射;而十一年式只能连发发射。

血浴长戈
——捷克ZB26轻机枪传记

抗战期间，不少中外画报的封面上刊登了淞沪会战期间中国军队使用捷克式轻机枪的照片

从附属部件来看，ZB26比较简单，主要是配有备用弹匣；而十一年式在供弹漏斗旁安装有一个油壶，用于给进膛前的枪弹涂油，减小抽壳阻力，虽然这在一定程度上能提高抽壳可靠性，但严寒环境中油的黏性增大，不方便涂刷，而在风沙天气下又容易吸灰而造成弹膛污染和磨损，甚至导致供弹机构故障。

从以上对比可以看出，十一年式由于设计年代更早，很多方面更为原始，总体性能比ZB26逊色。而ZB26轻机枪的出色性能也得到了作为对手的日本人的承认，如《东史郎日记》一书中就多处记载了作者对中国军队使用这一武器的印象，其中涉及到十六师团在南京、徐州及华北、华中的多次战斗，曾提到"整个晚上捷克式机枪的射击声就像节日的焰火一样，通宵达旦，一刻不停……"这是因为ZB26发射7.92mm毛瑟枪弹，其威力较日军的6.5mm枪弹大得多，特别是弹头存速能力强，远距离压制效果明显，发射时的枪声和节奏与日军机枪明显不同，所以能够给人留下更深刻的印象。日军对它的评价较高，认为它与日本自产的机枪相比，火力适当、轻便，而且

ZB26轻机枪无疑是二战期间最优秀的轻机枪代表之一

105

故障率低。

旧中国的进口、仿造与装备

恐怕连捷克人也感到惊奇的是,使用ZB26时间最长、数量最多的国家却是距离捷克万里之遥的中国。

1927年,尽管这一年对布尔诺国营兵工厂来说,ZB26才算是真正开始批量生产,但急需武器的中国军阀就迫不及待地引进了这种新武器,称之为"捷克式"机枪。同年,天津大沽造船所开始根据实样进行仿造。旧中国仿造过一些轻武器,但如此快速紧跟原产国仿制武器,唯有ZB26。

不过当时的大沽造船所和全国大多数兵工厂一样,并不是1928年才成立的国家中央政权——南京国民政府所能管辖的。但国民政府宣告统一后,于1929年颁布《兵工厂组织法》,对所辖兵工厂进行整顿和调整,并着手统一全国军队的武器装备。其实,军政部兵工署在1929年11月印行的《规定制式兵器刍议》中,拟定的制式轻机枪是法国哈奇开斯,但其性能明显不及ZB26;ZB26性能可靠,更换枪管迅速,而且零件相对简单,生产比较方便,其优良的性能获得了广泛认可。到1931年,国民政府军事委员会干脆派员去大沽造船所,饬令其正式制造捷克式轻机枪。

从捷克本土原装进口

ZB26在中国获得广泛认可与当时对该枪的大量进口是分不开的。国民政府利用1929年列强解除对华军火禁运的契机,自1929～1931年分别从德国、比利时、捷克、美国等国进口了近2100万元的军火,其中包括ZB26在内的种类齐全、质量较高的先进轻武器占据了相当份额。1934年,兵工署经由财政部向捷克购入5000挺ZB26,军械司派2名技术员前往捷克布尔诺国营兵工厂任监造代表,其间取得部分技

1937年,淞沪会战。图为中国军队第87师士兵使用ZB26轻机枪对日作战的场景

1940年,美国《生活周刊》记者所拍摄的向前线进发的中国军队。从服装上看,他们不是正规部队,但也装备了捷克式轻机枪

1943年,常德保卫战中的中国守军使用捷克式轻机枪向日军射击的战斗场景

1940年8月，重庆第21厂生产的捷克式轻机枪。机匣刻印有该厂厂徽（沿用金陵兵工厂）和编号2673。该枪加工比较精细，小零件也打有厂徽或标号，是国产捷克式轻机枪中质量较好的一种

术资料。在抗战爆发前的1937年6月，孔祥熙访欧时，又从布尔诺国营兵工厂订购了10000挺ZB26轻机枪、1000挺ZB37重机枪、50000支步枪及1亿发枪弹，这些军火在"八一三"淞沪开战后才运抵国内，这也是国内最后一次成批量购进捷克原产ZB26。据布尔诺国营兵工厂的统计，从1927～1939年，累计向中国出口了30249挺ZB26轻机枪。而抗战全面爆发后，外援断绝，所需的捷克式轻机枪只能全靠自行制造。

各地兵工厂大量仿造

在1937年之前，仿造过ZB26轻机枪的，除天津大沽造船所外，尚有重庆武器修理所、广东兵器制造厂、西北实业公司下属工厂、广西第一机械厂等地方势力控制的兵工厂。

1931年，刘湘的21军武器修理所（后改称重庆武器修理所）开始根据实物成批仿造ZB26。该所采取按零件"包干"的方式，由工人手工修配成型，因此尺寸不尽准确，材料也多是本地生产，质量较为粗糙，但最高生产能力每月可达300挺以上，至抗战前夕至少生产了2000余挺。1939年，该所制造捷克式轻机枪的分支并入第21工厂。

粤系军阀陈济棠控制下的广东兵器制造厂于1933年开始仿制ZB26，当年9月正式出枪。该厂所用原料均从国外订购，但因热处理技术不过关而废品率较高。1935年改称广东第一兵器制造厂后，专门制造捷克式轻机枪，月产20挺。抗战爆发后，该厂迁往广西融县，并于1938年1月改称第41工厂，当年8月恢复生产。1939年底，该厂转移至贵州桐梓，并接收第40厂轻机枪生产设备，1940年时月产量增加至110挺，1941年最高月产量达到310挺。

据1936年兵工署杨继曾的报告，山西阎锡山的西北实业公司所辖冲锋枪分厂及汽车修理分厂均制造捷克式轻机枪，但改为发射日式6.5mm枪弹，1934年时两厂每月共造200余挺，因无专门设备和检验样板，材料亦无标准，故质量较差。1936年，这两个厂合并到西北制造厂后，最高月产量一度达到600挺。

1937年11月太原沦陷后，利用带出的部分半成品及材料，在陕西城固和四川广元继续生产。当时，由于6.5mm枪弹缺乏，又改回7.92mm口径，后期则以钢轨为材料，最高月产量亦达300挺。

1937年以后，生产捷克式轻机枪的工厂主要有第11、21、31、40、41、51、53厂等，累计生产7万余挺。其中第11厂，即始建于1915年的巩县兵工厂，是民国四大兵工厂之一。国民政府兵器制式会议后，兵工署技术司翻译了ZB26的全套产品图纸及枪件材料规格，并交由巩县兵工厂试造。该厂于1937年开始制造捷克式，因当时是民国26年，故命名为"二六式"轻机枪。不久日军逼进巩县，工厂多次遭受空袭，被迫迁往湖南和四川，1938年6月改名为第11工厂，继续制造捷克式轻机枪，但因多次搬迁，损失较大，生产时断时续，产量并不大。

生产捷克式最多和质量最好的当属第21厂，即原金陵兵工厂。不过在内迁四川之前，该厂生产的机枪只有马克沁重机枪一种。1938年3月1日，该厂在重庆市江北簸箕石复工，改称第21工厂，当年开始筹备生产捷克式轻机枪。1939年1月14日，该厂接收华兴机器厂的轻机枪制造设备，在大溪沟设立轻机枪分厂，同年4月又接收重庆武器修理所，当年共生产892挺捷克式轻机枪。1940年10月产品得以正式定型，当年生产960挺。此后产量逐年增加，1945年达到最高峰——年产2900挺。虽然钢材等原材料改为国产，但工厂从技术设备和管理等方面做了大量工作，因此质量仍保持优良。从1939～1945年，第21厂共计生产该枪10151挺，其中战时生产9833挺，占抗战期间国内自产轻机枪总量85480挺的1/10还多，有力地支援了正面战场的作战。

第51厂是抗战爆发后新创设的兵工厂。1939年4月，兵工署在昆明成立第51厂筹备处，拟自制麦德森机枪，计划达到月造500挺的目标。但因外购器材不能按时运到，原定计划无法实现，于是转产已驾轻就熟的捷克式轻

国内生产的数种捷克式轻机枪机匣顶部标记。左一为第21厂1940年1月的产品，下端的"改56-762"是解放后改为发射56式步枪弹后增加的识别标记。左二为第41厂1943年7月的产品，上端图案为该厂厂徽。左三为第51厂产品，生产时间不明，上端图案代表国民政府兵工署，中间图案为该厂厂徽。右一为不明厂家1950年4月产品

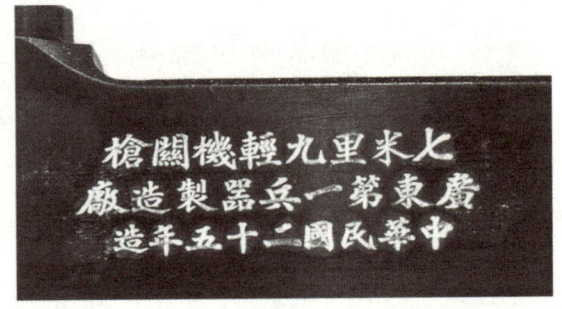

1936年，广东第一兵器制造厂生产的捷克式轻机枪，编号为1839。机匣铭文为"七米里九轻机关枪 广东第一兵器制造厂中华民国二十五年造"

机枪。1941年6月，首批100挺制造成功，同年9月，正式成立第51工厂，当年共生产450挺。1942年，改称第53工厂，最高年产量达到5550挺，成为当时国内轻机枪生产能力最大的工厂。该厂因新工人多，材料有限，起初曾出现不能连发的质量问题，但总体来说特别是后期产品的质量还是合格的。到1945年抗战胜利为止，该厂共生产捷克式轻机枪约1.5万挺。

抗战期间国产仿捷克式机枪中，还有一种

备的由美国提供的轻机枪已超过7000挺。但在这种情况下，捷克式轻机枪仍在国内继续制造和改进，因为对于那些无从得到美国和国民政府武器支持的地方势力来说，仿制的捷克式也还是有很大吸引力的。

军队装备截然有异

到达陕北的红军部队，队列前是4挺捷克式轻机枪，这些武器全部是从敌人手中缴获的

要想详尽地描述ZB26或仿制的各类捷克式轻机枪在国内的装备情况是相当困难的，因为不同时期不同归属的军队装备情况可能天差地别，这与这支军队的财力状况、所处地区位置以及与当时政府、地方首脑以及兵工厂的关系远近等多种因素有关。

一般来说，在国民政府所属的正规军队中，捷克式等轻机枪理论上的装备标准为每个步兵班1挺，在班组中担任火力支援任务，掩护步兵班中的步枪手冲锋。当然少配的情况是很正常的，只有极少数部队能够高于这个标准。通常，每挺机枪配备正、副射手2人，正射手负责携行和操作机枪，副射手则负责携带备份枪管和工具（如果有的话），一般连续发射200发左右后，就要配合正射手换上备份枪管，将原枪管换下冷却，防止枪管过热后损伤膛线。

1939年9月，在河北省灵寿县西北进行的陈庄战斗中，八路军战士将一挺捷克式轻机枪架设在屋顶上射击

对南京国民政府的嫡系部队来说，装备捷克式等武器相对比较容易。1933年下半年，为准备发动对江西苏区的第五次"围剿"，国民政府开始为陈诚十八军等主力部队补充更换新式装备，以团为单位，分批换装进口的德国造或比利时造步枪，每个步兵连配备轻机枪3挺，除捷克式外，还有哈奇开斯轻机枪等。1935年后，国民政府着手对国内军队进行整编，试图建立60个"德械"国防师，所谓"德械"即武器多为德式，如步枪、手枪、重机枪和平射炮等，但轻机枪仍以捷克式为主。

较为著名的改进型——"七七"式轻机枪。该枪由浙江铁工厂生产。"七七"式轻机枪由分厂厂长设计改进，其外形和捷克式一样，但将枪机由方形改为圆形，弹匣改为由侧面插入，因此制造更加方便，发射速度也更快，产量由改进前的每月20挺增加到60余挺。该枪较为精良，曾远销两广、贵州、福建、安徽和甘肃等省份。

太平洋战争爆发后，根据《租借法案》，中国可以得到盟国提供的大量军火。从1944年开始，加拿大英格利斯兵工厂为中国生产了4万余挺7.92mm口径的布伦MKⅡ，即"七九勃然轻机枪"，到1945年8月，国民党军队装

成批装备捷克式轻机枪的除隶属政府的军队外，还有一些地方军队，如占据平津、察哈尔一带的第二十九军宋哲元部就是其中之一。1936年，其骨干张自忠第三十八师有两个旅已

换装捷克式步枪，每连又补充捷克式轻机枪4挺。到"七·七事变"前，除刘汝明师每连只有2挺外，二十九军主力部队每连捷克式机枪多数已达6挺。抗战前地方部队装备大量捷克式轻机枪的还有东北军，像"九一八事变"中北大营的守军——东北军独立第7旅，步兵全部装备捷克造步枪，且每连配备12挺捷克式轻机枪，火力之强甚至超过了进攻北大营的关东军，可惜一枪未放便丢了沈阳。而抗战爆发后，张发奎在广东的第四路军在粤东新组建的独立第九旅也装备了大量德国、捷克生产的武器，全旅48个连队每连均有附带高射脚架与瞄具的捷克式轻机枪6挺。1939年春起，该旅调防潮汕地区，作为机动部队，用来牵制威胁广东的日军主力。

北京中国人民革命军事博物馆所藏的由浙江铁工厂生产的捷克式改进型——"七七"式轻机枪（枪托已损毁）。该枪弹匣改为侧面插入，使得瞄准装置不必偏置

红色"捷克式"

中国人民解放军从诞生之初起，其武器来源就以战场缴获为主，因此当年的工农红军几乎是与敌人同时装备使用捷克式轻机枪的。早在1932年，湘鄂西革命根据地设在监利县的洪湖兵工厂就修理过缴获的这种武器。而第四次反"围剿"时，红四军第十一师三十二团在宜黄仙人桥伏击战中，打垮国民党第一纵队五十九师主力，一次就缴获30多挺捷克式。很多捷克式轻机枪还跟随红军一起完成了两万五千里长征，最终到达陕北。

抗战爆发后，捷克式轻机枪在新四军、八路军中得到了更广泛的应用。如新四军抗日"第一仗"——韦岗战斗，就有捷克式的功劳。1938年4月28日，新四军军部组成以粟裕为司令员的先遣队，由安徽潜口出发向苏南敌后作战略侦察性进军，为大部队挺进苏南打头阵。为确保第一仗能够打响，军部调第一支队修械所主任焦立德到宣城第二支队任修械所主任，并拨专款让其通过关系，从国民党军队中购买了2挺捷克式轻机枪，供先遣队使用。6月19日，先遣队在粟裕的指挥下，在句镇公路中段韦岗村打了一次漂亮的

南京博物院举办的"江苏纪念抗战胜利六十周年大型史料展"中展出的抗战期间沭阳县马厂铁工会手工仿制的捷克式轻机枪残件（枪管、导气管和两脚架都已缺失）

伏击战，战斗中这两挺捷克式表现很好，连打三四个弹匣，没有发生任何故障，为夺取战斗胜利发挥了很大作用。

在八路军中，甚至还有"一挺捷克式完成一场伏击战"这样的奇迹。1943年7月，日军独立混成第八旅团换防到唐山地区，其第三十一步兵大队总部设在罗家屯。八路军曾克林部十二团经侦察得知，该大队有10余辆汽车负责罗家屯与滦县之间的运输工作。8月22日，十二团一连在北岸附近的北潘营村设伏，战士们在公路拐弯处预先挖掘了一道壕沟，并将一挺捷克式轻机枪架设在临近公路的一幢民

血浴长戈
——捷克ZB26轻机枪传记

苏军代表参观人民解放军营房。从图中人物服饰看已是1955年授衔以后，但营房中武器柜上陈列的仍是捷克式轻机枪和捷克式步枪，说明当时仍有部分正规部队列装这些战争时期缴获的武器

房屋顶上，用南瓜叶伪装好。不久，日军的3辆汽车便向滦河方向开来。汽车行至北潘营村附近，突然发现前方有壕沟无法通过，只得踩刹车急停。此时，我指挥员一声令下，架在房顶上的捷克式向第一辆汽车猛烈扫射，敌人来不及抵抗，便纷纷毙命。战斗出人意料地迅速结束，击毙1人，缴获轻机枪1挺、步枪13支。

正因为捷克式性能优良，再加上八路军、新四军普遍缺乏自动武器，因此对这类武器的缴获非常重视。1943年冬，鲁南军区某部战士安保全在反抢粮战斗中，用一颗手榴弹俘房了62名溃逃的伪军，缴获4挺捷克式机枪，被评为"山东军区战斗英雄"。

即使是对于那些损坏的捷克式，我军也不计成本，千方百计予以修复，让它们发挥最大的战斗作用。例如1942年初，在浙江一带坚持抗战的淞沪游击第五支队的一挺捷克式因弹膛磨损而不能退壳，修械所的简陋条件又无法修理，所长朱连根便带着枪管，跋涉数百里，冒险潜入上海进行修理。技术工人将原弹膛挖

北京民兵武器陈列馆所藏的一挺奇特的双管捷克式轻机枪，据说是"文化大革命"期间工人利用该枪零件自行改造组装的

空、重新加工新弹膛并镶入枪管尾部，用一个星期的时间才完成了修理工作。随后，这挺经过"换心"手术的捷克式又在抗日战场上继续"高歌"了。

由于缴获数量有限，具备条件的各根据地纷纷自行设法仿制该枪。如1941年12月~1942年2月间，新四军五师主力十五旅经多次战斗，歼灭了盘踞在汉川、汉阳、沔阳三县交界地区的伪定国军一师汪步青部，缴获了一批汉阳兵工厂撤往四川时遗弃的材料和半成品，包括轻重机枪枪身数十支。该旅以此为基础，组建了天汉湖区兵工厂，利用缴获的器材，生产出捷克式轻机枪3挺，其枪身上打有"新4、5、15兵工厂"的印记。在鲁西北地区，1937年11月，30余支抗日游击队经整编后，建立了由我党直接领导的第十支队，并于次年夏秋之间成立了修械所。1943年2、3月间，修械所派李士坦乔装前往济南，设法弄到了一些零部件和一台六尺皮带车床，秘密用棺材运回，并用了两个月时间，造出一挺捷克式轻机枪，由于没有条件做发蓝处理，机枪表面只能保持钢铁本色。经过试射证明其性能完全合格。十支队用它连打几次胜仗，附近百姓甚至敌人都知道十支队有一挺"白机枪"。1943年8月至9月间，长清、平原两县先后光复，在长清缴获和收编了一个机枪制造厂和20多台设备，军分区修械所得以迅速发展，当时每月能生产4~6挺仿捷克式轻机枪。而在淮海抗日根据地，沭阳县马厂镇组织的铁工会，以新四军七旅送来修理的一挺捷克式为蓝本，由岳寿延、崔航山、陈寿庭等人，以纯手工方式进行仿制，经反复试验，终于试造成功，在第一次战斗中"连打7梭子弹，没有卡壳，打死好多敌人。"马厂共仿造了20多挺捷克式轻机枪，主要用来支援地方抗日武装。

到解放战争期间，随着缴获武器的日益增多，解放军的装备大大改善，加拿大的勃然、美国的勃朗宁等新式轻机枪日渐增多。但是由于捷克式发射国内使用最广泛的

北京中国人民革命军事博物馆陈列的反映长征中红军翻越雪山壮举的群体雕塑,其中也出现了捷克式轻机枪的身影

7.92mm步枪弹,因此成为一种普及性的基本装备。

新中国的捷克式

1950年,朝鲜战争爆发后,国内利用接收的国民党兵工厂设备,在重庆、昆明继续生产捷克式轻机枪等武器,以供应入朝参战的志愿军需要,直至1951年后在苏联援助下开始仿制苏式枪械为止,其间仅重庆原21厂就生产1338挺。尽管1951年换装了8100余挺苏制DP轻机枪,捷克式仍然在抗美援朝战争中"打满全场"。1953年以后,捷克式轻机枪和其他杂式枪械逐步退出解放军装备序列,转为民兵训练使用。在20世纪50～70年代,大部分民兵训练教材中都有关于捷克式使用和保养的内容。但由于1953年之后国内不再生产7.92mm步枪弹,捷克式没有了弹药来源。解决的办法是,一部分捷克式改为发射56式7.62mm步枪弹,采用56式冲锋枪(实为突击步枪——编者注)的30发弹匣供弹,改进后称为"改捷式七六二班用机枪"。这类枪有的在机匣上刻有专用标识,有的则没有,但外观上可以通过弧形弹匣而非原配的直弹匣来区别。

从1980年前后开始,民兵开始全面换装56式枪族,逐渐淘汰了捷克式等老旧武器。至此,捷克式轻机枪作为武器装备走完了它在中国的历程,而作为叱咤中国战场的一代名枪,则在中国各大军事类博物馆中留下了永久的身影……

布伦MK I型轻机枪

大不列颠帝国的妥协——英国布伦轻机枪

英国布伦轻机枪源于捷克斯洛伐克的ZB26轻机枪，后者由捷克人瓦克拉夫·霍利克（Vaclav Holek）于1924年研制，后经多次改进，被英国军队装备，并将其命名为英国布伦轻机枪。

取之有道

二战初期，英国人不满足于将一战淘汰下来的机枪修补一番之后再用于战场的停滞局面，他们意识到：必须舍弃又笨又重的刘易斯轻机枪，找到一种更加轻型的机枪，希望它不仅可实施战斗防御，还要便于士兵迅速转移阵地和展开攻势。

早在1930年，英国军方就着手轻机枪的选型，随后花费了大约6年的时间，进行了多种轻机枪的27次比试。参加比试的轻机枪包括丹麦的麦德森、英国的维克斯-伯斯尔、捷克的ZB26以及其他型号的轻机枪，但经过多次比试后，捷克的ZB26轻机枪在各方面表现出色，位居榜首。

比试初期，ZB26轻机枪使用的是德国7.92×57mm枪弹，而不是英国的7.7×56mmR枪弹（R表示凸缘枪弹），其枪管也偏长。捷克人及时将这些问题加以改进，而且在外观和材料上也费了不少心思，以适应英国军方的"口味"。该枪的型号也从最初的ZB26演进为ZB27、ZB30、ZB30J，直到最终的ZB33。英国国防部选定ZB33为英国制式装备，并命名为MK I 7.7mm布伦轻机枪。布伦（Bren）一名是由捷克的布尔诺（Bron）和英国的恩菲尔德（Enfield）两地名称的前

布伦 MKIII型轻机枪

两个字母组成。此枪在我国也有译作布朗、勃然、勃伦轻机枪的。

值得一提的是，在比试过程中，英国维克斯-伯斯尔7.7mm轻机枪是ZB26轻机枪的强大竞争对手，并且闯入了"决赛"，但终因ZB轻机枪技高一筹才败下阵来。在埋入又热又脏的沙地和泥地中，挖出来简单擦拭后进行1万发的射击比试时，维克斯-伯斯尔轻机枪并不逊色；在精度射击考核和3万发寿命试验时，维克斯-伯斯尔轻机枪也与ZB轻机枪不相上下，只是到了5万发寿命比试时，维克斯-伯斯尔轻机枪终露"弊端"。

一向谨守"尊严"的英国在选取制式武器时表现得如此冷静客观，而这恰好也给捷克武器留下了一个扬名的机会。

家族成员

1935年1月，英国政府从捷克ZB公司购得该枪的生产权，1937年9月首批布伦轻机枪在恩菲尔德公司加工出来，1938年8月布伦轻机枪进入英军制式装备序列。

早期的布伦轻机枪口径为7.7mm，并形成MK系列，包括MKⅠ、MKⅠ(M)、MKⅡ、MKⅢ、MKⅣ等型号。不同型号的

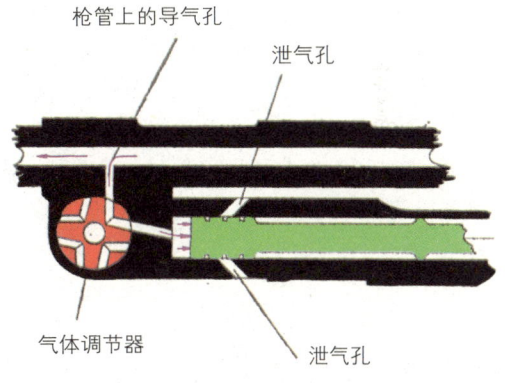

导气装置剖面图

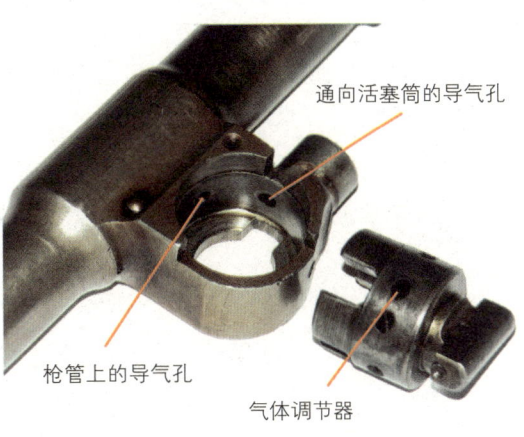

布伦轻机枪的导气装置

主要区别是：MKⅠ全枪质量10kg，全枪长1156mm，枪管长635mm，理论射速500发/min，初速744m/s；MKⅡ主要简化了表尺结构，并将消焰器、气体调节器、准星分离成三大件，将全枪质量增加到10.5kg；MKⅢ缩短了枪管长度，由635mm缩短为565mm，全枪质量也有所减轻(8.8kg)，并且简化了生产工艺；MKⅣ全枪质量仅为8.7kg。

1953年，北约国家开始统一使用7.62mm NATO枪弹，英国随之也将布伦轻机枪的口径改为7.62mm，并形成L4系列，包括L4A1、L4A2……L4A7共7个型号。MK系列和L4系列的基本结构和原理是相同的，只是弹匣、枪管等零部件尺寸有所改动。L4A1和L4A2均由MKⅢ改成，并且都配有备用枪管，只是L4A2还配有轻型的两脚架；L4A3由MKⅡ改成，只配有1根枪管；L4A4由MKⅢ改成，也只配有1根枪管；L4A5由MKⅡ改成，配有2根枪管；L4A6由L4A1改成；L4A7由MKⅠ改成，只配有1根枪管。

结构特点

布伦轻机枪采用导气式自动原理，枪机偏转式闭锁方式，即靠枪机尾端上抬卡入机匣的闭锁槽实现闭锁。供弹方式为弹匣(30发)供弹，也可采用弹鼓供弹，可实施连发和单发射击。布伦轻机枪以其简明的结构，便利的操作，可靠的动作，在二战期间赢得各国军方的普遍赞誉。下面以布伦MKⅠ(M)轻机枪为例进行介绍。

布伦MKⅠ(M)轻机枪枪身右侧刻有铭文"BREN MK I M INGLIS 1942"，说明此枪是英国的合作商加拿大英格利斯公司于1942年生产的。

该枪的枪管前部装有喇叭状消焰器，可减小或消除射击时枪口的火焰，防止暴露射击位置，并有利于射手瞄准。消焰原理是利用气体膨胀吸收热能的物理现象来实现的——枪口处火药微粒的温度低于其着火点

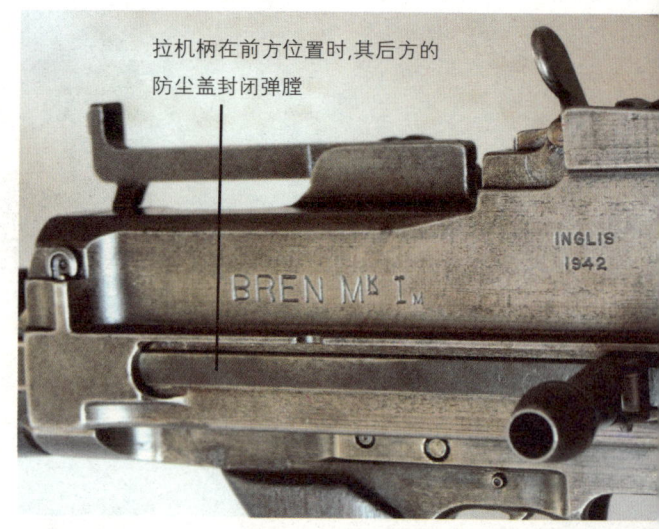

拉机柄在前方位置时,其后方的防尘盖封闭弹膛

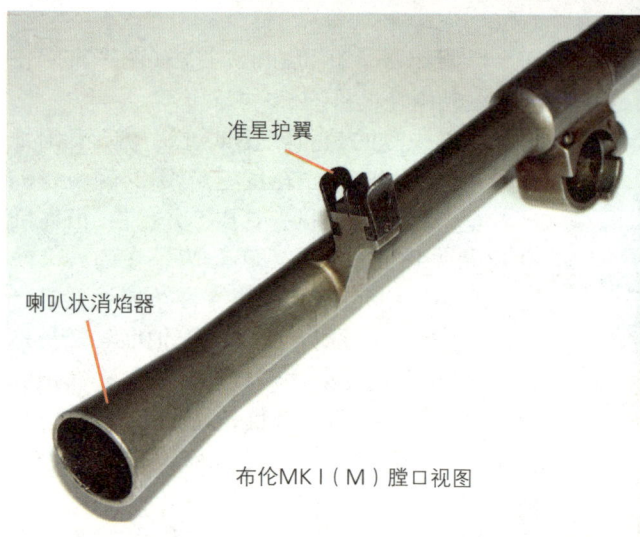

准星护翼

喇叭状消焰器

布伦MKⅠ(M)膛口视图

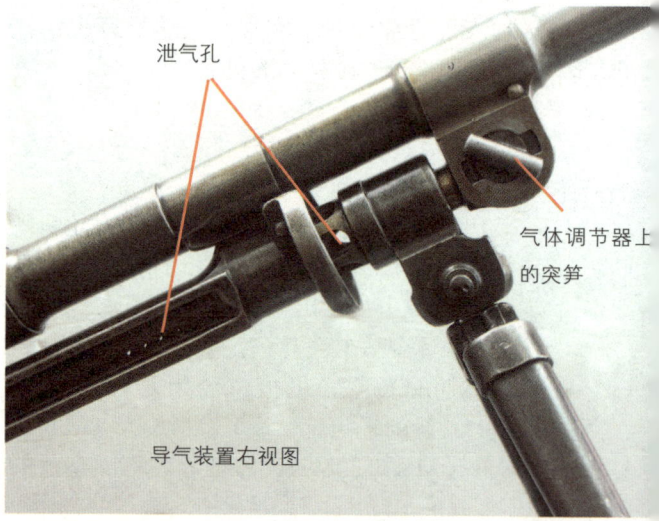

泄气孔

气体调节器上的突笋

导气装置右视图

大不列颠帝国的妥协
——英国布伦轻机枪

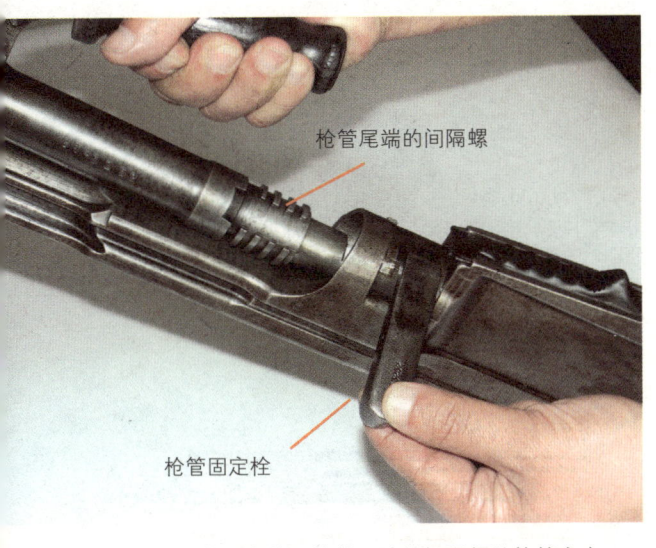

枪管尾端的间隔螺

枪管固定栓

抬起枪管固定栓，枪管尾端的间隔螺从枪管座中解脱，即可取下枪管

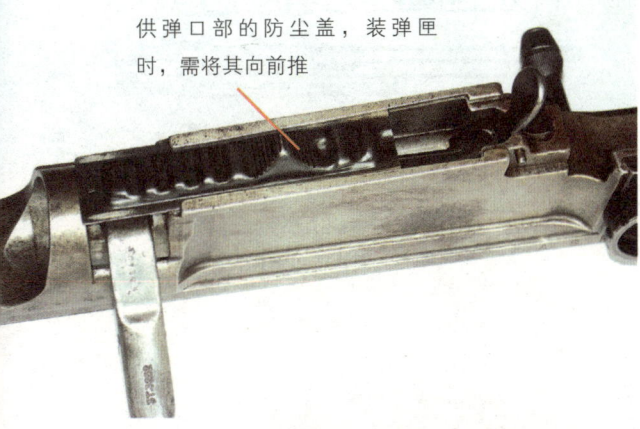

供弹口部的防尘盖，装弹匣时，需将其向前推

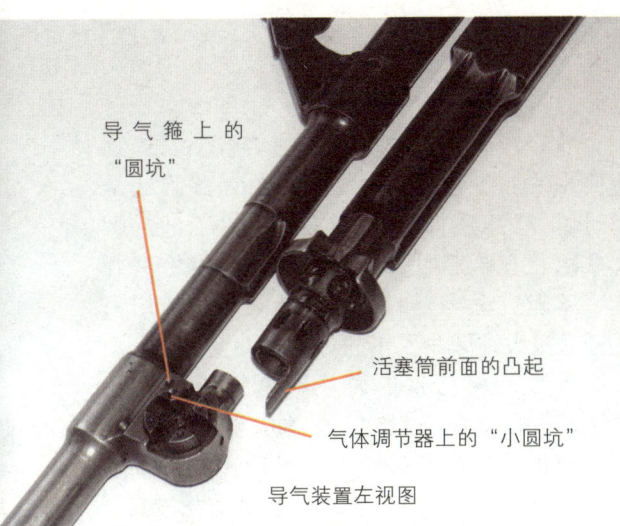

导气箍上的"圆坑"

活塞筒前面的凸起

气体调节器上的"小圆坑"

导气装置左视图

的温度，枪口的火焰就会减小。枪管可以快速更换，向上抬起枪管固定栓，使枪管尾端的间隔螺与枪管座内部的间隔螺脱离，即可向前取出枪管。

枪管的下方装有气体调节器，其作用是调节由枪管导气孔进入活塞筒中的火药燃气量。气体调节器上面有4对通孔，每对通孔的直径不同。转动气体调节器上的突笋，使其上的每对通孔分别对准枪管上的导气孔和活塞筒上的导气孔。当需要用小气孔时，可把气体调节器上的"小圆坑"对准导气箍上的"圆坑"；需用其他气孔时，亦然。不过，当枪管装配在枪身上时，活塞筒前面有一凸起会卡入气体调节器的十字槽中，使气体调节器不能转动，因此，必须卸下枪管才能调节导气孔的大小。

该枪的弹匣在机匣上方，正因为如此，该枪带护翼的矩形准星和觇孔式照门都安装在枪的左侧，以方便射手瞄准。表尺上带有蜗形手轮，转动手轮可将照门向上或向下移动，以进行瞄准线的调整。因为弹匣从枪身上方插入，枪身下方没有弹匣限制高度，故射手卧姿射击时可以贴地很近，这是该枪为人称道的特点之一。

该枪的抛壳方式为下抛式，抛壳口位于枪身下部、扳机的前方。该枪在供弹口和抛壳口处均装有可前后推动的防尘盖，在行军状态时可封闭弹膛，以避免尘土等污物进入弹膛。

拉机柄可折叠，在行军状态时，将其折回，避免行进中被树枝、衣物所扯挂。拉机柄上还连着一个细长的防尘盖，拉机柄与其防尘盖呈T形，无论拉机柄在前方或后方位置，弹膛始终处于封闭状态，使得该枪的防尘性极好。

射击时，拉机柄并不随枪机一起前后移动，这是该枪的又一特点。

该枪带有两脚架，在行军状态时，可将两脚架折起，收回到活塞筒下面；进入战斗状态时，可迅速支起两脚架。两脚架长短可

117

调，以保证在不平整的地面架枪时枪身稳固。该枪还可加装三脚架，以提高精度，起到重机枪的作用。

布伦MKⅠ（M）轻机枪有3根能够减小后坐的弹簧：复进簧和缓冲簧设在缓冲器后面，坐力簧设在枪托后部与托底板之间。这三根簧吸收射击时的后坐能量，从而减小了对枪托底板的冲击，又由于射击时射手的肩部直接抵在枪托底板上，因此就不会感到有较大的后坐力。这些减小后坐的设计，有利于提高射击精度，延长零部件的使用寿命。

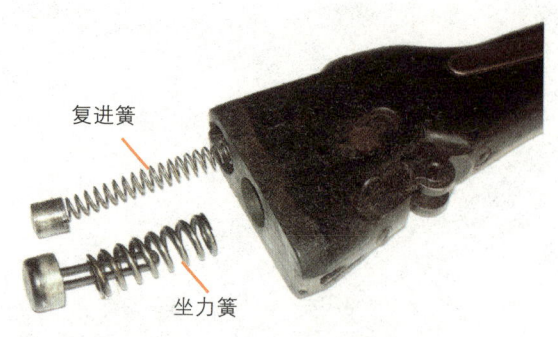

射击要领

第一步，首先要将两脚架架设牢固，一手握住握把，另一手将供弹口部的防尘盖向前推，并装入弹匣。

第二步，调整蜗形手轮将觇孔式照门调至所需要的射击距离（如：表尺2指的是瞄向200m处的目标，依此类推）。扳动快慢机（在握把左上方）。选择发射方式。

第三步，以右肩抵紧枪托底部，右手向后拉动拉机柄到位，并向前推回原位，此时，枪机会固定在后方，进入待击状态——布伦轻机枪属于开膛待击式武器。

第四步，将右脸腮部贴在枪托上部，进行瞄准，将准星顶部置于觇孔中央，并瞄向目标的10环位置，构成三点一线，即可扣动扳机实施射击。

扣动扳机后，枪机向前运动，抛壳口处的防尘盖同时被机框向前拉开，枪弹发射后，空弹壳由此向下抛出；平时应将防尘盖关闭，以防止沙尘进入。

美中不足

布伦轻机枪并非完善，其亦有不足之处。比如，在复进过程中，机框后部的凸起顶着枪机尾端，并使之顶在上机匣的限制面上，这就加大了复进时的摩擦阻力。

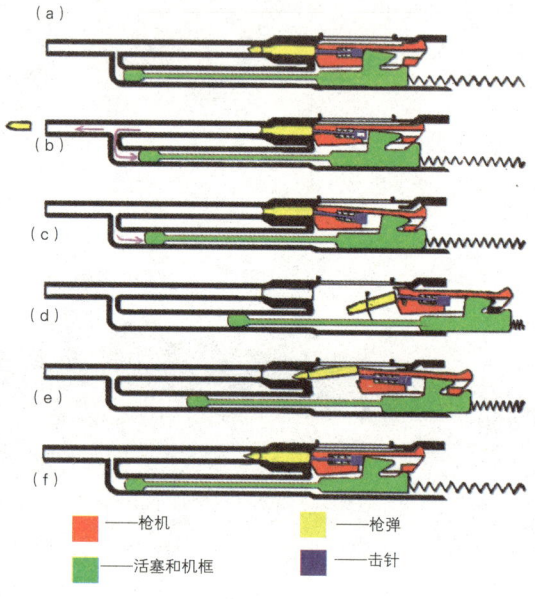

布伦轻机枪内部动作示意图
(a)、(d)为击发、后坐过程，(e)、(f)为复进过程。

另外，一位参加过抗战的老战士，提到他使用的布伦轻机枪时说，不知是弹膛还是当时枪弹的问题，枪常常会卡壳。而他的解决办法是在闲暇时，将枪弹一发一发地去合膛，不能完全吻合的，就淘汰给步枪使用，这样就极大地减少了卡壳等故障的发生。

当然，从总体上说，布伦轻机枪还是"过硬"的。继英国之后，加拿大、澳大利亚等国也曾生产装备此枪。中国在抗日战争期间，曾经大量地购买和仿造、改造此枪。

抗美援朝作战中，志愿军二级英雄关崇贵用布伦轻机枪打退敌人多次进攻，并击落敌机一架。解放军画报社图片

战斗在长城脚下的八路军,左前士兵使用的正是缴获日军的十一年式轻机枪。中国战地摄影师沙飞摄

细说"歪把子"——日本十一年式轻机枪

绰号由来

日本十一年式6.5mm轻机枪,是日本在大正十一年(即1922年)定型生产并装备部队的一型班用轻机枪,也是日军在侵华战争中使用最多的一型班用自动武器。在中国一般老百姓当中,说得清日本鬼子武器型号、年式的虽然不多,但提起"歪把子"来,几乎无人不知、无人不晓。在有的场合,"歪把子"甚至成了老式轻机枪的代名词。

"歪把子"是中国广大抗日军民给日本十一年式6.5mm轻机枪起的一个俗名。这个俗名既描述了日本十一年式6.5mm轻机枪造型上的本质特征,又蕴含了中国人民对侵略者的憎恶与仇恨。日本十一年式6.5mm轻机枪采用类似传统步枪枪托的"枪颈",同时由于其瞄准基线偏于枪面右侧,为了避免使用者在瞄准时过于向右歪脖子,所以将本来就十分细长的枪颈向右弯曲,以使枪托的位置能满足抵肩据枪瞄准的人机工程。这就是"歪把子"的由来。

细说"歪把子"
——日本十一年式轻机枪

诞生背景

"歪把子"何以如此"怪异"、与众不同？首先要从当时日军对一线步兵班、组支援武器的战术使命和战技要求说起。

第一次世界大战结束以后，世界各国特别是一些军事大国出现了新一轮军备竞赛和军事思想变革的风潮。日本军国主义当然不甘落伍，而且更有争头牌之势。为了增强一线徒步步兵的火力，效仿欧美列强军队的做法，日本开始为步兵班、组设计一型由1～2人操作使用的自动武器——轻机枪。日本陆军对这一型轻机枪的总体战技要求，至少做了如下考虑：

首先，自动武器编入班、组，必定增大一线步兵的弹药消耗量，因此必须考虑由此带来的弹药保障问题。在此之前，日本陆军一线步兵的班、组没有装备过自动武器，都是使用非自动的"三零"式步枪或"三八"式步枪。弹药保障问题，包括两个方面：其一是弹药的数量问题，即要确保"够用"；

其二是弹药的型号问题，即要确保"通用"。而"通用"，又是确保"弹药保障"的根本要求。步枪和机枪使用同一种枪弹，可以最大限度地提高战斗中弹药保障的方便性。

第二，日本陆军还进一步考虑了一线步兵在战斗中使用弹药的方便性问题。要求这一型即将编入一线步兵班、组的自动武器，应使用与步枪一样的供弹具。也就是说，机枪要使用步枪那种5发一排的弹夹供弹。如此这般，一线步兵就实现了供弹具通用。这样，不仅可以进一步提高弹药保障的方便性，而且也简化了工厂生产特别是弹药包装方面的环节，我们所见在战争年代缴获的整箱日本6.5mm步枪弹，都是把枪弹装在弹夹上（一个弹夹5发）一同存放，几乎从来没有散弹包装的，而这样在战场上一开箱就能直接供步枪和轻机枪同时使用。

在强调步、机枪弹药通用的同时，还强调步、机枪供弹具通用，这在70多年前还是一个相当超前的观念，当然也是一个相当理

装在重型枪架上的"歪把子"

想的观念。步、机枪同弹药、同供弹具,打开一箱弹药,步枪手可以直接使用,机枪手也可以直接使用;战斗中,可以把步枪手的枪弹收集起来供机枪使用;机枪坏了,或为了节省弹药,可以把剩下的枪弹分给步枪手使用。这种基于战斗使用又服务战斗使用,"方便使用、方便保障、方便生产"的思想,的确是可取的。然而,在整个二战期间,参战各国事实上仅仅实现了步、机枪弹药的通用,而供弹具的通用,直到20世纪50年代中期,才由苏联卡拉什尼柯夫设计的AKM步兵枪族得以实现。

机枪作为自动武器,要能通用步枪这支非自动武器的5发弹夹,这就意味着这挺轻机枪必须实现两个最基本的要求:其一,必须具有一个能够承载和储放步枪5发弹夹的平台;其二,必须能够满足机枪自动射击的要求,并能把步枪弹夹式供弹具上的枪弹连续不断地送入进弹位置。于是,围绕军方的战技要求,日本的第一型制式轻机枪,就在设计上和制造上,使出当时日本工业科技水平"浑身解数",被打造出来。

结构怪诞

这是世界上一挺绝无仅有的轻机枪!当你亲眼看到它,特别是能够如此这般地摆弄一番的时候,相信你一定会感慨,说这挺轻机枪体现了当时日本工业科技的最高水平,一点也不为过。用今天的眼光来看,尽管我们现在可以运用诸如冲、铆、焊乃至精铸等一系列早已相当成熟的制造工艺,甚至数控机床的现代加工手段,要搞出一挺同样的"歪把子",也绝非易事。可想而知,当时用纯机加的手段,把整块的钢铁生生抠出那

"歪把子"使用的5发装弹夹38式步枪弹

细说"歪把子"
——日本十一年式轻机枪

"歪把子"装弹机及其中的枪弹　　"歪把子"装弹机内部特写　　"歪把子"装弹机下部特写（注意拨弹臂上的凸块）

么复杂的形状来，还真的不容易。足见始作俑者们的刻板和执著，当然也不乏笨拙。

从"歪把子"的结构设计上看，有两个非常显著的特点：一是力图最大限度地遵从并且创造性地实现军方对战技性能的要求；二是力图最大限度地吸收并且创造性地运用当时世界上先进的枪械原理。

在自动方式上，"歪把子"采用了导气式工作原理，其自动机组件的总体结构以及动作原理，基本上是当时乃至当今世界各国机枪普遍采用的方式。

我们说"歪把子"是世界上绝无仅有的轻机枪，主要是它在供弹方式上独树一帜。当然，这也是"歪把子"最大的特色所在。现在先来了解一下非自动步枪的供弹方式。对于使用5发弹夹的非自动步枪来说，其装、退弹的程序是在完全手动的情况下完成的：向后拉枪机且将其定位；将装有5发枪弹的弹夹插入弹夹导槽；用右手拇指正直地向下将弹夹上的枪弹压入步枪的弹仓；从弹夹导槽中抽去空弹夹；推枪机向前，使第一发枪弹进入弹膛。

要自动地完成使用弹夹装填发射的程序，就必须解决自动地向枪内压弹和自动地把空弹夹排出来这两个关键性的技术，而且，这个过程还必须不断地重复以适应机枪连续发射的要求。同时，为了确保一定的火力持续性，供弹装置必须一次放入数个装满5发枪弹的弹夹，而且又必须逐个弹夹压弹，一发一发地进膛。这些过程的每一个环节，既相互制约又相辅相成，既各自做功又密不可分，哪一个环节出了问题，都将导致整个供弹系统出现故障。为了达到战技要求，"歪把子"采用了一个能从上面装入6个弹夹（合计30发枪弹）、形状酷似"漏斗"的装弹机。在这个"漏斗"的前面，装有一个带弹簧轴的压弹盖板，当要向"漏斗"中装入枪弹时，先向前上方扳开压弹盖板，接着向"漏斗"中放入6个弹夹，然后扳回压弹盖板，使"漏斗"中的枪弹被盖板压住。这样一来，既可确保枪弹不致从"漏斗"中掉落出来，又可使枪弹稳固地保持在进弹位置上。接下来，就该解决连续向枪内压弹的问题了。在这一个环节上，应该说"歪把子"

成功并且创造性地运用了弹链供弹机枪的供弹原理。在"歪把子"的枪机框上，开了一个斜向导槽，"漏斗"底部的拨弹臂凸块置于斜向导槽之中。当拉动枪机（包括枪机在射击中前后往复运动）时，拨弹臂凸块在枪机框斜向导槽的作用下，随之做横向往复运动，拨弹臂上的拨弹齿则将弹夹上的枪弹不断地拨压到进弹口部，枪机复进时，推弹上膛击发。由于弹夹被"漏斗"两侧壁限制不能左右移动，故当拨弹臂向枪内拨弹时，空弹夹被留在"漏斗"之中，当最上面的弹夹的枪弹在自身质量和压弹盖板的压迫下进入进弹位置时，最下面的空弹夹则从"漏斗"下面的开口中漏出。事实上，"歪把子"供弹机构"上压、横进、前推、下漏"的协调和默契配合是一个相当复杂的循环机械运动，搞出来不容易，用起来也不简单。

事倍功半

"歪把子"身上这种极为繁琐、复杂的供弹方式，也从一个方面体现了日本军国主义的教条和刻板。尽管"歪把子"实现了日本陆军基于战斗弹药保障的思想，但却牺牲了一挺轻机枪在战斗使用方面的整体性能。可谓捡了芝麻，丢了西瓜。

实战证明，枪械的结构越简单，可靠性也就相对越高；反之，可靠性则越差。"歪把子"采用的这种供弹方式，结构与动作过于复杂。而这种机构动作的高复杂性，同时也就埋下了高故障率的隐忧。首先，"歪把子"对于气象环境的变化十分敏感，先是在我国东北地区低温严寒的条件下使用的可靠性很差，于是采取了把油壶装在装弹机旁边，随时为机件和枪弹涂油的办法来保持可靠性的办法，这在世界其他国家的枪械中是很少见的；后来在东南亚地区高温高湿的条件下使用的可靠性更差，甚至连油壶也无济于事了。事实上，"歪把子"只有在不冷不热、不干不湿的季节，并且在精心擦拭保养

"歪把子"裸露的装弹机、抛壳挺和抛壳口

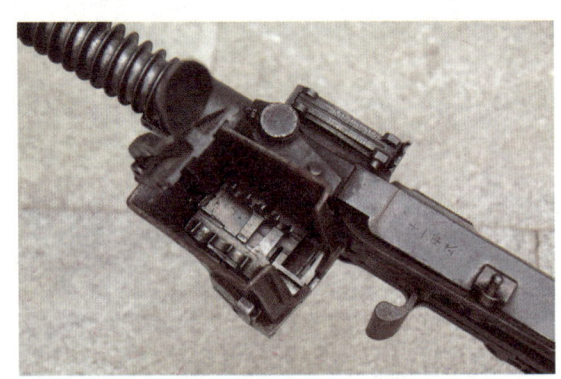

"歪把子"机枪顶视图，弹斗呈打开状态

"歪把子"的鱼尾形枪托以及安装在枪托右侧的后背带环

细说"歪把子"
——日本十一年式轻机枪

枪机框上的斜向导槽

以及战斗烈度柔和的理想条件下，故障率才会相对低一些。然而，到哪里去找这样理想的作战条件呢？不要说是冰天雪地、阴雨泥泞，就是在风和日丽的天气条件下打仗，摸爬滚打，曝土扬尘的情况通常也在所难免。干干净净涂一点油，倒也无妨，要是在暴土扬尘中涂油，机件和枪弹上可就积存油泥了。其次，采用这种供弹方式，使"歪把子"的人机工程极为恶化。为了能够顺利地把枪弹从弹夹上一发一发地拨进弹膛，必须在弹膛旁边的输弹线路上，拥有不少于5发6.5mm步枪弹底缘直径之和的一段距离，为此，能够盛装6个弹夹的枪弹的装弹机，只能偏置于枪身轴线的一侧（"歪把子"装弹机的外沿至枪轴线的横向尺寸不小于100mm）。轻机枪在一线步兵班、组中是使用最频繁、使用强度也是最高的武器。机枪人机工程的好坏优劣，直接关系到其战斗效能的发挥以及战场生存能力的强弱。"歪把子"在人机工程方面存在如下问题：

（1）"歪把子"在战斗使用中装弹程序复杂，动作拖泥带水，对副射手的依赖性大。本来，日本陆军坚持采用步枪弹夹供弹的理念，原本是出于方便战斗使用的初衷。例如，可以利用射击间隙，及时把"漏斗"补满。这一点乍听起来还挺有道理，但全面地来看，则颇为牵强。按日军教范的动作规定，装枪弹时，射手右手握枪颈，左手打开装弹机压弹盖板；副射手位于机枪左侧，以右手拇指在下、食指和中指在上，从弹箱中取2～3个弹夹（弹头朝前、弹夹朝后），使弹夹底边对齐后装入装弹机（"漏斗"）中，并使弹夹与装弹机（"漏斗"）后沿对齐，装入5～6个弹夹后，扳回压弹盖板。装弹动作的繁缛。倘若是在夜间或是情况紧急条件下补充装弹，很难不乱方寸。若在冲击或在炮火下运动之时，副射手没跟上来或者伤亡，那还无法完成这一系列动作。

（2）"歪把子"的两脚架过长，火线过高，而且位置非常靠前，不便于发扬火力，正、副射手位置过于紧密，战场生存能力弱。机枪的火线高度，是指机枪脚架架于地面时，枪管轴线垂直于地面的距离。"歪把子"的两脚架的架杆较长，以致其火线高度达400mm，因此比一般机枪的火线都要高（通常机枪的火线高度不超过300mm，而且大

125

歪把子机枪右视图

多数是尽可能降低火线高度）。由于装弹机的位置已确定，两脚架只有靠前配置才能避免与装弹机相互干涉，再加上脚架偏长，火线偏高，这样一来虽然对打仰角射击有利，但对打平射特别是打俯角射击就极为不利，射手往往要把上半身探出很高，才能构成瞄准线。尽管当时日本士兵平均身高在1.60m左右，理论上有利于隐蔽，但是使用脚架如此之长，火线如此之高的"歪把子"，就不免感到十分吃力，伤亡的概率也居高不下，体形矮小的优势也早已抵消殆尽。战斗中，正、副射手凑在一起，捣捣鼓鼓地在那里装枪弹，半天搞不完，这在战场上是最忌讳的事情。在一线战场上，作为步兵中的主要武器，机枪往往是对方集中打击和首先消灭的目标，特别是在非自动武器占主导地位的早期战场上，机枪对对方的威胁很大，因此被对方打掉的危险也很大。抗日战争时期，我抗日军民对付"歪把子"的一个有效办法，就是专等它一"漏斗"枪弹打完，立刻反击过去一个"排子枪"，甚至一个"排子手榴弹"，不等鬼子装好弹再开火，通常不是人完了，就是枪坏了。那时日本鬼子的机枪手伤亡大，缴获的"歪把子"也挺多，只是多有被打坏者，不过几挺坏"歪把子"凑一挺好"歪把子"也常常是乐不可支的事。尽管"歪把子"与"三八大盖"使用一样的枪弹，打起来枪声却比"三八大盖"响得多，加上它射速不快，在众枪炮声中格外引人注意，构成一道独特的"风景"，因此常常成为抗日军民判断战场情况和度势巧用兵力的一个要素。

（3）"歪把子"全枪的结构布局，都是以服从于使用步枪弹夹供弹这一陆军的要求出发的，因此其他一切布局问题都围绕装弹机甚至让位于装弹机。由于装弹机偏于枪身轴线左边配置，造成了以下缺陷：一是全枪质心偏左，连续射击时，射手始终要有一个向右正枪的"劲儿"，如果不注意这一点，射弹会越来越偏左。二是迫使瞄具右置。一般枪械的瞄具，通常配置在枪身轴线的正中间或者配置在枪身轴线的左侧，这样比较适配人的头、颈、眼和脸颊的人体工程。瞄具偏右配置，人的头颈就要歪过去斜着眼睛才能瞄准，且不说能否瞄得准，单就是歪脖斜眼这一条也让人受不了。于是就权宜之计地把枪颈向右歪一块，"歪把子"绰号由此而来。三是导致了操枪的别扭和麻烦。主要表现在以下几个方面：①扛枪时，"歪把子"的装弹机压迫右肩，枪面会向右翻转，需向左拿着劲儿才行。如果把"歪把子"扛在左肩上，则装弹机会顶撞左脸，而且枪身不能完全搭在肩上，难以扛住。徒步行军来回换肩扛枪，哪边都不舒服。②"歪把子"没有提把，不便于快速提枪行进，机枪又比步枪粗大许多，不能直接握着枪身，故常常只能

细说"歪把子"
——日本十一年式轻机枪

"歪把子"机枪左视图

"歪把子"的两脚架以及准星、气体调节器和前背带环（架杆长达400多毫米）

取扛枪或端枪姿势。长时间端着一挺10多千克的机枪，而且其质心又在装弹机之前，臂、肩、颈、腰之疲劳，是可想而知的。③为了不使装弹机顶着肚皮和腰部，"歪把子"的前、后背带环都设在枪的右边，而且在背枪或挎枪时得把装弹机翻向上或倒向下，十分别扭。④端枪射击时副射手被射手左侧遮挡，补充装弹困难，往往是端着枪打完枪弹后，需要把枪放下来装填枪弹。⑤"歪把子"的鱼尾形枪托，与整枪造型搭配起来虽然协调，不过在抵肩据枪射击时，托底板的突出部正好抵在射手的右锁骨上，令人疼痛难忍。⑥"歪把子"枪管上的散热片外径过粗，致使枪的质量无端地增加了不少。由于没有设置提把或前护手之类的部件，枪管打热之后手就没有地方抓握，所以"歪把子"出厂时，权宜之计地在它的枪管散热片上包了一个防烫灼帆布套，这样端着打会好一点儿。⑦"歪把子"的两脚架是全枪最不可理喻的地方之一，其脚头用驻栓连接在脚头环上，既没有收折定位，又没有支撑定位，操枪过程中，两根脚架会随着惯性"叮当"乱甩，架枪时，常常会因一只脚歪斜架不住枪，而使枪砸倒在地上。射击时，常常会使枪前倾后拖，紧迫之中枪一歪仰，枪弹打在跟前会造成自伤。

教学用枪

为了适应军国主义侵略战争的需要，日本必须要有大量的兵员支持，为此，自昭和天皇初年起，日本开始在学校对广大的青少年进行军事训练，于是训练使用的教练枪的需求量猛增。由于轻机枪是日本军队中的主要自动武器，同时其训练方法和操作要求又与步枪不同，所以在日本的许多军工厂和民间的武道用具工厂都争相生产制造为"歪把子"机枪配套训练用的教练机枪。这些教练机枪除了提供给民间军训以外，一部分也提供给日本海军和陆军部队作为射击训练与战术训练时使用。"歪把子"教练机枪的外观造型，与真"歪把子"十分相像，但在结构上却大不相同。"歪把子"教练机枪的自动方式，采用与日本"一百"式冲锋枪类似的自由枪机式原理，结构非常简单，既易于加工制造，又价格低廉；供弹方式则采用容弹量为15发的单排弧形弹匣，弹匣横置于枪身左侧；使用的枪弹，以6.5mm木质弹头的步、机枪空包弹为主，有的教练机枪也可以打实弹。"歪把子"教练机枪还有一个典型的特征，就是在体积上通常比真的"歪把子"有所缩小，为真"歪把子"的7/8，这可能是针对训练对象大多是青少年学生这一情况所为。

总的来说，"歪把子"是一挺独具特色的机枪，但的确不是一挺性能良好的机枪。早期曾被日军步兵视为珍宝，倍受呵护，但最终还是无可奈何地被弹匣供弹的九六式6.5mm轻机枪所取代。抗战初期，中国抗日军民也很看重"歪把子"，而且每战必欲虏之而后快，但到后来，正规部队使用的并不太多，但凡能用上捷克ZB26轻机枪的部队，决不会用"歪把子"。倒是地方部队、民兵、游击队使用"歪把子"的多一些。到后来，缴获的九六式6.5mm轻机枪在抗日武装力量中逐渐取代了"歪把子"的地位。建国以后，直到20世纪60年代上半期，我国的一些民兵分队还有使用"歪把子"的。"歪把子"不仅充分显示了日本较早时期枪械技术方面颇为"独异怪辟"的特点，而且充分显示了日本军国主义人文心理方面颇为"专断武蛮"的特点，今天想来，耐人寻味……

建国初期在鸭绿江边担任哨戒的我边防战士。对岸的烟雾为侵朝美军飞机轰炸所为。注意战士枪弹袋中装满了带弹夹的枪弹

1940年5月，枣阳-宜昌战役。日军在黄河西岸向中国军队发起进攻。在风沙大的环境中，"歪把子"机枪的可靠性明显不如捷克式机枪

"歪把子"机枪不完全分解与结合

1-a

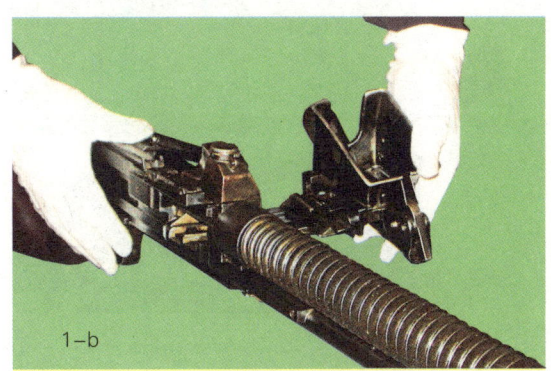
1-b

分解装弹机：用右手将装弹机卡笋向前压到定位，左手平正地将装弹机向左卸下

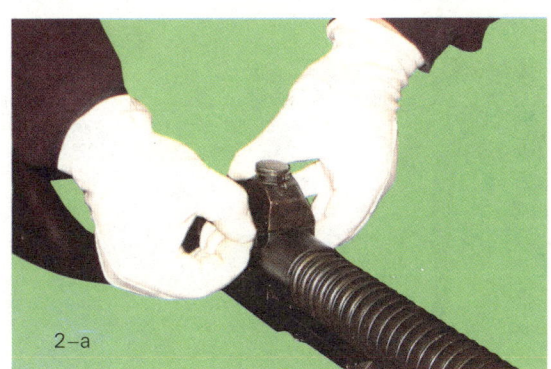
2-a

2-b

分解油壶：用右手轻轻地将油壶卡片向下压，左手向左平行地卸下油壶

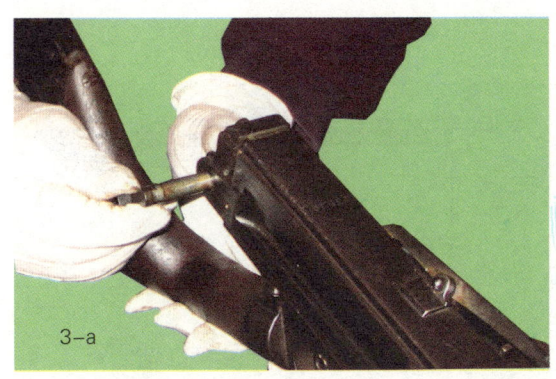
3-a

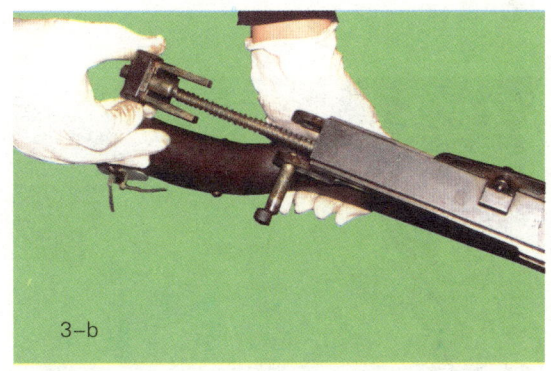
3-b

分解机尾：以左手手掌向前推压机尾，右手拇指和食指向外和向下旋机尾插销，直到不能再旋时，向右慢慢拉出，然后右手向后将机尾和复进簧取出

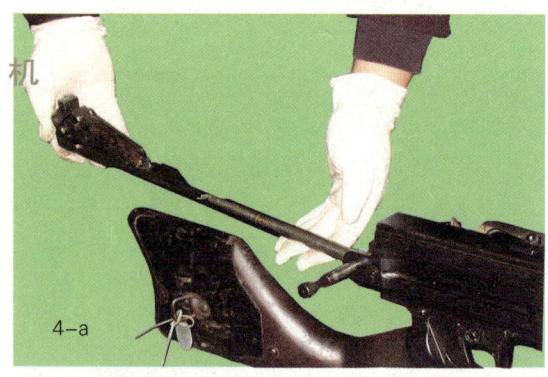
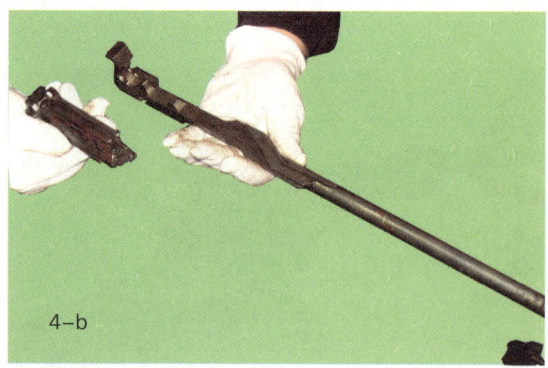

分解枪机和复进机：右手掌对正机匣后口，左手向后缓拉拉机柄，右手同时握枪机和复进机；然后从复进机上取下枪机，再卸下击针和闭锁卡铁

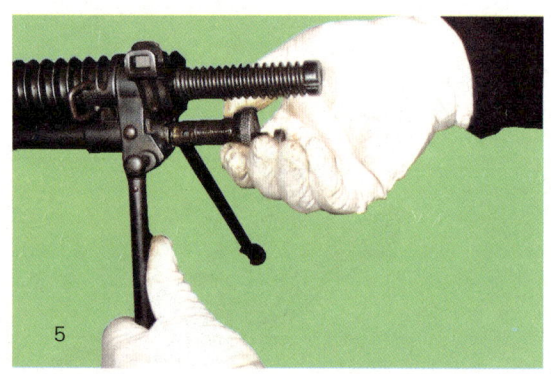
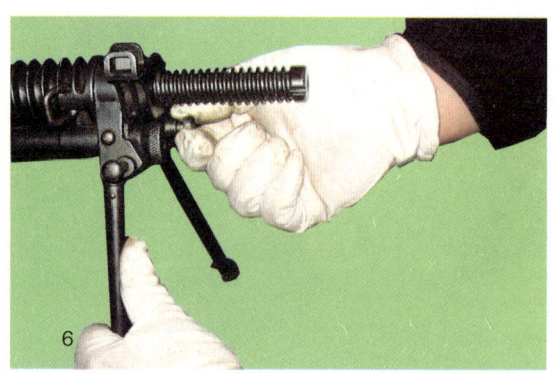

分解拉机柄：左手拉拉机柄至后定位，向左取下拉机柄

分解气体调节器　将气体调节器卡笋向外拉出并稍微旋转一个角度，使其保持在拉出的位置

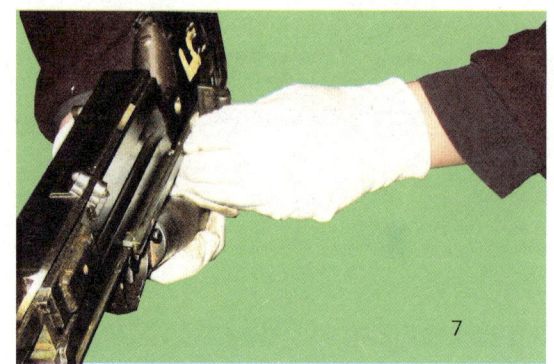
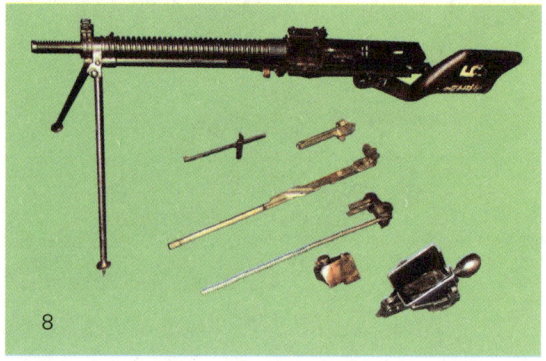

顺时针旋转卸下气体调节器

"歪把子"不完全分解图

细说"拐把子"——日本九六式轻机枪

一脉相承

日本九六年式6.5mm轻机枪是日本于昭和天皇十一年,即公元1936年研发的一型轻机枪,因当年为日本神武纪元2596年,故将该型机枪年式确定为"九六式"。九六式轻机枪采用导气式工作原理,是继"歪把子"之后,日本军队装备的新一代制式轻机枪。从该型机枪出台的时间可以看出,研发该型机枪是日本军国主义加紧扩大侵华战争准备的一个具体举措。在中国,九六年式6.5mm轻机枪的名声,并不像它的兄长"歪把子"那么家喻户晓,耳熟能详。然而中国抗日军民缴获的九六年式6.5mm轻机枪,其数量并不在所缴获的"歪把子"数量之下,而且比"歪把子"用得更多更广。

在中国抗日武装力量中,有将该型机枪称为"拐把子"的,但这个俗名并没有叫响,更没有叫开。九六年式6.5mm轻机枪何以得名"拐把子"呢?究其主要原因,大概是由于它的外观造型与"歪把子"相似之处甚多,"歪把子"所具有的日本"风格",在它身上甚至有增无减,特别是其提把、小握把和枪托造型显得格外别扭。由此延续,又为了与"歪把子"有所区别,因之冠名为"拐把子"。至于为什么"拐把子"不如

日本青年学生军训在练习使用九六式机枪

"歪把子"家喻户晓，原因大概有三：其一是两者在外观上十分相似，一般老百姓不大分辨得出来；其二，在抗日战争时期，不论是在日军还是我抗日武装力量中，"拐把子"和"歪把子"长期处于混用局面，就是在解放战争时期，我军部队特别是地方部队中，"拐把子"和"歪把子"混用的情况也很普遍，当然这与两型机枪使用同一种枪弹有直接关系；其三，在中国人民眼中，"歪把子"已经成为日本鬼子机枪的代名词，在某种程度上甚至已经成为日本鬼子的又一个别称。当然，也不能排除"先入为主"、"约定俗成"的惯性作用。那么，在下面文字中我们不妨把"九六年式6.5mm轻机枪"以"拐把子"代替。

取长补短

1922年，即日本大正天皇十一年，日军开始装备十一年式6.5mm轻机枪，这就是人们非常熟悉的"歪把子"。尽管日军把"歪把子"视为"珍宝"，但经过一段时期的使用，特别是"九一八"事变后，"歪把子"暴露出了相当多的问题。据史料记载，日本当时曾经把从中国获得的捷克式（即ZB26）轻机枪与其"歪把子"对比，深感"自惭形秽"。如若与关内中国军队作战，作为步兵部队使用极其广泛的轻机枪，"歪把子"的"不争气"显然不能适应作战需要。于是日本军界特别是陆军，要求研发新型轻机枪的呼声日高，步伐也日紧。这与在日军基层部队中绝对不允许说日本国产装备不好的情况，形成鲜明的反差。日本军国主义就是这样，一方面大肆在部队中推行"愚兵"政策，打"武士道"的精神牌；另一方面又大肆收集武器装备在部队使用中暴露出来的问题，并不遗余力地进行改进。"拐把子"就是克服"歪把子"缺陷而诞生的产品。

"拐把子"在设计和研制过程中有两个最为显著的特点：其一，针对"歪把子"存在的问题，力图一一对应地进行全面改进；其二，紧跟当时世界轻武器特别是轻机枪的

细说"拐把子"
——日本九六式轻机枪

捷克式机枪

"歪把子"机枪

"拐把子"机枪

从上往下可以看出,"拐把子"机枪基本上就是将"歪把子"机枪和捷克式机枪的特点相结合的产物

领先成果,力图将其最大限度地体现在"拐把子"上。基于上述两点,一挺既有大和文化传统,又具欧洲特点的轻机枪——"拐把子",被打造出来。分析"拐把子"的"基因"成分,可以得到这样一个加和式:

"拐把子"="歪把子"+"捷克式"

也就是说,"拐把子"实际上是"歪把子"和捷克ZB26轻机枪结合产生的"混血儿"。下面,我们就来给这个"混血儿"进行一个全面的"体检"。

在体形特征上,"拐把子"一改"歪把子"粗蛮蠢笨的形象,瘦了身,减了肥,有了一些捷克ZB26轻机枪窈窕秀美的体形特征。其中最为明显的变化就是对枪管上的散热片外径做了大幅度削减,与"歪把子"相比较,细了很多,当然也轻了很多。

在外形特征上,"拐把子"虽然作为日军新一代的制式轻机枪,但仍矢志不渝地咬定"歪把子"那种"独异怪辟"的"青山"不放松,因此几乎任何人看了"拐把子"之

装有瞄准镜和弹匣的日本九六年式6.5mm轻机枪

后,都会自然将其归属日本,而绝少会认为是其他国家的。即便"拐把子"把"歪把子"的枪颈改成了小握把,把大鱼尾枪托改成了略小一些的鱼尾枪托,而且还增加了提把,然而从它们的造型以及整体配合上来看,仍然看得出"歪把子"的特征。这种情形,当然也与设计者特定的文化素养及其业已形成的思维定势密切相关。关于这一点,我们还可以从日本自卫队现役的1962年式通用机枪上得到印证。该枪与60多年前的"拐把子"甚至"歪把子"相比,相似特征多多。

"拐把子"在结构性能上的重大改进之处,首先体现在供弹方式上。众所周知,"歪把子"机枪浑身毛病的症结,几乎都出自于"与步枪使用相同供弹具"的教条战术理念。"拐把子"毅然采用了捷克ZB26轻机枪的弹匣供弹方式,废除了"歪把子"用漏斗式装弹机弹夹供弹方式。只是"拐把子"采用了容弹量为30发枪弹的弧形弹匣,较ZB26的20发弹匣在容弹量上略胜一筹,同时弧形弹匣能够很好地适应枪弹的锥度,因此供弹可靠性较之ZB26毫不逊色,而较之"歪把子"则有了大幅度提高。弹匣供弹方式取代弹夹供弹方式,带来的最为明显的好处有三个方面:一是去掉了体积硕大、结构复杂的装弹机,使全枪质量减轻了1.1kg;二是为全枪整体结构布局的优化创造了有利条件,使改进由于装弹机导致的结构布局不合理成为可能;三是使机枪的整体战斗使用功效有较大幅度的提升,机枪的战场生存能力明显增强。例如,更换弹匣的方法简单,易训易掌握,且速度要比往"歪把子"装弹机中装弹快好几倍,人员暴露的时间缩短,火力停顿的时间间隔也相对缩短。又如,装弹机如果打坏或出现故障,机枪就可能连步枪都不如,而若一个弹匣打坏了,换上另一个弹匣则又恢复了战斗力。

"拐把子"在采用弹匣供弹方式的同时,主要是通过吸收、保留、增加这三个方面,从整体设计上对全枪的结构布局作了考虑。所谓吸收,就是在合理保留"歪把子"特点,特别是那些所谓带有日本军队传统特点的基础上,有选择地吸收与融合ZB26上优秀的东西。所谓保留,就是在去除"歪把子"上那些经实践证明的糟粕的基础上,保留"必须保留"的东西,包括:基于节约目的而保留工厂加工生产环节上那些能够继续

细说"拐把子"
——日本九六式轻机枪

捷克ZB26机枪的蜗形表尺及关闭的防尘盖

"拐把子"的瞄准镜座、蜗形表尺和机尾特写

"拐把子"的准星特写

利用的工装和工艺手段；基于实战检验而保留那些认为可靠的结构；基于固有的传统观念和意识形态，而保留那些战术技术上已经落后甚至陈腐，但却适应日本军制文化的东西。所谓增加，则是在吸收和保留的基础上，依据作战需要增加一些结构部件，以扩充机枪的作战功能。不过，在日本军界特别是陆军中，由于传统战术思想的惯性，其增加的那些结构和功能，未必就是新的且切实有效的东西。

"拐把子"有选择地吸收ZB26的地方，除了采用弹匣供弹、将枪管散热片外径从"歪把子"的45mm减小到了30mm，以及增加小握把，改进枪托组件外，还采用了ZB26的瞄具结构及布局。因为采取弹匣上置供弹的方案，弹匣固定在机匣的正上方，故瞄具与ZB26一样设置在了枪身的左侧，使"拐把子"据枪瞄准的人机工程，较"歪把子"右置瞄具的人机工程大大优化。同时，采用了类似ZB26的蜗形表尺，其射距分划为2～16，表示200～1600m。不过"拐把子"的照门，没有采用ZB26的缺口式，而是采用了觇孔式照门，这大概是认为当时英国、法国、意大利等国习惯采用的觇孔式照门，要比德国、捷克乃至俄罗斯等国习惯采用的缺口式照门更好的缘故。日本后期生产的"三八式"步枪和后来生产的"九九式"步枪等，均是采用觇孔式照门。"拐把子"的准星，采用了ZB26可以左右调整的结构。此外，"拐把子"采用了提把结构。不过这个提把有两个特点，其一，提把是向前拐的，而ZB26的提把是向后拐的。两者在提枪的人机工程上区别较大，首先，前者提枪行进特别是向上坡行进时，必须时刻握住提把，手臂容易疲劳，加上枪的质心通常都是略偏于提把之后，提枪时枪总是处于前高后低的倾斜状态，稍有松懈则可能掉枪；后者提枪行进时，则不必时刻握住提把，有时放松一下手掌也无妨，因为此时提把可以挂在手掌上，既可使手臂疲劳得到缓解，又不至使枪脱手。第二，"拐把子"的提把是用燕尾槽固定安装在枪管的后部上方，不能向两边偏倒，只有提枪的功能，而ZB26的提把除了提枪以外，还可以将提把偏转到枪的左侧，并使握手柄前端部斜面卡入机匣左面的凹槽内固定，从而构成一个端枪射击的前手柄，此时射手的左手就可以避免被灼热的枪管灼伤。"拐把子"提把的设计，就没有很好地"吸收"ZB26的优点。"拐把子"的发射机构没有"吸收"ZB26的可以打单发的发射机构，这一点的确令人出乎意料，因为日军历来是十分吝啬枪弹的。

　　关于"拐把子"的保留，总的评价是：除了去掉了"歪把子"的装弹机以外，"拐把子"保留了"歪把子"的基本外观特征以及机构复杂的特点。例如结构相当复杂、相当细碎的气体调节器零件，还有从"歪把子"沿袭过来的长脚杆两脚架，火线高仍有350mm左右，只不过"拐把子"两脚架的驻脚板，改成了ZB26两脚架的驻脚板模样，脚头增加了弹簧卡笋，展开架枪时，不再像"歪把子"那样"叮零当啷"了。

　　"拐把子"增加的主要部件有3个。

　　一是在枪身前部导气箍下方，增加了一个刺刀座，并把气体调节器头部做成与步枪枪口相同的圆柱形，这样就可以与当时所有日本步枪的刺刀柄接口相兼容，也就是说当时的任何一把日本步枪刺刀都可以用在"拐把子"上。然而，"拐把子"装上步枪的刺刀后，由于刺刀座后置于枪口达200mm之多，因此一把全长为500mm的步枪刺刀，露出枪口前面的刃部，仅仅剩余200mm左右。单纯从枪械技术、战术性能和作战使用的角度来评析"拐把子"上刺刀的问题，这一设计可谓画蛇添足。"拐把子"出台以后，按照日军先装备重点部队后装备一般部队，先装备野战部队，后装备守备部队的一贯做法，首先装备了侵占我国东北的关东军和当时正在中国华东、华中、华南以及东南亚地

ZB26轻机枪的提把呈提枪状态（下面是抵近射击握持状态卡槽）

ZB26轻机枪的提把呈抵近射击握持状态

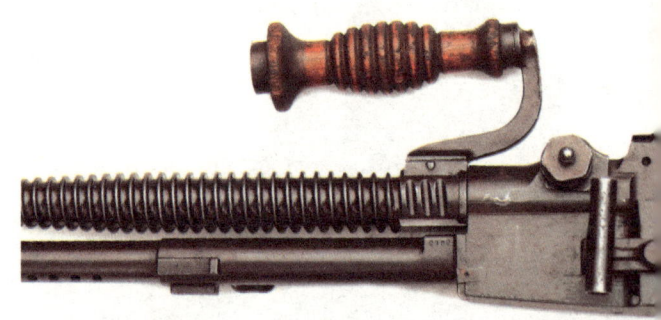

"拐把子"轻机枪的提把

细说"拐把子"
——日本九六式轻机枪

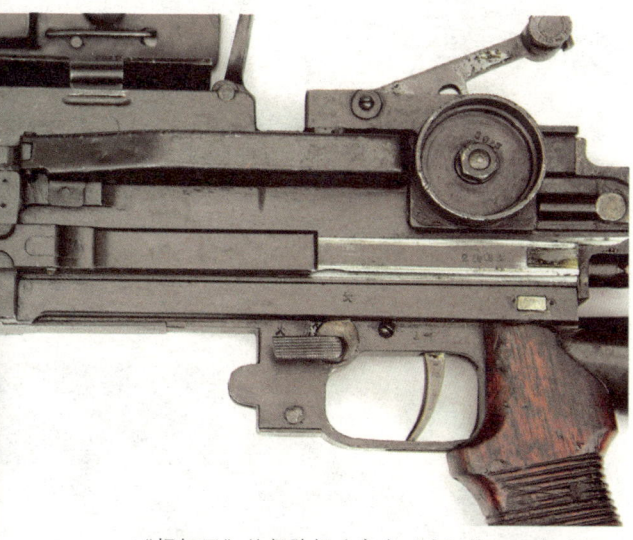

"拐把子"的保险机（定在"火"位，即射击位置）

ZB26的保险/快慢机（定在"0"保险状态位置，左边"20"位为连发，右边"1"位为单发）

区作战的日军，而当时侵占和驻屯中国华北广大地区的日军，大部分一直到1945年战败，仍然使用"歪把子"。

二是在机匣后端、表尺的右侧增加了瞄准镜座，可以装置白光瞄准镜，以提高射击精度。从"拐把子"加装瞄准镜可以看到，日本军国主义对于新技术在武器装备上的应用，是无所不尽其极的。应该说，日本虽不是在轻机枪上使用瞄准镜的始作俑者，但却是较早者，且不说轻机枪使用瞄准镜的效果如何。实际上，日本当时对轻机枪使用瞄准镜的认识，还只是处在"只知其然"的初级阶段，也就是说还仅仅认识到枪械使用瞄准镜能提高射击精度这一面，而对轻机枪这种一线班、组自动武器使用瞄准镜各方面的问题，包括可能带来的负面影响，还不清楚。从以下几个问题的评析似可略证一二。首先，从轻机枪的作战使命来看，轻机枪作为一线步兵班、组中的主要自动武器，它要和步枪手一起经历所有必须承担的战斗任务，虽然步兵班、组的作战正面宽不过数十米，作战纵深也不过数百米，但是人与人接战时可能出现各种情况。之所以一线步兵班、组中要编配机枪，主要的是想通过其较高的发射率获得较大的火力密度，在班、组作战地幅内压制和杀伤敌人。一个明白的指挥员，哪怕只是一个班、组长，其在战斗中根本的任务之一，就是合理地组织和运用编成内的武器装备，从而使之发挥出尽可能大的作战效能。如果说"拐把子"在设计上是考虑白刃格斗的，那么在近距离上射击，有没有瞄准镜本无大碍。如果担心机枪连续射击的准头差，那么可以充分发挥步枪低射击率、高精度的作用，这样既节省了枪弹，又提高了精度。众所周知，使用瞄准镜获得的射击精度虽然较高，但那是对单发射击而言，如果是连发射击，则是对首发而言，给"拐把子"装了瞄准镜，发射机构却又不设单发功能，就是对瞄准镜的特性只知其然不知其所以然。其次，是关于瞄准镜的特性问题。这里必须指出的是：瞄准镜可提高射击精度，但瞄准镜不等同于射击精度；瞄准镜在提高枪的射击精度的同时，也会降低枪的战场适应性。前者主要是由于加工制造以及操作使用方面的原因和机械误差或人为误差，并不是装上瞄准镜就能获得高精度，而只有在枪/镜结合并经过精确调校的条件下，才能获得所谓的精度；同时，只有在精细地操作使用、维

——世界著名机枪 I

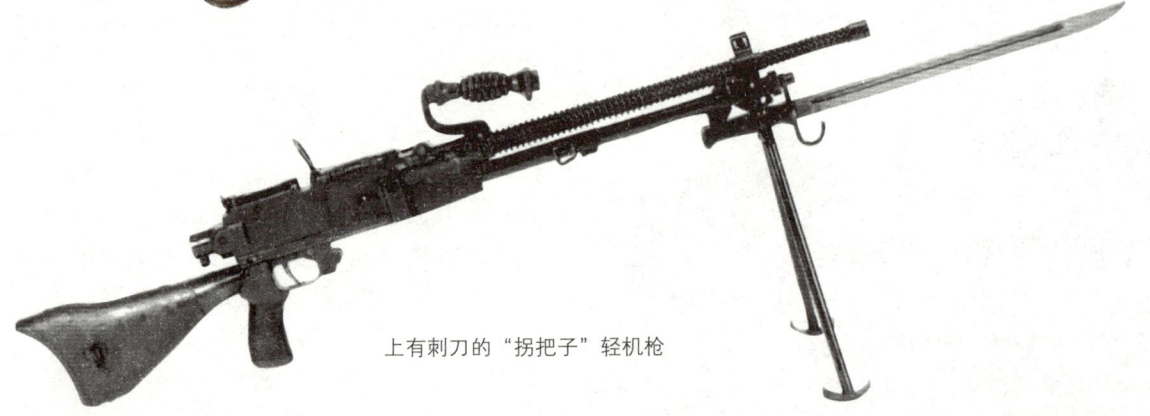

上有刺刀的"拐把子"轻机枪

护保养（包括不使枪受到磕碰摔撞），确保枪/镜精调状态的前提下，才能保持高精度。从一线步兵班、组的作战环境和枪械使用条件看，始终保持专业化（例如专业狙击步枪）的精度只是理想而不可能是现实。后者主要是以自然地形地物、气象天候以及作战强度等各种要素构成的战场环境，对枪的精度要求是相对的。对于狙击步枪，可侧重强调精度，而对于一线步兵班、组的步、机枪而言，就不能片面强调精度，而只能在强调步、机枪综合战场环境适应性的同时，相对要求精度。瞄准镜瞄静止目标方便，瞄活动目标困难，而班、组的步、机枪不论静止目标还是活动目标，甚至连低空的飞机都要对付；瞄准镜在冰天雪地中会结霜起雾，在高温阴雨中会返潮发霉，而一线步兵班、组的步、机枪则始终要面对各种恶劣环境条件。从实际使用情况来看，日军几乎很少使用瞄准镜，其主要原因并不是瞄准镜没用，而是没有瞄准镜的用武之地。

"拐把子"的刺刀座

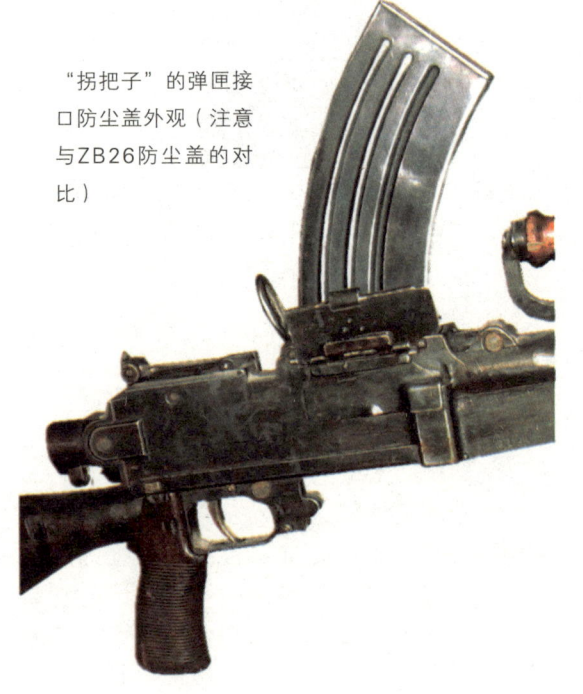

"拐把子"的弹匣接口防尘盖外观（注意与ZB26防尘盖的对比）

　　三是在机枪的弹匣接口、抛壳窗以及抛壳挺这三处，均增加了翻开式防尘盖，以使"拐把子"彻底杜绝过去"歪把子"因上述三处裸露而发生的故障。"歪把子"的装弹机、抛壳窗以及抛壳挺是完全裸露的，在战斗使用中，机枪的核心部位对战场的环境适应性很差，晴天，常常因飞土扬尘加涂油而"和油泥"，阴天，常常因风雨泥泞而"和稀泥"，雪天，又常常因冰雪侵入而冻结，关键时刻拉不动枪机、供不上弹、抛不出壳

138

是经常的事情。于是,在研制"拐把子"的时候,给弹匣接口装上一个向右翻开的防尘盖;在同一个弹簧轴上,给抛壳窗装上一个向上翻开的防尘盖;同时,再给那个从"歪把子"沿袭过来的"杠杆式"抛壳挺装上一个向前翻开的防尘盖。如此这般头痛医头,脚痛医脚一番,症状确有缓解,然而由此带来的新问题又出现了。"拐把子"弹匣接口防尘盖和抛壳窗防尘盖平时是借弹簧的扭力盖住的,装上弹匣时,必须用手先将防尘盖向右翻开至90°,才能装上弹匣,当取下弹匣时,防尘盖又借弹簧扭力盖住弹匣接口,由此增加了更换弹匣的麻烦;由于弹匣接口防尘盖的宽度是一定的,因此其翻起的高度也是一定的,为了使射手的手掌不致在卸弹匣时被翻起的防尘盖割伤,于是将弹匣扣的扳手设计得又大又高。抛壳窗防尘盖必须在射击中由抛出的弹壳打开,这样又使抛壳的顺畅性打了折扣。至于抛壳挺防尘盖,在南方使用的情况尚好,而在天寒地冻的北方,使用情况并不十分如意。比起ZB26来,前者杂乱,后者简捷;前者松散,后者紧凑;前者脆弱,后者坚固。

由于"拐把子"在整体战术技术性能上要比"歪把子"好一点,因此,在抗日战争后期,缴获的"拐把子"大多补充到主力部队。由于缴获越来越多,许多部队也开始用"拐把子"把"歪把子"替换下来。这些日本造的轻机枪,从辽沈战役到解放海南岛战役,乃至抗美援朝战争,都发挥了重要的作用。中国人民解放军第四野战军各部队在东北补充了为数众多的"拐把子"。在我军其他各野战军装备的轻机枪中,"拐把子"也都占有重要的一席之地。从抗日战争到解放战争再到抗美援朝战争,我军凡是以缴获日本"三八式"步枪为主要武器的步兵分队,大部分都编配"拐把子",因为两者都使用日本有坂6.5mm尖弹。

教学用枪

1936年,"拐把子"开始装备日军以

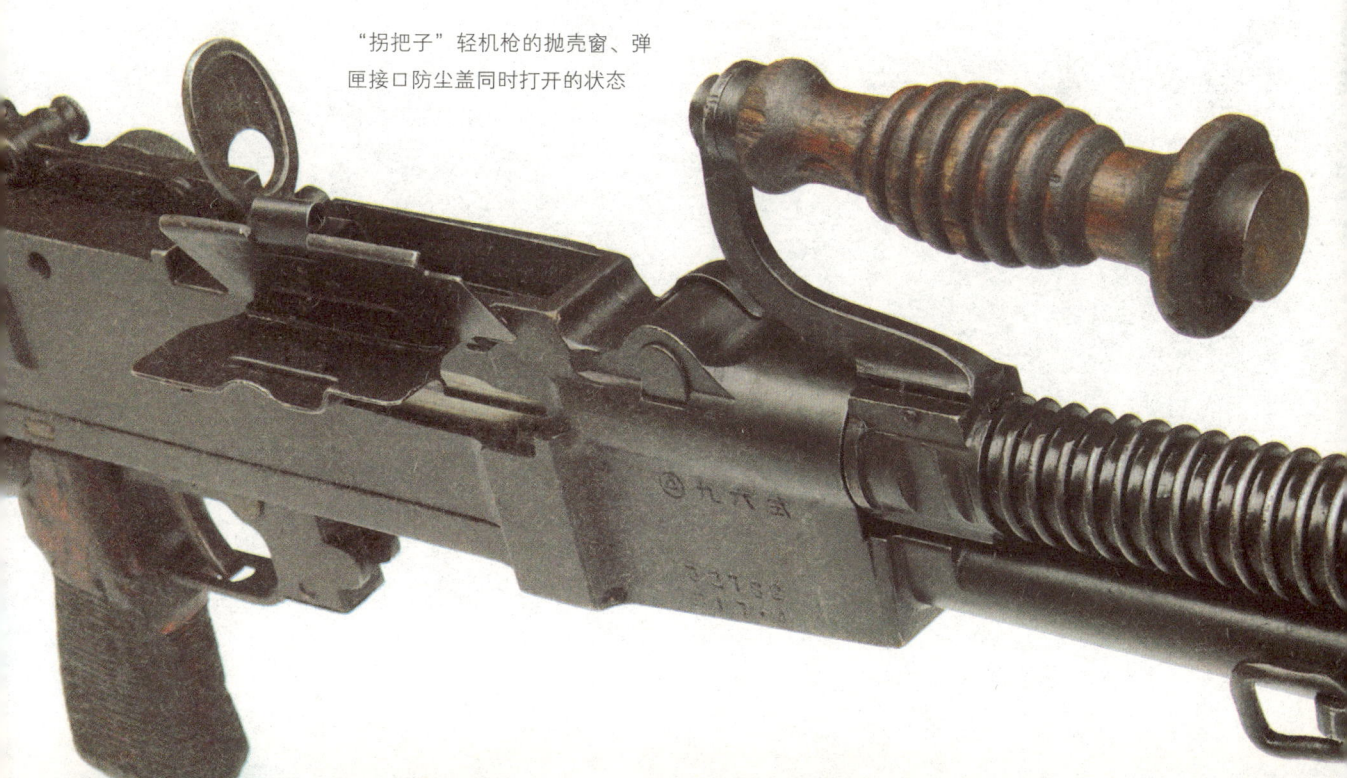

"拐把子"轻机枪的抛壳窗、弹匣接口防尘盖同时打开的状态

后，日本民间和军方的许多工厂又开始生产"拐把子"训练机枪，以供军队和民间特别是学校中的学生训练之用。这时的"拐把子"训练机枪，在外观造型上，力求最大限度地贴近真品，若不经意，往往还很难分辨出真假来。例如，尽管教练机枪采用的是自由枪机式自动原理，但枪管下方仍然有一根"摆样子"的活塞导管，其前下方也有刺刀座，假的气体调节器端部也能套刺刀环，因此也可像真"拐把子"机枪一样上刺刀。弧形弹匣上置，只不过是单排装填，容弹量为15发而已。此外，提把、蜗形表尺、拉机柄、小握把、枪托、两脚架以至枪管上的螺旋散热片，处处以假乱真。由于自由枪机结构简单，"拐把子"教练机枪的质量较真品"拐把子"要轻。木质弹头的6.5mm空包弹，在弹头飞出枪管的瞬间，立即粉碎，可以保证训练使用的安全。由于"拐把子"教练机枪的结构与真"拐把子"的结构完全不一样，因此只能达到模拟实弹射击和战术操枪方面的训练效果，而勤务操枪，包括机枪的分解结合、维护保养的训练等，则仍然要用真枪才行。

7.7mm "拐把子"

在这里，还要提及一种口径为7.7mm的"拐把子"。由于在实战中逐渐发现6.5mm尖弹的侵彻力和杀伤力不足，日本开始生产一种7.7mm的步、机枪弹，并且在"三八式"步枪和九六式"拐把子"的基础上，于1939年，研发了九九年式7.7mm步枪和九九年式7.7mm轻机枪（因当年为日本神武纪年2599年，故称之为九九年式）。九九年式7.7mm轻机枪除了在枪托后部下方增加了一个支杆，枪管固定销有一个六角形螺帽以及

教练用的"拐把子"轻机枪

首批出产的九九式7.7mm轻机枪(注意瞄准镜)

较早出产的九九式7.7mm轻机枪(注意其提把外表仍有刻槽)

枪口部旋有防火帽,提把外表无刻槽外,其他均与"拐把子"相同。九九年式7.7mm轻机枪的机匣右侧前部,刻有"九九式"三个字,便于识别。这两种口径的"拐把子"与"歪把子"。是整个二战时期日军步兵分队装备的主要自动武器,三者生产总量达12万余挺之多。

分解结合

(1)取下弹匣。右手握弹匣,同时向前推压弹匣扣,顺势取下弹匣。

(2)拉出复进簧。右手拇指顶住后机尾后部,左手拇指、食指和中指握住机尾栓的拉手向左拉,使机尾栓定位销离开缓冲座簧上的小孔并顺时针旋转45°,向左拉出机尾栓直至定位,右手始终按住机尾,慢慢放松复进簧,然后将机尾、复进簧导杆及复进簧向后拉出。

(3)卸下枪机。右手扣扳机,同时左手拉拉机柄向后直至定位,然后以左手提提把,使枪身向后倾斜,右手在机匣的后部接住向后滑出的枪机框和枪机。

(4)卸下枪管。右手握提把,左手拇指、食指和中指握住枪管定位销向左拉到定位并顺时针旋转小半圈,右手向前卸下枪管。

史上"最糟糕"的机枪
——法国CSRG M1915轻机枪

CSRG M1915轻机枪由法国国营沙泰勒罗兵工厂开发,1915年定型后成为法军制式兵器。该枪具有部件少、轻型化的特点,但由于防污垢性能差,经常出现机构动作不良,因此一战后便从法军退役,成为法国武器库中的预备役兵器。

二战爆发后,德军迅速战败法军并占领法国,由于扩大战线和占领区治安的需要,德军启用原法国武器库中的旧式兵器。于是,一战中为了对抗德军而开发的CSRG轻机枪,二战中成为法西斯德国残杀法国人民的武器。

开发背景与过程

19世纪末,世界各国的机枪在可靠性等性能上均有提高,于是,下一个目标就是轻小型化,如果可能,要求步兵支援武器设计成与步枪同等大小。各国分别进行这样的开发计划。法国也积极致力于开发步兵用轻型自动武器。

1903年,法国国营沙泰勒罗兵工厂开始实施步兵轻型自动武器开发计划,开发中参照奥匈帝国装备的曼利夏直拉式枪机步枪,采用枪管长后坐自动方式,机头回转闭锁机构。因为这种工作原理有利于使全枪实现轻

史上"最糟糕"的机枪
——法国CSRG M1915轻机枪

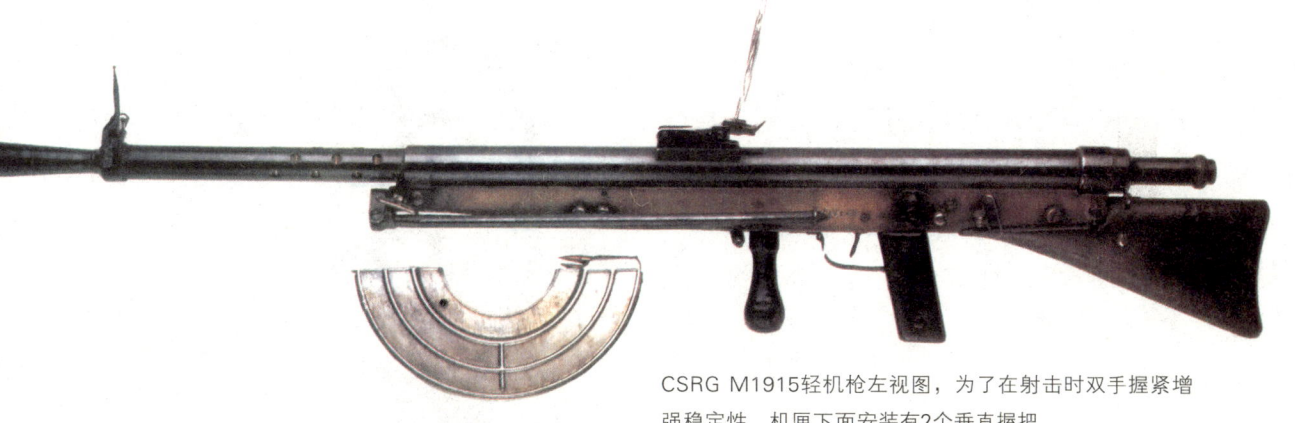

CSRG M1915轻机枪左视图,为了在射击时双手握紧增强稳定性,机匣下面安装有2个垂直握把

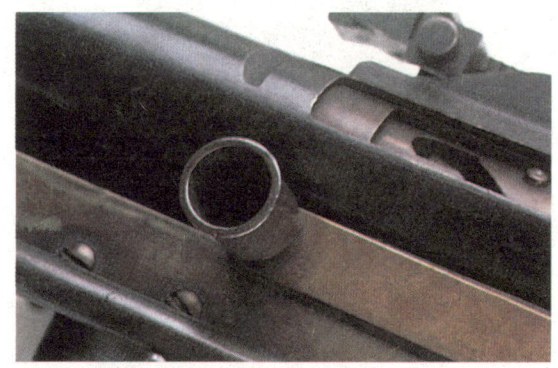

CSRG M1915轻机枪的拉机柄为独立的直动式构件,机枪运动时其停于前方位置

发射机构左侧面握把上方,装有快慢机,全自动射击的理论射速为350～400发/min

1914年一战爆发,法国进入对德作战状态。战争初期,由于德军大量装备机枪,向敌阵地突击的法军要求装备火力强的自动武器。

1915年,沙泰勒罗兵工厂进行新开发轻型自动武器的测试试验,性能达标后,为了投入对德作战,法军紧急选定为军用制式武器。此时,轻型自动武器选定委员会的主席是沙泰勒罗大校。由于法国国营兵工厂开发的武器常带有选定委员会主席的名字,所以这支新开发的武器被命名为沙泰勒罗M1915机关步枪。但从实物看,该枪扛在肩上射击稍重,所以在枪管节套前端安装钢管制的两脚架。这种自动步枪确实与步兵班用的轻机枪相称,所以国外称其为轻机枪。

该枪还有以下两个名称。一个是CSRG M1915轻机枪,其中的"CSRG",是用轻型自动武器选定委员会的4名委员绍沙、斯特莱、利比罗尔、格拉迭埃塔的首字母组成的。另一个是只用1名委员绍沙的名字命名的,称绍沙轻机枪或绍沙M1915轻机枪。

1915年列为法军制式的CSRG M1915轻机枪于当年开始批量生产并装备法军。参加一战的美军,深感机枪不足,1918年向法国订购了34000支CSRG M1915,并要求该枪改用美军制式7.62×63mm(0.30-06)枪弹。但一战于1918年11月以同盟国集团失败而告终,CSRG M1915仅少量生产供应美国。

小型化。

法国没有将新开发的自动武器命名为轻机枪,而是命名为机关步枪(Machine Rife,也有译为突击机枪)。

结构特点与性能

CSRG M1915轻机枪采用枪管长后坐工作原理，机头回转式闭锁机构。由于枪管在整个后坐过程中都参加运动，致使运动件质量较大，后坐速度较小，而且枪机组件还要在后方停一段时间才复进，因而射速较低（350～400发/min）。

机匣与枪管节套成一体，拉机柄位于机匣右侧的下方，是与枪机独立的直动式构件，枪机运动时其停留于前方位置。

击发后，枪管、枪管节套、枪机成一体后坐一定距离。于是机头回转，枪管与枪管节套的闭锁解脱，枪机停于后方位置，枪管节套在复进簧的作用下前进。装在枪管节套上的抛壳器与机头上的拉壳钩共同作用将弹壳从抛壳孔抛出。同时，下一发枪弹被推入弹膛。枪机停止前进时，机头回转、闭锁。当快慢机处于全自动时，击针前进，击发枪弹，弹头发射出去。随后，重复上述动作。

该枪使用法军制式8×50mmR枪弹。该弹采用凸缘式、大锥度、瓶形弹壳，自动武器比较难于使用。为了使该弹能平稳供弹、无故障地使用，CSRG轻机枪配用单排式弹匣；为了装填凸缘式、大锥度的枪弹，弹匣呈大弧形，几乎为半圆形。该弹匣的右侧面有两个长孔，便于装填时用手指拉下弹匣托弹板，还可观察弹匣内的剩余弹数。弹匣插在发射机构前方下面的接口处。该弹匣容弹量20发。

快慢机兼作手动保险，装于发射机构左侧、握把上方，有保险、半自动、全自动三个位置。机匣下面有两个垂直握把，主握把设在扳机护圈后方，供扣扳机的右手握持；辅助握把设在扳机护圈前方、发射机构的下面，供立姿射击时左手握持，以确保射击中枪的稳定性，但其与主握把的距离较近，而且位于弹匣后方，平衡性差，不容易操作。

折叠式两脚架由钢管制成，装在发射机构前端、枪管节套下方。

CSRG M1915轻机枪采用弧形表尺，必要时可在表尺上安装对空射击用的照准环（上图），并在准星座上加装与其配套的准星(下图)

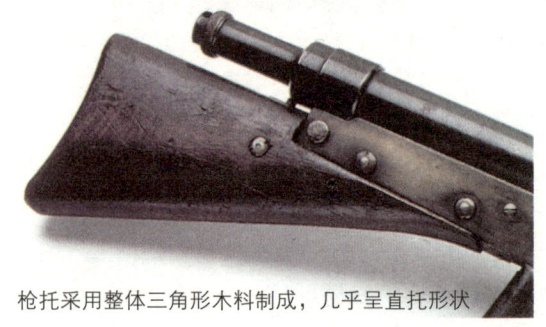

枪托采用整体三角形木料制成，几乎呈直托形状

史上"最糟糕"的机枪
——法国CSRG M1915轻机枪

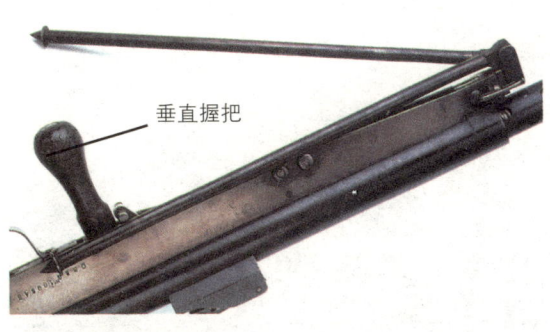

发射机构前端、枪管节套下方装有钢管制的折叠式两脚架；扳机护圈前方装有立姿射击用的垂直式辅助握把

与机匣一体化的枪管节套上开有多个散热小孔，但孔中易进入异物

枪管节套为筒状，开有多个小散热孔，但这些孔容易进入异物而影响枪的正常射击。

瞄准装置由片状准星和带U形缺口的弧形表尺组成，表尺分划为1～20，表尺射程2000m，瞄准基线长575mm。鉴于一战时战场上开始出现飞机，该枪必要时可安装对空射击用的照准环，并在准星座上用螺钉固定配套的准星。

枪托用整体三角形木材制成，装于发射机构后端。

该枪的缺点是防污垢能力差，且枪管节套与机匣容易变形。一战中经常出现堑壕战，堑壕是泥与水的战场。轻机枪用两脚架立于地面，呈较低的射击姿态，发射时地面扬尘容易进入枪内。CSRG M1915一投入到到处有泥沙和水的西部战线，很快显露弊端，所以一战后许多CSRG M1915被回收作预备役兵器。二战中占领法国的德军重新启用该枪，主要装备德国治安部队和后方支援部队。

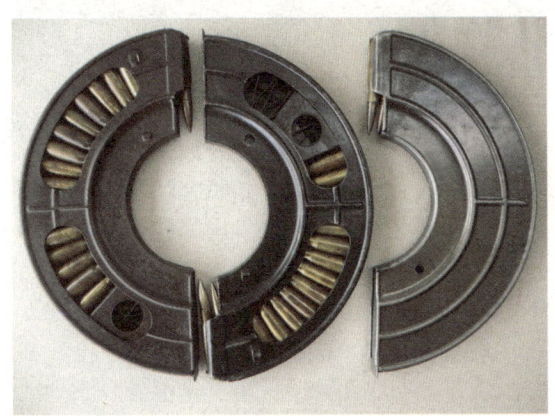

为了装填凸缘式、大锥度、瓶形弹壳枪弹，弹匣制成大弧度，几乎呈半圆形。右侧面(上)设有2个长孔，便于装填时用手指将弹匣托弹板拉下,也可观察剩余弹数

CSRG M1915轻机枪性能诸元

口　径	8mm
初　速	700m/s
表尺射程	2000m
理论射速	350～400发/min
发射方式	半自动、全自动
供弹具	20发弧形弹匣
全枪长	1143mm
枪管长	469mm
膛　线	4条，右旋
全枪质量	8.74kg（不含脚架和弹匣）
瞄准基线长	575mm
使用枪弹	8×50mmR步枪弹

标新立异的法式风格
——法国查特勒尔特系列轻机枪

一战爆发前,法军几乎没有制式轻机枪。直到一战爆发后的1915年,法军才匆匆装备了昌查德(Chauchat)M1915轻机枪;1916年法军又装备了哈奇开斯M1914机枪。战争中,法国机枪面对德国的MG08重机枪及MG08/15轻机枪,每每受挫。一战后,法军铭记战争创伤,优先发展轻机枪,于是诞生了查特勒尔特7.5mm系列轻机枪。

痛定思痛 自力更生

第一次世界大战于1918年11月结束,但和平是短暂的,法国对再次爆发战争心存恐惧。1919年,一个军事机构开始研究法国陆军在未来几年的军事需求,他们得出的结论是:当时的步兵武器已不能适应现代战争的需求。1921年,法国陆军制定了一项新的步兵武器采购计划,其中包括轻/重机枪、冲锋枪、手枪、步枪、轻型迫击炮、轻型反坦克步枪等一系列武器。

由于轻机枪在第一次世界大战中大显身手,因而备受追捧,法国也不例外,决定优先发展轻机枪。

1920~1923年间,法国陆军炮兵技术处

标新立异的法式风格
——法国查特勒尔特系列轻机枪

1940年冬,马其诺防线上的法国突击队员手持查特勒尔特轻机枪。注意处于携行状态的查特勒尔特轻机枪两脚架折叠于枪管侧面

对多种轻机枪进行了试验,其中包括:法国查特勒尔特兵工厂的伯赫提耶M1922轻机枪(发射0.30-06弹)、法国圣·艾蒂安兵工厂(MAS)仿制勃朗宁轻机枪生产出的M1922和M1923轻机枪(发射新式7.5mm机枪弹)、法国生产的一种由航空机枪演变而来的达奈M1923轻机枪(发射7.92mm毛瑟弹)、丹麦的麦德森轻机枪、英国列维斯M1920轻机枪(发射0.30-06弹)和列维斯M1922轻机枪(发射7.92mm毛瑟弹)、哈奇开斯M1922轻机枪、美国勃朗宁M1922轻机枪(发射0.30-06弹)。

种种试验表明,美国勃朗宁M1922轻机枪是所有测试机枪中性能最好的。然而,天不随人愿,法国和美国在勃朗宁机枪的许可生产问题上未能达成一致:勃朗宁机枪的生产商——美国柯尔特公司开价较高,法国陆军只好放弃。

为了不受制于人,查特勒尔特兵工厂研发部主管里贝尔中校(1868~1954)建议自主研制新型轻机枪,并得到有关方面的同意。里贝尔中校亲自参与到新机枪的设计工作中。功夫不负有心人,查特勒尔特兵工厂很快就向法国凡尔赛兵器试验场提交了样枪。虽然查特勒尔特轻机枪声称是一种新式机枪,但明显"抄袭"了其他轻机枪的设计,尤其是伯赫提耶M1922轻机枪。

1923年6月,第一支发射7.5×58mm机枪弹的查特勒尔特轻机枪问世,并进行了多次部队试验。1924年1月24日,该枪被法国陆军采用,并正式命名为M1924轻机枪。在说英语的国家里,该枪也被称为查特勒尔特轻机枪。

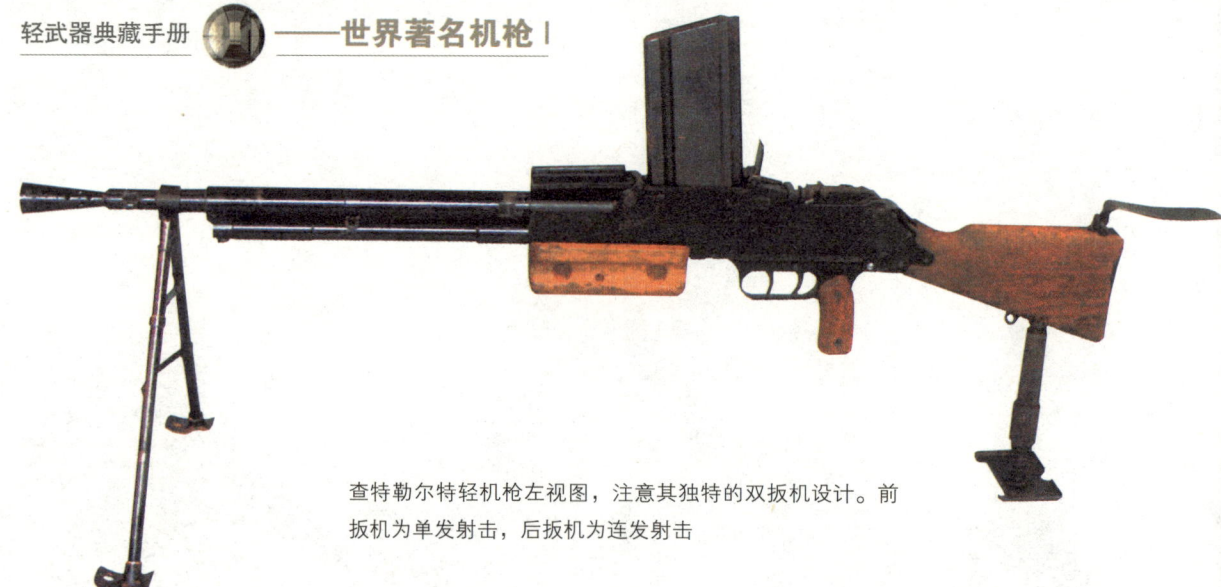

查特勒尔特轻机枪左视图，注意其独特的双扳机设计。前扳机为单发射击，后扳机为连发射击

M1924与M1924/29

1925年7月，M1924轻机枪开始批量生产，截至同年10月底，共生产了600挺。1926年5月11日，部署在摩洛哥的法国陆军第66步兵团第2营装备了M1924轻机枪。当时，在法国陆军中还大量装备了在一战中缴获的德国步枪和轻机枪，这些武器发射7.92mm毛瑟弹。法国7.5mm弹在研制中原本参考了德国7.92mm毛瑟弹，两者外形相近，容易混淆，如果M1924轻机枪错用了7.92mm毛瑟弹，就会造成损坏。基于上述原因，又经过多次实战检验，法国将M1924弹弹壳缩短了4mm——这就是后来的7.5×54mm M1929弹。

由于枪弹的改变，法国陆军不得不更换所有在役M1924轻机枪的枪管，以便发射M1929弹。经过更换枪管后的轻机枪被命名为M1924/29轻机枪或M24/29，仍由查特勒尔特兵工厂生产，枪管则由蒂拉兵工厂（MAT）或哈奇开斯兵工厂生产。

从1925年到1939年，查特勒尔特兵工厂共生产了45530挺M1924轻机枪，53769挺M1924/29轻机枪。从1939年9月第二次世界大战全面爆发一直到1940年6月，查特勒尔特兵工厂又生产了34500挺M1924/29轻机枪。后来，由于受到战争的影响，生产被迫中断，直到1945年1月才恢复。从1945年到1957年，又生产了53613挺M1924/29轻机枪。查特勒尔特轻机枪的总产量达到187412挺。

查特勒尔特轻机枪右视图

标新立异的法式风格
——法国查特勒尔特系列轻机枪

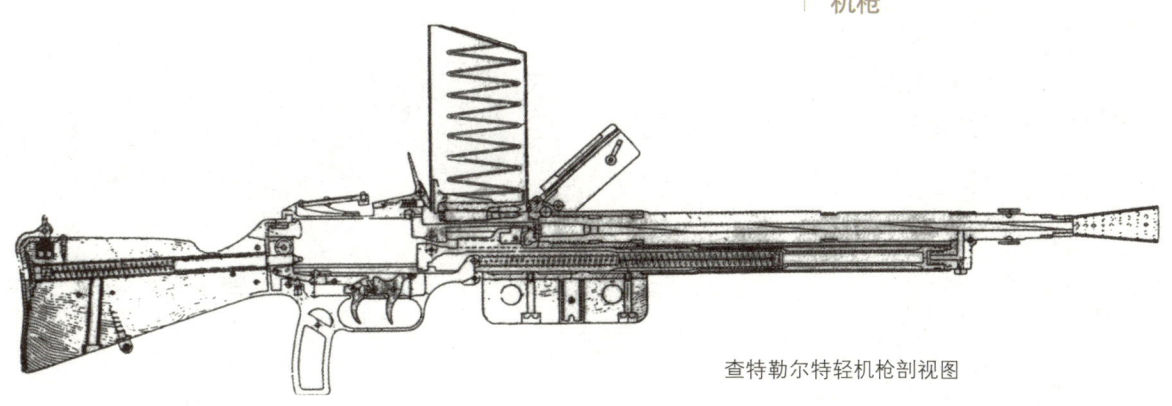

查特勒尔特轻机枪剖视图

由于产量巨大,除了一些预备役部队和特种部队(他们仍在使用昌查德M1915轻机枪)外,查特勒尔特轻机枪在二战期间几乎是法国所有部队的制式武器,并立下了汗马功劳,如在1940年法国本土保卫战和英吉利海峡保卫战中使德军伤亡惨重。

20世纪30年代,法国曾计划将查特勒尔特轻机枪出口到南斯拉夫和罗马尼亚,但并没有如愿。查特勒尔特轻机枪在法国的一些殖民国家(如非洲、东南亚)长期服役,黎巴嫩和以色列也曾使用该枪。查特勒尔特轻机枪还出口到印度和阿尔及利亚,甚至直到20世纪80年代初,这些国家的预备役部队还在使用。2004年,法国宪兵部队中的查特勒尔特轻机枪才寿终正寝。

一览结构特点

查特勒尔特轻机枪采用导气式自动方式,枪机偏移式闭锁方式,气冷式枪管,开膛待击。全枪大部分零部件采用锻钢和轧钢制造,设计一流,结实耐用,但价格不菲。

该枪最大的特点是弹匣插在机匣上方,抛壳窗在机匣右侧。为便于瞄准,准星及照门装于枪身左侧。准星为片状,安装在枪口与消焰器连接处。照门为觇孔式,横向铰接在表尺上,平时可将照门扳向右侧,便于携行及储存;战时,将照门扳向左侧进行瞄准。表尺射程100～2000m,表尺分划间隔100m。

该枪的枪托上安装了一个铰接式肩托,枪托内设有枪机减速装置和缓冲器。枪托通过3个螺钉装配在机匣上,便于维修。枪托上还安装有可拆卸的单支撑腿,可减轻士兵卧姿瞄准射击的疲劳感,支撑腿下面有一个金属片和调节螺栓,可以调节高度。

拉机柄位于机匣的右侧,拉机柄与枪机没有固定在一起,射击时,拉机柄不随枪机往复运动。导气系统及活塞在枪管下方。机匣下方是扳机组件和小握把。该枪有前后两个扳机,前扳机为单发射击,后扳机为连发射击。扳机护圈前方有一小段下护木,护木内有一个与枪管轴线垂直的圆管,以便将该枪安装在支撑架上实施对空射击。

弹匣槽前方铰接有防尘盖,平时将防尘盖盖上,以免灰尘进入机匣内部。枪管有4条左旋膛线,导程为270mm。

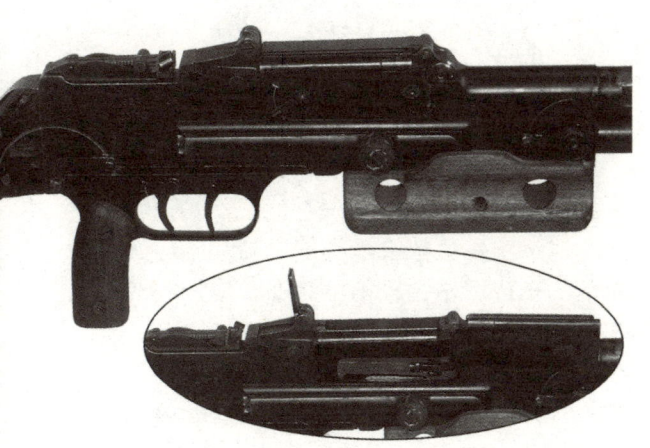

上图中的弹匣槽和抛壳窗处于关闭状态。下图中的弹匣槽和抛壳窗处于开启状态

可折叠的两脚架安装在枪管前端部，两脚架的高度无法调节，可以向后折叠到枪管侧面，便于携行。

单、连发射击过程

射击前，将觇孔扳向枪管左侧，调整表尺，定好射程。然后，打开防尘盖，扳开弹匣卡笋，插入满弹匣，再扣上弹匣卡笋，打开保险，向后拉拉机柄，再向前推到位。

连发射击 扣动后扳机，阻铁回转解脱枪机，枪机在复进簧作用下向前运动，推一发弹上膛并闭锁，击针击发枪弹。当火药燃气经过导气孔时，部分火药燃气进入导气孔，推动活塞/枪机框向后，带动枪机开锁、后坐，枪机后坐过程中完成抽壳抛壳动作，并压缩复进簧。在枪机减速装置和缓冲器的作用下，枪机速度很快衰减，并后坐到位。由于阻铁一直被压倒，无法扣住枪机，所以，在复进簧的推动下，枪机向前运动，完成射击循环。只要扣住扳机不放，阻铁一直无法上抬，射击过程会一直持续，直到射手松开扳机或者弹匣内的枪弹被打光。

单发射击 扣动前扳机，阻铁回转很小的角度解脱枪机，枪机向前运动推弹入膛，与此同时，阻铁在簧力作用下恢复原位。枪弹击发后，枪机后坐，完成抽壳、抛壳等动作，并压缩复进簧。枪机后坐到位时被阻铁扣住。若要继续射击，需松开扳机，使扳机与阻铁重新扣合在一起，再次扣压扳机便可击发枪弹。

多种变型枪

7.92mm查特勒尔特轻机枪 为了满足国外用户的需求，查特勒尔特兵工厂于1927~1928年推出了能发射7.92mm毛瑟弹的查特勒尔特轻机枪。该枪曾参与塞尔维亚、波兰和罗马尼亚的轻机枪选型，但最终输给了捷克ZB26和美国勃朗宁轻机枪。

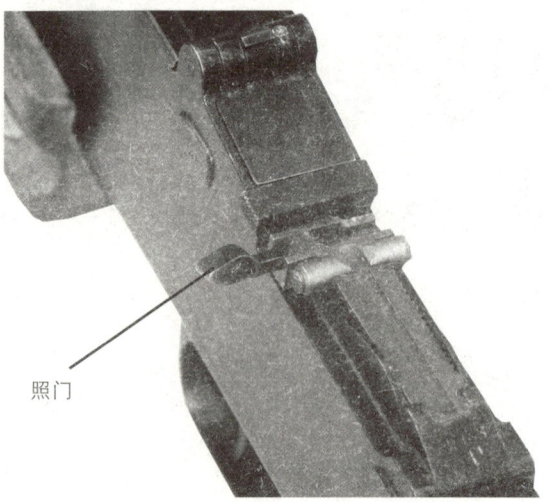

图为处于使用状态下的觇孔式照门。平时可将照门扳向右侧

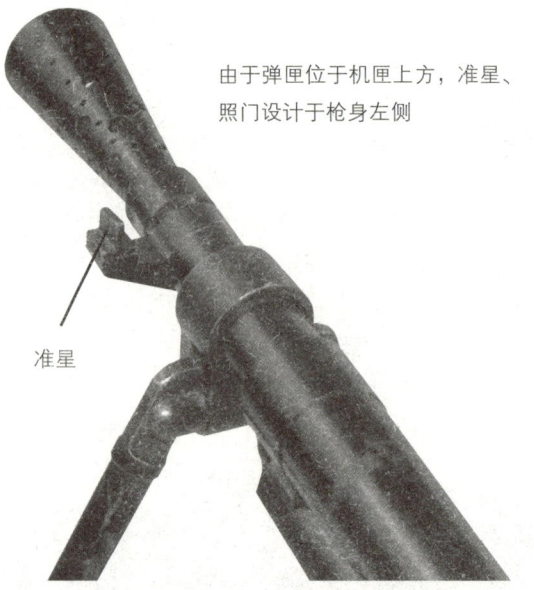

由于弹匣位于机匣上方，准星、照门设计于枪身左侧

查特勒尔特"要塞"轻机枪 20世纪30年代，法国在法德边境构筑了马其诺防线。为了使查特勒尔特轻机枪能够在炮楼或战车的炮塔内使用，并能发射7.5mm M1933D重弹头枪弹，查特勒尔特轻机枪的膛线导程由原来的270mm改为235mm，去掉了两脚架，改进后称为查特勒尔特"要塞"轻机枪。共有2512挺查特勒尔特轻机枪被改造成"要

标新立异的法式风格
——法国查特勒尔特系列轻机枪

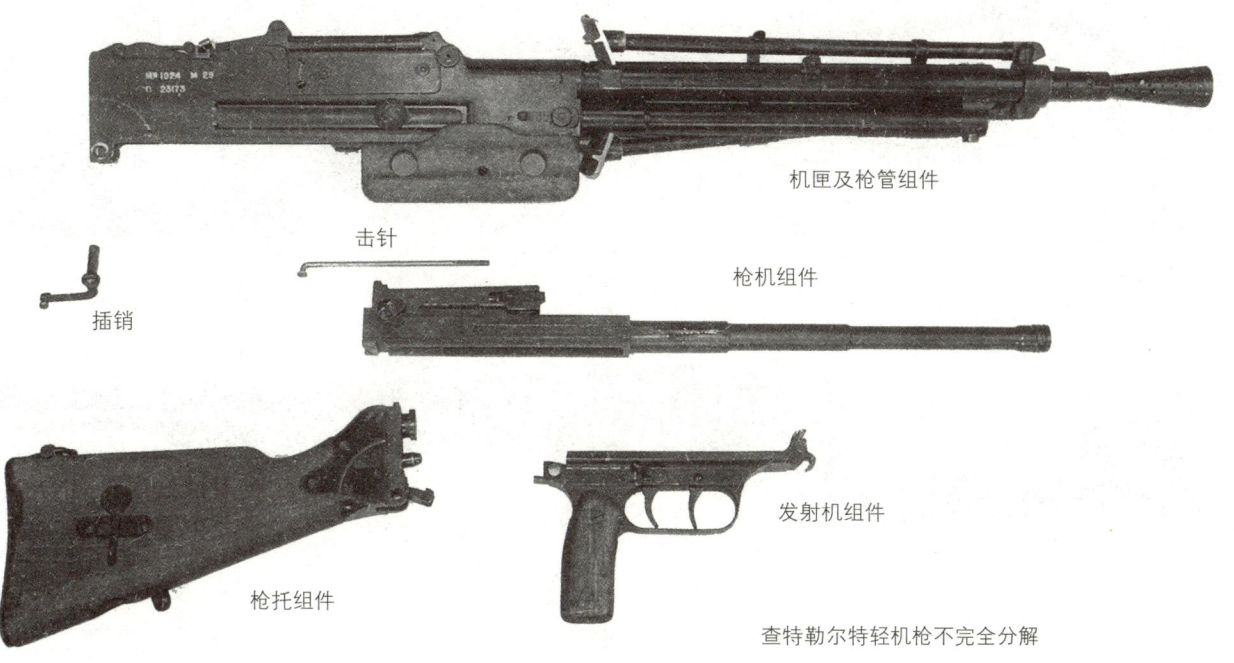

机匣及枪管组件
击针
枪机组件
插销
发射机组件
枪托组件
查特勒尔特轻机枪不完全分解

塞"机枪。该枪还挂有空弹壳收集袋,以免散落的弹壳影响炮塔转动。

7.62mm查特勒尔特轻机枪 自从7.62mm T65弹被北约选定为标准弹药后,法国首先考虑将突击步枪改为北约标准口径,并考虑对老式武器进行改造,如MAS 36-51步枪、查特勒尔特轻机枪和MAC 31坦克机枪。

1951年10月17日,法国军方开始论证将查特勒尔特轻机枪由7.5mm口径转换为7.62mm口径的方案。1952年6月,两挺7.62mm口径的机枪进行了试验。改进之处包括更换了枪管和抽壳钩,并换用新弹匣。1956年10月,又对50挺7.62mm口径的查特勒尔特轻机枪进行了试验,1957年进行了部队使用评估。不过,7.62mm口径的查特勒尔特轻机枪最终没有列装。

比赛型查特勒尔特轻机枪 20世纪60年代,法国陆军组织了一次射击比赛,除了手枪、步枪,还有机枪。为了提高武器性能,对查特勒尔特轻机枪进行了改进,具体改进之处包括:采用与布伦轻机枪类似的曲线形小握把;采用新式的、可调整高低和方向的不可折叠照门;增加了携行用的提把、有4个位置可调的气体调节器、可调整高度的两脚架、准星保护罩,并采用了更大的消焰器。

优缺审视

查特勒尔特轻机枪的缺点是:瞄具位于枪身左侧,而弹匣位于机匣上方,对左撇子射手造成视线阻碍;其火线高不利于隐蔽;不能快速更换枪管;由于采用弹匣供弹,火力持续性不强等等。

尽管如此,不凡的身世、出色的设计使查特勒尔特轻机枪成为世界优秀的武器之一,是一支经受了战争考验的"实力派"武器。其较高的精度、可靠性,尤其是沙漠环境中的可靠性以及易操作性赢得了士兵的交口称赞。

两脚架折叠状态的哈奇开斯M1909/1910轻机枪

不为人知
——法国哈奇开斯M1909/1910轻机枪

许多人都知道一战中著名的哈奇开斯机枪，但了解哈奇开斯M1909/1910的人可能并不多，特别是容易混淆该枪的名称。其实，该枪并非哈奇开斯本人设计（他已在1885年去世），而是由他在1875年创建的哈奇开斯公司的两名枪械设计师共同设计的。这两名设计师是洛伦斯·V.贝奈和安利·A.莫西厄。该公司在1909年该枪定型时以这两位设计师的姓氏命名为贝奈-莫西厄M1909机关步枪，1910年法军列为制式时称为贝奈-莫西厄M1910机关步枪。国外认为该枪属轻机枪，并称为哈奇开斯M1909/1910轻机枪。

该枪在一战前被法军骑兵部队用作支援武器。一战后，M1910从法军前线部队撤装，作预备兵器。

二战爆发后，德军在短时间内占领法国，接收法军保管的旧式兵器，编入德军的装备。该枪被德军用于沿法英之间的多佛尔海峡设定的西壁地区，作警备用武器。

开发背景

20世纪初，法国政府兵工厂推行以哈奇开斯机枪（M1900、M1907）为基础，进行现代化机枪开发的计划。贝奈和莫西厄一起参加新型哈奇开斯机枪的开发工作。贝奈是美国籍兵器技术人员，其父是美国内战时期陆军军械局局长S.V.贝奈大将，他在父亲的劝说下到法国其父的朋友本杰明·B.哈奇开斯创建的哈奇开斯公司工作，1887年晋升为主任工程师。莫西厄是法国籍年轻的兵器设计师，在哈奇开斯公司作贝奈的助手。

不为人知
——法国哈奇开斯 M1909/1910轻机枪

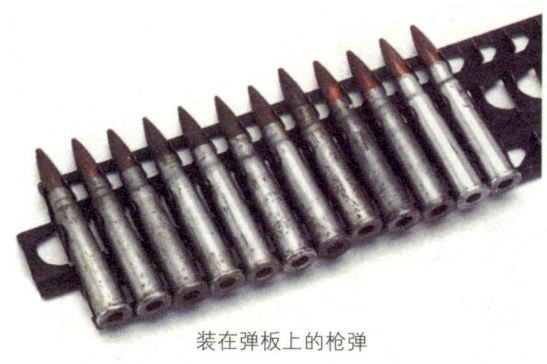
装在弹板上的枪弹

枪管上的环形散热片使加工制造繁琐

机匣上方的弧形表尺，表尺射程100～2000m，每个分划100m

20世纪初，欧洲各国相互对立，都拥有国营兵工厂，并采取扶植民间兵器制造厂的政策，一旦战争爆发，便可快速生产和供应武器装备。法国政府看好民间兵器厂家哈奇开斯公司，认为该公司具有与英国维克斯—阿姆斯特朗公司和德国兵器弹药公司（DWM）竞争的能力。于是，将该公司作为步兵兵器，特别是步兵用自动轻武器和火炮的重点生产厂家。由于该公司的哈奇开斯机枪是法国步兵的重要装备，所以政府对公司特别重视和优待，设在巴黎郊区的工厂得到政府援助，提供专用供电线路，铺设直达工厂的铁路，以确保原料与产品运输通畅，保障生产正常进行。法国领事馆商务部对哈奇开斯机枪的出口也起到积极作用。

当政府兵工厂开始推行哈奇开斯机枪现代化计划时，当然也向哈奇开斯公司传达法军的要求。法军要求新型机枪具有良好的机动性，尽可能轻小，尽量减少零部件。

1909年，贝奈和莫西厄完成新型机枪设计。新枪为轻小型枪，用简单的三脚架代替笨重的三脚架，必要时还可配装坚固的固定架。机枪本体可单兵搬动，射击时2名士兵操作，一人瞄准射击，另一人作为弹药手供弹。该枪定型时即被称为M1909机关步枪。

1910年，法军将该枪选作骑兵的支援武器，列为军用制式，定型号为M1910，使用法军制式勒贝尔8mm步枪弹。由于该枪具有一般轻机枪的特性，所以又称哈奇开斯M1909/1910轻机枪。

另外，美国看重贝奈-莫西厄机关步枪的轻型性和火力特点，在法国列为制式的同一年，即1910年，也将该枪列为美军制式，但改用美军制式7.62×63mm（0.30-06）步枪弹。一战开始后，陷于兵器装备不足的英军同样将该枪用作军用制式，改用7.7×56R（英国0.303in）步枪弹，供英国骑兵和坦克兵使用。

结构解剖

哈奇开斯M1909/1910轻机枪，不仅比过去的哈奇开斯机枪（M1900、M1907）体积小、质量轻，而且零部件大幅度减少。结构上的主要差别在于闭锁机构和射击中的机构

美军也装备有贝奈-莫西厄机枪,而且该枪是美军历史上装备的第一种轻机枪

动作不同。过去的哈奇开斯机枪采用枪机偏移式闭锁机构,开膛待击;M1909/1910轻机枪则采用枪机回转式闭锁机构。

该枪与过去的哈奇开斯机枪一样,采用导气式自动方式。活塞筒与枪管平行设置,活塞筒前端装有气体调节器,可调节活塞的气流。拉机柄设在机匣后端,像旋转后拉式枪机步枪的拉机柄一样向上回转约90°再后拉,枪机框后退,枪机框上面的斜槽使枪机回转而开锁,枪机后坐呈待击状态。当手松开拉机柄时,枪机框后方的复进簧推枪机框、枪机向前,送弹入膛,枪机回转闭锁。枪机复进到位后,将拉机柄向下转90°,锁定拉机柄与机匣。因此,射击中的拉机柄停于前方位置。

M1909/1910有初期轻机枪常见的几个缺点,其中最大的缺点是采用弹板供弹方式,该弹板由薄金属板冲压出抱弹部制成。如果弹板没有正确插入机匣,就不能正常供弹;弹板插入过量或过小,枪弹均不能入膛。而且弹板上的枪弹外露,容易沾上泥沙,造成弹药装填故障。

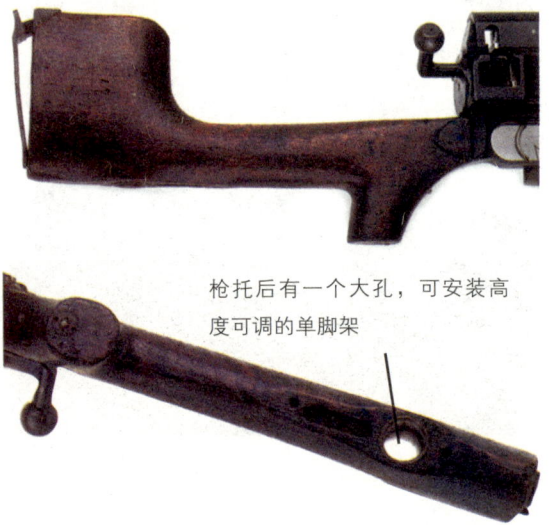

枪托后有一个大孔,可安装高度可调的单脚架

一战中经常出现堑壕战,堑壕里到处是泥水和尘土,弹板供弹方式缺陷暴露无遗。采用哈奇开斯M1909/1910轻机枪的各国军队,在一战的前线用它很受累,所以战后该枪从前线部队撤装,换装新型轻机枪,法军也不例外。

美军士兵在训练使用M1909贝奈-莫西厄轻机枪。枪上设有背带,背带穿过扳机护圈,两端分别系在两个架腿上,不影响两脚架的展开使用

美军历史上第一挺轻机枪
——M1909贝奈-莫西厄轻机枪

它是美国军队采用的第一支轻机枪。它的原型来自法国哈奇开斯M1909轻机枪;它在同时代的武器中虽然有诸多优势,但是故障频发,特别是在夜间操作时经常不能使用,以至于士兵们给它起了一个十分贴切的外号,叫做"阳光下的枪",它就是M1909贝奈-莫西厄轻机枪。

20世纪初期,美国军队在机枪的开发和采购方面与其他工业化国家不分伯仲。1895年,美国军队采用了其历史上第一支真正的机枪——由枪械设计大师约翰·勃朗宁所开发的俗称"土豆挖掘机"的M1895重机枪。该枪虽然率先采用气冷式方式,但结构复杂,容易出现故障。在此后约10年之久,美国军队又采用了马克沁重机枪的最新型号,并将其命名为M1904重机枪。气冷式的M1895重机枪和水冷式的M1904重机枪都采用弹链供弹,火力持续性较高,但是两者最大的缺陷就在于质量过大,其中M1895重机枪包括三脚架在内的总质量约为41kg;而M1904重机枪由于采用水冷式结构,包括装满冷却水的散热筒和三脚架在内总质量高达69kg。尽管这两种重机枪在战场上起到了非常重要的作用,但它们过大的质量却大大限制了其在战场上的机动性,带来了诸多不便。因此美军急需一种拥有足够火力、同时可以很方便运输和携行的自动武器来填补重机枪以及旋转后拉枪机式步枪之间的火力空白。

美军第一支轻机枪诞生

为了寻找这样一支武器,美国陆军武器

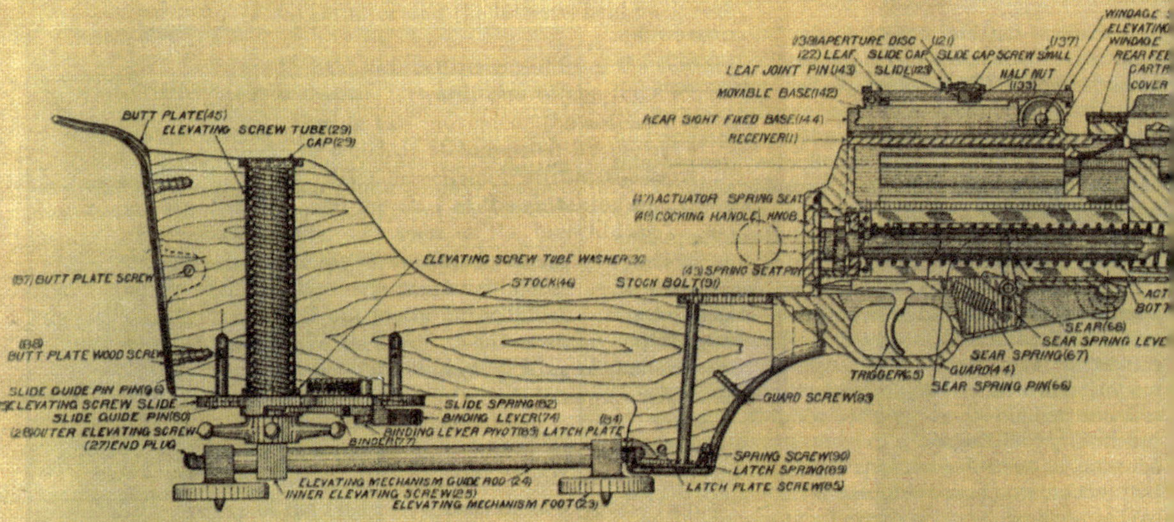

M1909贝奈-莫西厄轻机枪的设计图纸

部对当时国内外的多款自动武器设计进行了评估,并最终首选法国的哈奇开斯M1909轻机枪。该枪由哈奇开斯公司的两名雇员——美籍武器设计师洛伦斯·V.贝奈以及公司总试验工程师安利·A.莫西厄所设计。其采用导气式自动方式,由30发铁制弹板供弹,射速约400发/min。该枪全枪长1232mm,枪管长635mm,枪口附近带有一个轻便型两脚架,枪托下方设有可伸缩的支架。表尺为可折叠式,不用时折叠放倒;需使用时将其扳起,表尺上有装定射程的游标(照门)。为了便于携行,枪上设有背带,背带穿过扳机护圈,其两端分别系在两脚架的两个脚架腿上。不影响两脚架的折叠及展开。最为重要的是,该枪还有一个在当时来说非常新颖的特征,即已损坏或者射击后过热的枪管可以很容易地进行更换。相对于哈奇开斯公司以往生产的机枪而言,该枪体积小、非常轻便,质量仅为13.6kg,全枪仅有25个主要零部件,因此也被昵称为"易携带的哈奇开斯"。

在美军对该枪表示出好感之前,其已经被法国军队和英国军队所采用,其中法国军队采用的是8mm勒贝尔口径,而英国军队采用的是0.303in口径。

美军选定了该枪之后,并不是原封不动地配发给部队使用,而是对该枪进行一些美国式的改造,如将口径改为当时美军标准的0.30-06in斯普林菲尔德口径,并且采用了当时M1903斯普林菲尔德狙击步枪上使用的

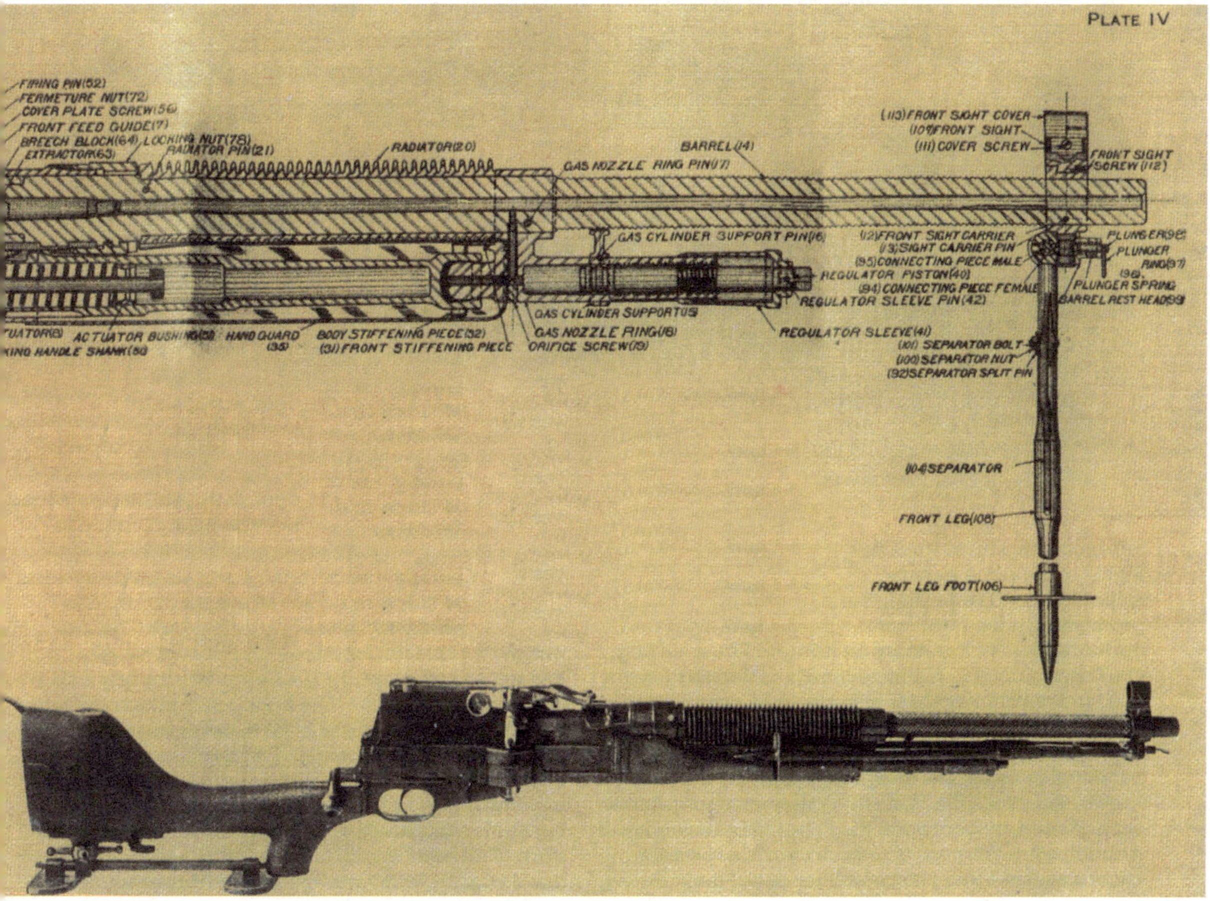

美军历史上第一挺轻机枪——M1909贝奈-莫西厄轻机枪

美军的使用手册上展示的M1909贝奈-莫西厄轻机枪的正确操作姿势

M1908沃纳-斯韦齐望远式瞄准镜。改造后的该枪被美国命名为M1909贝奈-莫西厄轻机枪。

M1909贝奈-莫西厄轻机枪分别在斯普林菲尔德兵工厂和柯尔特公司两处投入生产,两家公司的总产量仅为670支。虽然数量不多,但其却是美国军队装备的第一款轻机枪。

被嘲讽为"阳光下的枪"

M1909贝奈-莫西厄轻机枪配发美国陆军之后,第一次真正经受战火的洗礼是在1916年美国入侵墨西哥的战争中。在实战中,尽管该枪能够提供一定的火力支援能力,但同

轻武器典藏手册 ——世界著名机枪 I

分两层共装有10个弹板的木制弹箱，其内共可装300发枪弹

时也表现出一些问题：该枪的弹板很容易插反，特别是在夜间作战时这种情况更容易出现。除非将弹板拔出，重新正确插入，否则将无法正常供弹。另外，该枪的抽壳钩和击针极易损坏，而在更换这些零部件时，该枪的分解和重新组装非常困难，特别是在夜间战斗时更加难以实施。由于存在以上这两个巨大的缺陷，使得很多人认为M1909贝奈-莫西厄轻机枪在夜晚根本无法使用，因此该枪也就被美军士兵们嘲讽为"阳光下的枪"。正因为如此，尽管M1909贝奈-莫西厄轻机枪在某些场合也能起到一定的作用，但整体来说，该枪并不是一款理想的机枪。

针对M1909贝奈-莫西厄轻机枪的问题，美国一位轻武器权威曾回忆道："我清楚地记得，在一个寒冷天气的早上，我和一位政府检查员吃力地将一支柯尔特公司生产的M1909贝奈-莫西厄轻机枪搬出来，安放到试验场中准备对该枪进行测试。尽管我们都是非常熟练、技巧丰富的老手，但这支枪却在射击20发枪弹之后出现了抽壳钩及击针故障。甚至在我们刚刚更换了抽壳钩和击针后，它又坏了。因为在寒冷的天气中，被冻过的零件更加脆而易碎。"

短暂的服役生涯

美军在采用M1909贝奈-莫西厄轻机枪的第二年，也就是1917年加入一战，当时美国陆军装备的标准机枪是M1904马克沁重机枪和M1909贝奈-莫西厄轻机枪，但两者的数量都不多。那时，美国陆军的第一个机枪部队在被部署到法国时就携带着M1909贝奈-莫西厄轻机枪，但该枪仅在训练时使用过，并没有在一战中的任何一场战斗中使用。

之后，M1909贝奈-莫西厄轻机枪很快就被其他更先进的轻机枪所取代，其中包括勃朗宁M1918 BAR自动步枪（通常用作轻机枪）和刘易斯M1917轻机枪。在一战停战之前，M1909贝奈-莫西厄轻机枪就已经从美军的装备目录中消失了。

尽管M1909贝奈-莫西厄轻机枪存在明显的设计缺陷，但当时很多美国机枪新手都是利用该枪来训练的，这为他们在战斗中使用其他自动武器打下了良好的基础。

M1909贝奈-莫西厄轻机枪不仅是美国陆军装备的第一款真正的轻机枪，甚至在一段时间内，它还是美国军队中装备的唯一的轻机枪，尽管时间很短。它是美国军队轻武器史上不可被遗忘和泯灭的武器。

保卫阿尔卑斯山的秘密武器
——瑞士富雷尔M25轻机枪

富雷尔M25 7.5mm轻机枪是二战期间瑞士的制式武器。该枪以高精度而著称,即使在今天,其确保武器射击精度的结构设计仍值得轻武器设计者借鉴。遗憾的是,由于瑞士的中立国策不允许武器出口,使得富雷尔M25轻机枪很少被国外所知,但这并不能抹煞它的光芒。现在,富雷尔M25轻机枪已成为武器收藏家的至爱之一。

连发武器的射击精度始终是设计难题

膛线被发明后,其最重要的贡献就是提高了武器的射击精度,但人们更多地关注手枪、步枪等的射击精度,而很少关注机枪的射击精度。在日常的射击训练中,很多武器射击教官也将训练重点放在步枪和手枪的射击上。其实对于机枪来讲,能以长点射发射而又能兼顾高精度也是非常重要的。另外,诸多的武器行家在提高机枪的射击精度问题上也总是喜欢追究射手的操作技能,而很少从武器结构设计上做深一步的探究。

但是瑞士轻武器界对此却另有看法——"始终理解武器精度的必要性,并将武器精度作为对武器的主要评价"。早在第一次世界大战期间,当轻武器界都在赞誉马克沁机枪的连发威力并争相采用时,瑞士则反其道而行之,积极开发自己的轻机枪。

富雷尔M25轻机枪的设计者——阿道夫·富雷尔(Adolf Furrer),是一家由瑞士政府掌管的轻武器工厂的负责人,该厂坐落在瑞士首都伯尔尼。富雷尔曾是一名上校,对武器颇有研究,他认为设计轻机枪必须要利用后坐缓冲装置来补偿轻机枪质量过轻的不足,以提高射击精度。这种认识主要来自于对当时战争的认识:第一次世界大战中机枪的成功使用,使得每个人都知道武器持续射击的重要性;而瑞士是个多山的国家,研制一种既能持续发火,又能保持射击精度的武器是非常必要的。因此，在该枪的设计过程中，富雷尔上校始终贯彻着这样的设计理念。

结构设计与众不同

富雷尔M25轻机枪口径为7.5mm，采用枪管短后坐式自动方式，而没有像当时的很多机枪那样采用导气式自动方式，因此降低了导气式武器容易产生的机件间的猛烈碰撞，使得抵肩射击变得容易控制，从而提高了射击精度。据报道，采用单发方式射击时，富雷尔M25轻机枪的精度相当于狙击步枪。

该枪采用了后坐缓冲装置，这一设计源于刘易斯机枪。富雷尔认为，这种缓冲机构是机枪设计成功的关键部件。在富雷尔生活的那个年代，刘易斯机枪的射击精度始终是最好的，后来出现的很多连发武器，如布伦轻机枪、勃朗宁轻机枪，其射击精度都不如刘易斯机枪。富雷尔M25轻机枪则与刘易斯轻机枪的射击精度相当，但富雷尔M25轻机枪的质量只有8.2kg，而刘易斯轻机枪的质量却高达11.8kg。

成功的肘节式闭锁机构设计

富雷尔M25轻机枪最重要的设计特点就是采用了肘节式闭锁机构，这一结构参考了马克沁机枪的肘节式闭锁结构，并在其上做了改进。

这是由3个连杆构成的曲柄连杆机构，前方的连杆通过连接销与枪机相连，中间的连杆固定在枪管节套上（其前端有一突起，与节套上的一个曲线槽配合），后方的连杆固定在机匣上。枪弹被击发后，枪管、枪管节套和枪机闭锁在一起后坐（枪管节套后坐时，压缩复进簧），后坐一小段距离后，后方的连杆摆动，带动中间的连杆摆动，中间连杆前端的突起沿着枪管节套上的曲线槽滑动，从而带动前方的连杆摆动，使枪机加速向后，枪机开锁，枪机上的抽壳钩将弹膛内的空弹壳抽出。枪机继续

瑞士富雷尔M25轻机枪的设计师——阿道夫·富雷尔上校

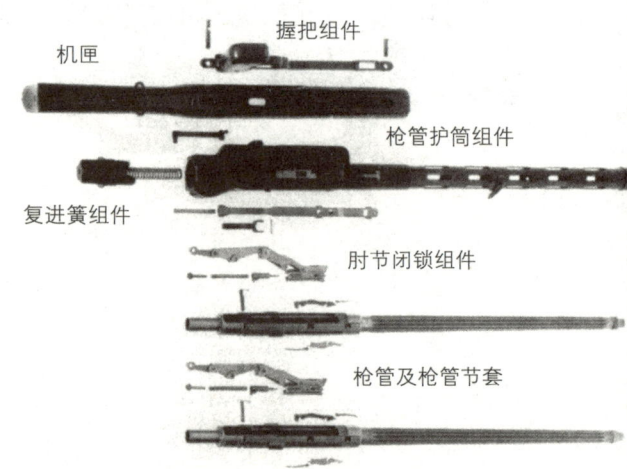

富雷尔M25轻机枪不完全分解图，图中有两根枪管及配套使用的两个肘节闭锁组件。当需要更换枪管时，士兵可以快速地实现

向后运动，击针回缩到枪机体内。弹壳撞到抛壳挺通过抛壳窗抛出。抛壳窗与进弹口分别位于机匣的左右侧，呈相对位置。

在复进簧力作用下，枪管、枪管节套复进，也带动固定在枪管节套上中间的连杆向前，从而推动枪机向上，从弹匣中推一发弹入膛，复进一段距离后，在后方连杆的摆动作用下，带动中间及前方的连杆摆动，从而使枪机

保卫阿尔卑斯山的秘密武器
——瑞士富雷尔M25轻机枪

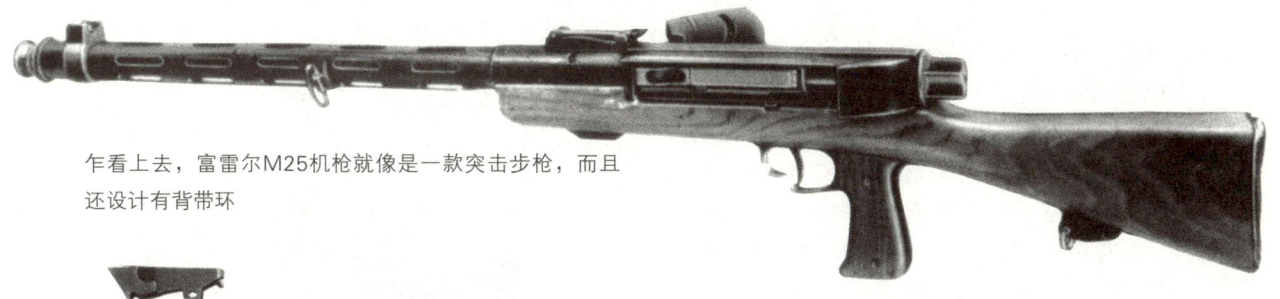

乍看上去,富雷尔M25机枪就像是一款突击步枪,而且还设计有背带环

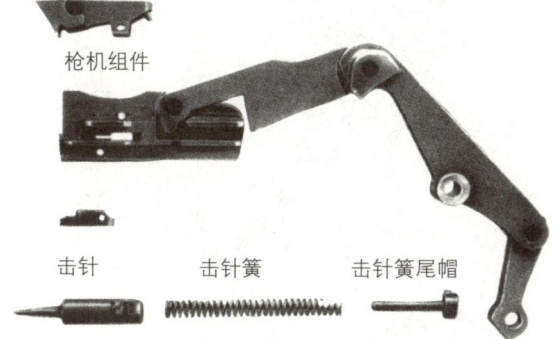

枪机组件

击针　击针簧　击针簧尾帽

这个肘节式闭锁机构看起来非常复杂,但它确保了武器射击精度,而且已经证明是非常可靠的结构

独特的枪管加工工艺

富雷尔M25轻机枪的枪管采用普通钢制造,枪管外面设计有纵向肋条,提高了枪管强度,并且使枪管容易散热。测试表明,发射18000发弹后,射击精度不变;发射25000发弹后,仍能保持较好的精度。这样的射击弹数对于用普通钢制造而没有采用硬铬或者合金钢的枪管来讲是非常难得的。当需要更换枪管或对枪械进行维护时,需要将枪管从机匣上卸下,随同枪管一同卸下的还有肘节闭锁组件——该枪每一根枪管都配备一套肘节闭锁组件,这样更换枪管非常便利。有人认为,每一根枪管配备一套肘节闭锁组件似乎有些多余,但瑞士武器界认为,"对其他国家来说,这样做是显昂贵,但在瑞士,这是非常明确的,因为士兵的生命悬于战场,时间更为重要"。

加速向前,最后前两个连杆成笔直状态,枪机关闭弹膛。

在枪机向前运动的过程中,击针簧被压缩。当枪机和枪管闭锁后,如果始终扣住扳机,阻铁则会再次释放击针,击针撞击枪弹底火,完成下一个射击循环。

由于采用枪管短后坐自动方式,枪管、枪管节套一起后坐,几乎吸收了近50%的后坐能量,相当于增加了一个强劲的缓冲器,减轻了运动部件对机匣的撞击,提高了射击精度;同时,肘节式闭锁机构在枪机开锁后使枪机加速向后运动,相当于减小了枪管和枪管节套的后坐能量,也有利于提高射击精度。

在第一次世界大战期间,瑞士机枪的需求量大增,常常是武器加工出仅1h就被送往前线,这种状况使得瑞士国内钢材短缺。为了应对战争的需求,瑞士武器制造者提出了一个新方法,将一些步枪枪管重新加工为机枪枪管的内管,富雷尔M25轻机枪的枪管也采用了这样的工艺——将被淘汰的机枪枪管扩孔,再将淘汰的步枪枪管加热,插入到机枪枪管中;接

富雷尔M25轻机枪的枪管外层有纵向肋条,这种设计增加了枪管的散热面积,减轻了枪管质量,提高了枪管强度

着进行一系列的工序，首先是预加工，包括两层枪管间的固定、扩孔、冷作硬化；最后是钻孔、铰孔和加工膛线。经过不断冷作硬化处理的枪管寿命比普通枪管寿命要长。此外，在钢材短缺或在某种情况下钢材不能及时得到补充时，将步枪枪管重新加工为机枪枪管的内管是一种非常有效的技术措施。

富雷尔M25轻机枪采用30发弹匣供弹，弹匣插在枪身右侧，在弹匣口部有一个带有弹簧的防尘盖，当弹匣从枪上卸下后，防尘盖可以很好地封闭枪身的弹匣口，避免污垢进入枪体。

该枪理论射速为450发/min，每支枪配发34个30发弹匣，采用6～8发点射，每发射400发后，射手需要停止射击，使枪管冷却或更换枪管。

两种衍生型号

瑞士陆军上校松德雷格非常欣赏富雷尔M25轻机枪，在该枪研制期间，松德雷格始终关注其研制进程，直到完成所有调试、发射和寿命试验工作。截至1928年，有5150支富雷尔M25轻机枪被送到瑞士军队。

随后不久，瑞士就开发出富雷尔M25轻机枪的反坦克型和高射型，口径均为13mm，枪身质量30kg，初速800m/s，战斗射速300发/min。二战期间，富雷尔M25反坦克机枪和高射机枪成为瑞士保卫阿尔卑斯山最有效的武器之一。

富雷尔M25高射机枪采用金属不可散弹链供弹，供弹方向可左右互换。供弹机构中设计了一个独特而有效的供弹棘爪，当枪管过热，需要暂停供弹时，供弹棘爪与供弹机构分离。弹药箱容弹量有120发和500发两种。弹药箱尾板上有计数器，可以显示弹药箱内的余弹量，这个信息在战场上至关重要。枪口增加了助退器，提高了武器的射击频率，使高射机枪的理论射速达到1200发/min。

富雷尔M25高射机枪采用较长的枪管，以

富雷尔M25高射机枪，安装有专用两脚架和对付飞机的环形瞄具

士兵可背负富雷尔M25轻机枪方便地进行战术性移动，这在瑞士山区机动车辆不能达到的地区显得尤为重要

保卫阿尔卑斯山的秘密武器
——瑞士富雷尔M25轻机枪

在瑞士,所有男性都要到军事预备队服役,并配发给武器。这幅当年的宣传画中展示了瑞士士兵以手提枪背带的方式携带富雷尔M25轻机枪,动作潇洒

该枪不是大批量生产,这也就意味着该枪具有较高的生产成本,加上瑞士中立国的国策,不允许武器向国外出口,也导致了生产数量的有限,同时也使其他国家的人们对其并不了解。

半个多世纪过去了,虽然富雷尔M25轻机枪早已被换装,但瑞士不会忘记这个在瑞士历史上为自己的祖国付出了汗马功劳的功臣。另一方面,由于生产数量有限及独特的肘节式闭锁机构,该枪已成为武器收藏家所追捧的对象。

以腰际位置射击富雷尔M25轻机枪,结果表明其射击精度同样良好

增加其初速。握把采用单手握持的手枪握把,而不是像很多高射机枪的两个D形握把。手枪握把可以使该高射机枪在瞄准目标时更加灵活、准确。

瑞士人的最爱

瑞士军队对富雷尔M25轻机枪非常喜爱,主要原因就是这款机枪具有极高的射击精度。对于机枪来讲,连发时的射击精度不高是这类武器所共有的致命弱点,这种结构上的缺憾,不仅旧式机枪存在,即便是现代机枪,也仍然存在。而富雷尔M25轻机枪同时具有火力持续能力和较高的精度,因此对敌方构成了极大威胁,同时由于它的机动性好,在瑞士的阿尔卑斯山区尤其适用。

富雷尔M25轻机枪的精湛工艺使得该枪在瑞士武器中声誉不断提高,但如上所述,

抵肩射击富雷尔M25轻机枪,射击精度达到了惊人的程度

第三章 通用机枪

通用机枪（也称为轻重两用机枪）是指装在稳固枪架上能做重机枪使用、依靠两脚架支撑又可做轻机枪使用的机枪，一般使用弹链供弹，战术应用灵活。第二次世界大战后，由于传统的重机枪质量大、机动性差，各军事强国都推出了自己的通用机枪，到20世纪70年代后通用机枪的发展出现停滞，机枪开始朝两个方向发展，一是小口径化、轻量化，下放到班排级使用；二是侧重大口径、大威力，成为车载机枪等平台型机枪。

作为通用机枪的鼻祖——MG34通用机枪的主要缺点是锻造零部件多，结构复杂，加工生产费时费力（生产一支MG34需要49kg钢材），不适合战时的大批量生产

轻机枪状态的MG34通用机枪

令人闻风丧胆的战神
——德国MG34/42通用机枪纪实

通用机枪，又称轻重两用机枪，它作为枪械家族的一个新成员出现在世界上，是在20世纪30年代，其代表就是德国著名的毛瑟兵工厂研制的MG34和MG42通用机枪。

MC34通用机枪

MG34通用机枪，口径为7.92mm，它是世界上最早的通用机枪。该枪是德国在第一次世界大战后，毛瑟兵工厂在MG13轻机枪基础上改进而成的，于1934年定型出品，后被德国军队采用为制式武器，定为MG34。该枪是德国在第二次世界大战中使用的主要机枪之一。

MG34通用机枪的自动方式采用枪管短后坐式，闭锁机构为机头回转式，发射方式为半自动和全自动。

MG34通用机枪的特点之一是可以一枪多用，既可以作为轻机枪、重机枪使用，又可高射，还能改装成坦克机枪。轻机枪状态时两脚架固定在枪管护筒上；作为重机枪使用时，配用三脚架；作为坦克机枪使用时，可利用专用枪座安在坦克上；高射时，需安装在34式高射三脚架上。特点之二是采用步枪弹。三是供弹方式有弹链供弹和弹鼓供弹。四是在结构上有独特之处，机枪主要零部件采用销钉结合在一起，分解结合方便而简单。五是更换枪管很便利。

MG34通用机枪发射7.92×57mm毛瑟步枪弹，弹头初速为755m/s，实际射速为60发／min（半自动），200发／min（全自动），轻机枪状态时，有效射程为800m，配用三脚架作为重机枪使用时，有效射程可达1800m，全枪长为1224mm，全枪质量为12kg。

MG34通用机枪的自动循环过程是：

扣动扳机，阻铁解脱，处于待发位置的枪机在复进簧的作用下复进，推弹突笋撞击枪弹底缘，将其从弹链上推出，并推弹入膛，同时拨弹齿带动弹链移动一个链节的距离。当机头两侧滚柱与枪管节套的曲面相贴合时，机头开始顺时针转动而闭锁，机头回转结束时，机头的制动卡笋跳过滚柱，击针解脱，击发枪弹。击发后，在火药燃气的作用下，枪管与枪机一起后坐，当机头上的外滚柱与枪管节套前面的两个定型面衔合时，迫使机头逆时针转动而开锁。在开锁过程中，枪机加速后坐，与枪管分离，枪管后坐到一定的位置，在枪管复进簧作用下开始复进。当枪机后坐时，拨弹滑板移到下一弹链节上。枪机继续后坐，当抛壳挺撞击到卡笋时，抛壳挺伸出撞击弹壳，并将其从抛壳口抛出。随后，枪机后坐受到缓冲器的限制而停止。缓冲器使枪机反跳，枪机开始复进。在半自动射击时，枪机被击发阻铁卡住；全自动射击时，枪机则向前运动，重复自动循环。

MG34通用机枪历经第二次世界大战，证明是一款优秀的机枪，但是它也有缺点，主要是质量大，比所有现代机枪都重；结构复杂，零部件的制造公差要求过于严格，制造很困难。

MC42通用机枪

MG42通用机枪，是德国格罗斯夫斯公司在第二次世界大战中研制成功的一种机枪。1942年开始列装德国军队。它和MG34通用机枪一样，都是德国在第二次世界大战中使用的主要机枪之一。

在第二次世界大战中，生产MG42通用

使用MG34通用机枪作战的德军机枪组

使用三脚架、重机枪状态下的MG34通用机枪右视图

使用三脚架、重机枪状态下的MG34通用机枪左视图

令人闻风丧胆的战神
——德国MG34/42通用机枪纪实

MG42机枪是MG34通用机枪的改进型,大量采用冲压件,对于降低生产成本和减轻武器质量非常有效。在轻武器史上,MG42通用机枪有三个之最的评价:最短时间研制的武器,最低的生产成本,最出色的武器

MG34/42机枪使用的饭盒状弹鼓

机枪的工厂有毛瑟兵工厂、萨克斯金属产品厂、奥地利维也纳的斯太尔公司、苏尔市的古斯特洛夫工厂,等等。

从形式和构造上看,MG42通用机枪和MG34有相同之处。它能作轻机枪用,也能作重机枪用。在作为重机枪使用时,和MG34一样,使用同一类简化的三脚架。

MG42通用机枪的口径为7.92mm,自动方式是枪管短后坐式,滚柱闭锁方式,射击方式为全自动。

MG42通用机枪的特点之一是广泛采用冲压件和点焊、点铆工艺,生产简化,制造成本较低,适合大批量生产;特点之二是采用滚柱闭锁机构,同时也是加速子,该机构可以大大减小开、闭锁时零件间的摩擦和磨损,此种机构后来被许多国家的机枪所采用;特点之三是枪管复进簧结构比较特殊,为先串联后并联,串联时,起枪管复进簧的作用,并联时,使枪管到位时的撞击减弱,起到缓冲作用;特点之四是采用双程输弹、单程进弹的弹链供弹机构,这种供弹机构耗能少,工作平稳,通用于各种弹链,甚至可使用两种不同弹链混合连接起来的弹链。

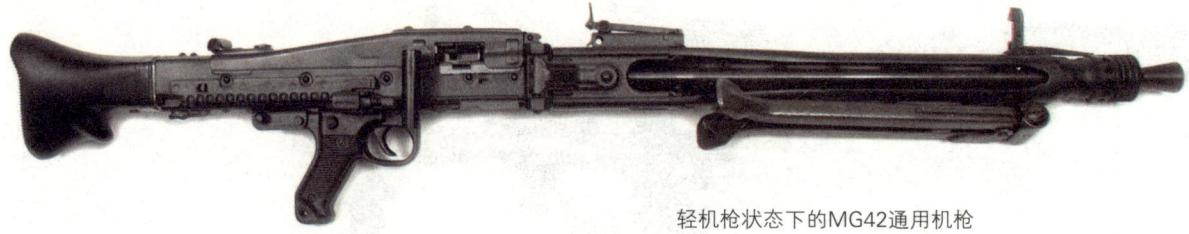

轻机枪状态下的MG42通用机枪

射击时,将保险放在"F"(发射)的位置上,扣动扳机,阻铁头下降,解脱枪机,枪机在复进簧的作用下,开始向前运动,枪机推弹突笋,推弹向前,受弹器将受弹器口的枪弹推至弹膛内,当机头进入节套而快复进到位时,滚柱撞击枪管节套的闭锁卡槽,楔铁前部的斜面使滚柱向外运动加速。滚柱不仅向外沿节套内的凸轮槽移动,同时也沿机头上的凹槽移动,滚柱支撑在机头与节套的闭锁支撑面之间,使节套和机头被卡住。一旦滚柱被楔铁完全挤出,为楔铁所带动的、并在两滚柱之间向前运动的击针就立即打击枪弹底火而击发。

击发后,枪管和枪机一同开始后坐。机匣定型板上的开锁斜面迫使闭锁滚柱向里挤,滚柱进而挤压楔铁前部的斜面,使机体相对于扣合在一起的枪管和机头加速后坐,直至滚柱脱离节套的闭锁支承面为止,完成开锁动作。而枪机继续向后加速运动,这时,枪管受枪管复进簧的作用,回到了最前方的位置,枪机向后运动,同时抽壳。当枪机撞击缓冲器时,缓冲器套筒撞击机体套筒,弹壳被抛出,随后,枪机又以较高的起始速度反向运动,重复上述自动循环。

MG42同样发射7.92mm毛瑟步枪弹,弹头初速为755m/s。全枪质量为11.5kg,比MG34减轻了0.5kg。MG42供弹方式为开式金属弹链供弹,全枪长1220mm。其理论射速比MG34高,达1200发/min。

高射状态下的MG42通用机枪

MG42通用机枪的缺点是:部件撞击较大,影响射击精度;结构复杂,比较笨重。

MG42机枪是二战时期一款优秀而著名的通用机枪,虽已过时,但在现代的通用机枪设计中仍然可以见到它的影子。

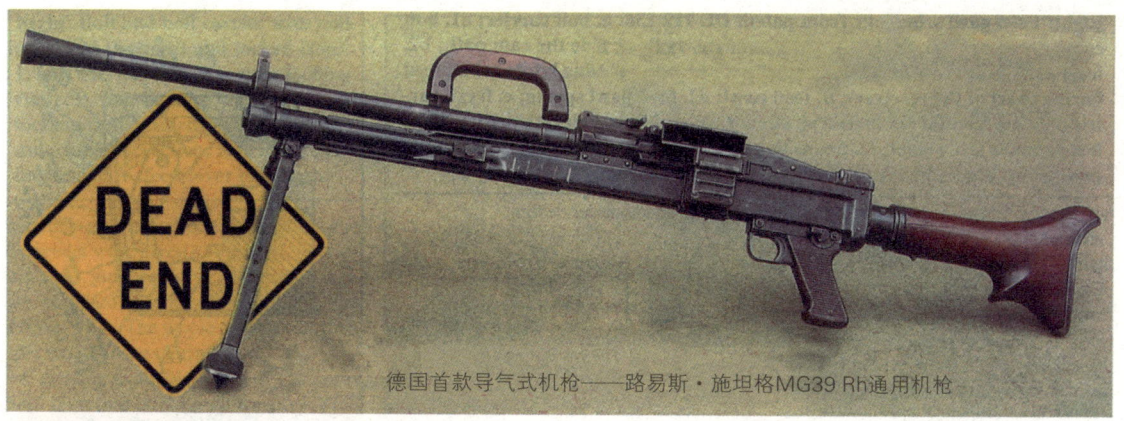

德国首款导气式机枪——路易斯·施坦格MG39 Rh通用机枪

积极探索
——德国首款导气式MG39 Rh通用机枪

位于捷克首都布拉格的军事历史研究所中陈列着很多设计独特且尚处于试验阶段的武器，这些武器中既有捷克本土研制的，也有国外研制的。这其中有一款由MG42机枪的设计师路易斯·施坦格所设计的通用机枪，该枪机匣的一侧刻有MG39 Rh的字样，因此被称为MG39 Rh通用机枪。该枪是德国首次尝试采用导气式工作原理的机枪。几十年以来，MG39 Rh通用机枪一直被人们所遗忘，仅能在德国1937年的机枪竞标档案中寻找到其曾经存在的证据。

德国武器部的傲慢与偏见

20世纪初，采用导气式自动原理的武器并不新鲜了，但德国军队对于在枪械弹膛中钻导气孔存有很大的偏见。当时，德国军工方面的科学家和技术人员普遍认为在弹膛钻导气孔一定会对武器的内弹道产生不利影响，导致武器的精度和使用寿命下降，因此导气式自动武器是当时德国武器设计中的一个禁忌。

为了推倒这一偏见，整整经历了一代人的努力——直到1935年纳粹国防军重新建立起来之后才有所改变。这时德国军队中那些不折不扣的保守理论家逐步被年轻一代所否定。经历过凡尔登战役的年轻德国军人清楚地认识到，在战场上，法国的采用导气式自动原理的气冷式哈奇开斯机枪与德国的采用枪管后坐式自动原理的水冷式马克沁机枪一样致命、精确、可靠，但其结构更加简单。年轻军人们极力推崇像哈奇开斯机枪那样的武器，此后导气式自动武器才开始受到德国军队的重视。

军方专家反对在弹膛中钻导气孔，并不意味着整个德国枪械工业也带有同样的偏见。恰恰与此相反——在纳粹国防军的每一次武器选型竞标中，都有导气式武器被提交。但由于缺乏足够的资金支持，并且当时的德国枪械工业对于这种设计缺乏经验，武器总是存在着这样那样的问题，导致这些导气式武器没有一个最终能够突破军队的偏见而被军方采用。其中，瓦尔特设计了一款导气式半自动步枪，枪上的导气孔是成对设计的，但导气孔太大，直径超过3mm，因此并不实用。之后另一名设计师福尔默设计出了一款采用中间型枪弹的导气式突击步枪——A35步枪，但该枪内部设置了一个非常复杂的发条装置，因此军队委员会毫无意外地没有采用该枪。在这种背景下，施坦格设计的MG39 Rh导气式机枪开始进入军方的视野，尽管其最终也遭遇了被拒绝采用的命运。

不完善的导气式设计

1937年，德国陆军武器局决定暂时仍使用MG34机枪，但开始着手准备设计一款德国陆军未来使用的机枪，称为"未来通用机枪"。陆军武器局要求，该未来通用机枪要提供比MG34机枪更强的火力，结构更简单可靠，更适合通过使用现代技术，如金属冲压技术和焊接技术等实现大规模生产，以减少机加时间和对于高技能人工的依赖。

当年2月，德国陆军武器局向3家公司发出了招标书，分别是位于索梅达的莱茵金属-波斯格公司、位于德伯尔恩的约翰尼斯·格罗斯伐斯公司以及位于埃尔福特的斯图伯根公司。其中，莱茵金属-波斯格公司自1918年起就成为德国主要机枪的秘密设计中心。公司的天才设计师路易斯·施坦格为纳粹德军设计了很多著名的机枪，如MG15、MG17、MG34机枪（毛瑟公司的海因里希·福尔默也对该枪设计做出了贡献），等等。

陆军武器局对这3家公司的生产要求包括，采用金属冲压加工技术，机枪零件公差要比MG34小，机匣足够宽大以容纳残渣和灰尘，并且要尽可能多地使用MG34机枪的附件。除此之外，关于机枪的自动原理方面，允许设计者们自由发挥，但要使用德国标准的7.9×57mm枪弹，并且工作可靠。

该项目在当时仍然属于一个试验项目，项目支持资金只是象征性地划拨一点，因此并不要求制作出批量武器，只制作出样枪即可。1937年10月26日，新枪开始提交，其中莱茵金属-波斯格公司和斯图伯根公司提交的样枪都采用导气式自动原理，约翰尼斯·格罗斯伐斯公司的样枪则采用枪管短后坐式自动方式。在

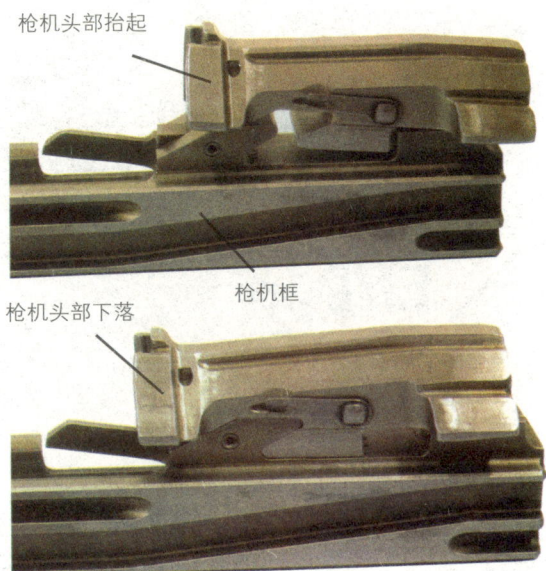

上图为枪机闭锁状态，枪机头部向上抬机，卡入机匣的闭锁槽（图中不可见）中；下图为枪机开锁状态，枪机头下落，自机匣闭锁槽中脱出

MG39 Rh的表尺特写。尽管表尺在枪管顶部中心位置，但缺口式照门设在左侧

测试的早期阶段，斯图伯根公司的样枪就被淘汰了。1938年4月，最终的选型试验开始，施坦格设计的MG39 Rh机枪再一次由于导气式的老问题而被判出局。尽管约翰尼斯·格罗斯伐斯公司采用枪管短后坐原理的MG39机枪在射击场上的表现并不完美，但德国军队还是选择了该枪。

积极探索
——德国首款导气式MG39 Rh通用机枪

MG39 Rh机枪的准星设于枪管左侧

MG39 Rh机枪的枪机特写。其击针头部呈Y形

内部设计细节

揭示MG39 Rh机枪结构，其击针的设计比较特别，击针头部呈Y形。采用这样的设计有两个好处：第一，击针打击底火面积的增加减小了击穿底火的概率，并可提高底火发火率；第二，击针的直径增加，可使使用寿命延长。

MG39 Rh机枪采用可快速更换的枪管。枪管后部上方固定有一个把手，这个把手不像其他机枪枪管上的把手那样可以翻转到一侧，而是固定在枪管正上方。把手外覆隔热的木质材料，以免更换枪管时烫手。虽然可利用把手快速更换枪管，但固定的把手却挡住了瞄准视线，因此MG39 Rh机枪准星及照门的设置均偏向左侧。

被军方拒绝 但并未被公司遗弃

尽管MG39 Rh机枪被陆军武器局机枪竞选委员会否定，但莱茵金属－波斯格公司决定继续对该枪进行完善发展。公司自1899年开始与德国陆军合作，对于与军队打交道有着非常丰富的经验，因此判断在紧要关头以及武器紧缺的重压之下，陆军武器局还可能会购买MG39 Rh机枪。公司认为，如果约翰尼斯·格罗斯伐斯公司的MG39机枪最终证明只是一个失败的设计，那么军队会迫切需要一支设计完善的武器，以便快速配发军队，因此对MG39 Rh样枪加以完善是非常必要的。

经莱茵金属－波斯格公司进一步完善的MG39 Rh通用机枪最终是否被德军订购，现在缺少相关的资料来证明，但是布拉格军事历史研究所的MG39 Rh机枪上的编号是006，似乎证明至少制造了6挺该枪。但这支枪上还有其他编号，如枪机上刻有09，而枪托底板上刻有29的字样，这两个编号似乎暗示着还有更多的MG39 Rh被制造出来，可能一共制作了9挺，也可能达29挺之多。但无论生产了多少挺，该枪存留至今的只有布拉格军事历史研究所中这唯一的一挺。

MG39 Rh机枪不完全分解

第四章　其他机枪

　　机枪是指以枪架（枪座）或两脚架为主要依托、连发射击为主的自动枪械。机枪按技术特性分为重（中型）机枪、轻机枪、通用机枪和大口径机枪等。按机动方式分为地面机枪、车装机枪、航空机枪、舰载机枪等。按装备单位分为班用机枪、连用机枪和营属机枪等。

　　航空机枪、舰载机枪、车装机枪是重机枪的衍生品，扩展了机枪的使用范围。其枪身设计一般借鉴重机枪，由于不受武器重量、体积的限制，这一类平台型机枪可配置较多的弹量、口径一般较大，因而火力威猛、毁伤性较强。尽管现代各种高科技制导武器不断翻推出新，但航空机枪、舰载机枪、车装机枪作为一种使用安全可靠、费效比很高的武器，至今仍占有一席之地。

二战期间，水冷式勃朗宁防空机枪对低空目标实施射击的场景

航空机枪始祖
——英国刘易斯机枪

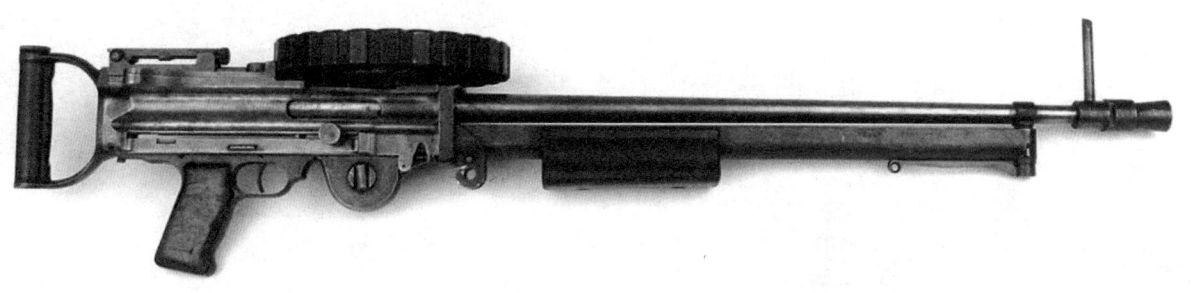

航空机枪始祖——英国刘易斯机枪

熟悉一战老片的朋友对刘易斯机枪恐怕都不会感到陌生，它独具的粗大套管总是令人过目难忘。尽管看起来粗大笨重，但在当时的自动武器中，它的质量并不算大，加之射速高、结构简单、动作可靠、造价较低，被当时许多国家作为步兵制式武器，并在一战的地面作战中建立了赫赫战功。刘易斯机枪的辉煌并不止于此——作为第一支成功搭载在飞机上并在飞行中完成连发发射的自动武器，它还谱写了航空机枪史的开篇。它的设计师艾萨克·牛顿·刘易斯本人也因此被誉为"航空机枪之父"。

但是，明明刘易斯是美国人，为什么以他名字命名的刘易斯机枪却被称为英国刘易斯机枪呢？这里面蕴含着怎样的曲折与冷遇，又有多少人知道？

身着美军上校制服的刘易斯（1858—1931年）

成功者的尴尬

生于1858年的艾萨克·牛顿·刘易斯曾就读于美国西点军校，1884年毕业后被任命为军官，1911年担任莫恩拉要塞炮兵学校校长。在军队任职期间，刘易斯作为机械和电路技术方面的专家在军械行业内树立了良好的口碑，并开始利用业余时间应布法罗自动武器公司之邀，研制利用火药燃气能量完成自动循环的轻机枪。当时，布法罗自动武器公司购买了塞缪尔·麦克林设计的一种能单人携带、用弹盘供弹、使用两脚架的轻机枪专利。后来布法罗自动武器公司将该枪的全套技术资料和生产权都转让给了刘易斯。刘易斯在充分借鉴麦克林机枪结构的基础上，大胆创新，经过两年的努力终于研制出独具特色的刘易斯轻机枪。

刘易斯轻机枪采用导气式自动原理，枪机回转式闭锁方式，靠枪机尾部闭锁卡笋做

采用导气式原理的刘易斯轻机枪。该枪外观上最显著的特点是枪管上巨大的散热筒。其设计试图利用枪口喷出的火药燃气将空气吸入筒中形成空气流通,以达到散热的效果。但实战证明效果甚微,反倒使全枪质量明显过重

半圆运动实现开闭锁。设有射速调节装置,射速550~750发/min,复进簧类似于钟表发条的扭簧,安装在机匣下方、扳机护圈前的齿轮套盒内。扭簧的一端固定在扭簧销上,另一端用铆钉固定在齿轮套盒的内壁上。活塞杆下半部的齿轮杆与齿轮套盒的齿啮合。射击时,火药燃气经过枪管上的导气孔进入导气管,推动活塞向后运动,齿轮杆带动齿轮旋转,使扭簧旋转绕紧,储备能量。复进时,扭簧反过来推动活塞运动。

自动武器的散热效果是影响连发射击精度和枪管寿命的重要因素。刘易斯机枪的枪管外包有又粗又大的圆柱形散热套管,里面装有铝制的散热薄片。射击时,火药燃气向前高速喷出,在枪口处形成低压区,使空气从后方进入套管,并沿套管内散热薄片形成的沟槽前进,带走热量。这种独创的抽风式冷却系统,比当时机枪普遍采用的水冷装置更为轻便实用。但在发射时,点射长度超过20发以后就需要稍做停顿,以免枪管过热。即便如此,该枪在6s之内就可将圆形弹盘内装满的47发枪弹全部射尽,射速相当可观。

当时,尚在军中服役的刘易斯不止一次向美国陆军军械部门的官员们介绍自己设计的新式轻机枪,但该设计非但没有得到重视,反而被个别固执己见的领导认为是"投机取巧"、"好钻营"。刘易斯深切体会到反对力量的强大,决定为自己的轻机枪另寻出路。

当时飞机在军用领域内多用于侦察,虽然也有人提出过在飞机上安装武器的观点,但始终没有此方面的成功报道。刘易斯想到,若能把自己的新枪搬上飞机,必将对军事发展产生极其重要的影响,同时也可以为说服军队内的采购官增加砝码。

1912年，步兵型刘易斯轻机枪安装在莱特B型双翼飞机上进行了首次飞行射击试验。美国人钱德勒（左）（Chandler）上尉是世界上最早在飞机上成功操纵机枪射击的人

驻扎在马里兰州科勒吉帕克市的航空侦察处负责人查尔斯·德弗雷斯特·钱德勒是刘易斯的旧相识。当时,该处新近接收了一批莱特B型双翼飞机。刘易斯向钱德勒介绍了自己的轻机枪,并提出在新式飞机上进行飞行射击试验计划,钱德勒欣然同意。

1912年6月2日,天气晴朗,试验如期举行。刘易斯还邀请了一些对新枪感兴趣的媒体到场观看。在飞机库前的草地上铺设了一块长2.1m、宽1.8m的白布,作为射击的目标。托马斯·德维特·米林中尉驾驶着莱特B型双翼飞机升空,钱德勒坐在观察员位置上操控刘易斯机枪向地面目标实施连发发射。试验结果证明,使用该枪在飞行中进行连发发射不会使飞机失去平衡,并且射击效果也不错:部分弹药命中目标,其他也打在目标附近的水池里。而在此之前,当时飞机制造技术居世界领先地位的法国,也曾尝试过将机枪搬上飞机,但由于机枪操控复杂、射击效果奇差而不了了之。

钱德勒在飞机上使用刘易斯机枪射击大获成功的消息顿时传遍全国,各家报刊纷纷刊登了这一消息和照片。铺天盖地的报道激起个别领导人士的极端嫉恨——刘易斯居然事先没有就此事向上级做任何汇报!

由于媒体的广泛宣传,陆军军械署迫于舆论的压力,终于允许刘易斯设计的新枪参加军方组织的正式试验。试验进行得非常顺利,但刘易斯机枪还是再次遭到了拒绝!理由是军械署不久前刚从法国订购了一批别捏-梅尔谢机枪,即使此枪的性能在很多方面不如刘易斯机枪,也不可能再采纳刘易斯的新枪。至此,刘易斯终于断绝了向美军推销新枪的念头,决定退出现役,离开祖国。

落地欧洲

地面、空中两处开花 1913年,时年53岁的刘易斯退役后转赴欧洲,为新枪寻找发展机会,最终在比利时找到了知音。比利时

1913年11月27日,在英国的比兹里靶场,飞行员马尔库斯和比利时中尉斯捷里格维尔弗(坐在下方座椅上)使用刘易斯机枪进行了飞行射击表演。照片是在飞机起飞之前拍摄的

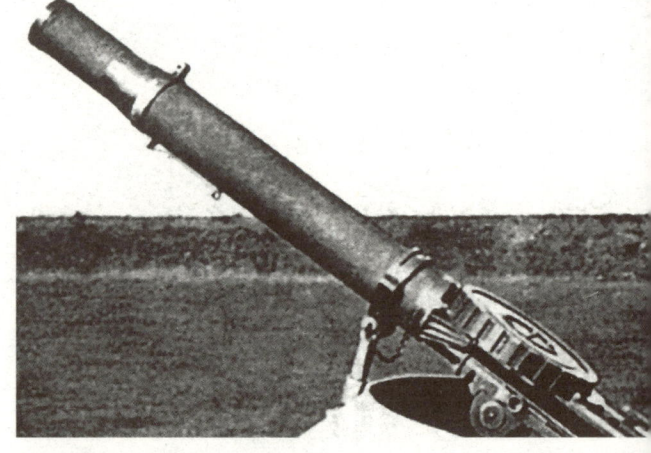

1914年9月,第一次世界大战开始不到两个月,英军正式下令在飞机上装备刘易斯机枪,图示即为安装在英国维克斯飞机上的刘易斯MKⅠ航空机枪

航空机枪始祖——英国刘易斯机枪

为装在法斯捷尔枪架上的刘易斯航空机枪更换弹盘时，飞行员可将机枪滑到后方位置，然后单手完成操作

通过法斯捷尔枪架装在英国皇家空军 SE·5a 战斗机上的刘易斯 MKⅡ 机枪

俄国人自制了简易枪架，把步兵型刘易斯机枪直接搬上"莫拉恩·巴拉索里"飞机

商人应邀观看了刘易斯轻机枪的射击表演之后，决定投资建立刘易斯自动武器公司，在欧洲生产刘易斯机枪。但是，生产机枪需要的专用设备，在欧洲只有英国的伯明翰武器公司有能力提供，于是刘易斯与伯明翰武器公司签订了机枪生产合同，率先投产，并向其购买了生产设备，准备在比利时的列日建厂投产。

在伯明翰武器公司的支持下，刘易斯很快就完成了空中射击试验表演的准备工作。1913年11月27日，在英国的比兹里靶场，刘易斯机枪再次被飞机带上蓝天。飞行员马尔库斯驾驶着飞机上升到120m高空，飞临铺在靶场地面的7.5m见方的木制靶标上空。坐在下方座椅上的比利时中尉斯捷里格维尔弗使用刘易斯机枪进行了飞行射击，打空了弹盘里的47发弹，其中有28发命中目标。这一结果，为刘易斯大长脸面，也使刘易斯轻机枪获得了许多国家的重视和青睐。

英国、比利时、俄国以及其他一些国家很快组成了试验小组，向伯明翰武器公司订购了一批刘易斯机枪，并对其展开了细致的试验。虽然枪管在连续打完一整盘枪弹的情况下有可能出现过热的情况，但在当时来说，质量轻、射速高、机构动作可靠的刘易斯机枪仍不失为一支优秀的武器。年内，比利时军方率先将刘易斯机枪列为步兵正式装备。这是刘易斯自动武器公司得到的第一单批量生产订货，此后列日的机枪生产就没有停顿过，直到比利时沦陷于德军之手。

英国皇家飞行大队和皇家海军部队对刘易斯机枪使用价值的认识与比利时军方有所不同，他们更看重它在空中射击试验中的良好表现。在通过试验认定了刘易斯机枪是当时最适于空中射击的自动武器之后，率先确定了它将是航空武器的最佳选择。但是，英国政府在列装议题上充分显示了其谨慎的作风，没有立即订购。在俄国和比利时大批购买刘易斯机枪之后，欧洲大陆的战火已经燃起，当刘易斯机枪开始有所作为，伯明翰武器公司不断扩大对刘易斯机枪的生产之时，英国仍然没有列装刘易斯机枪。直到1914年

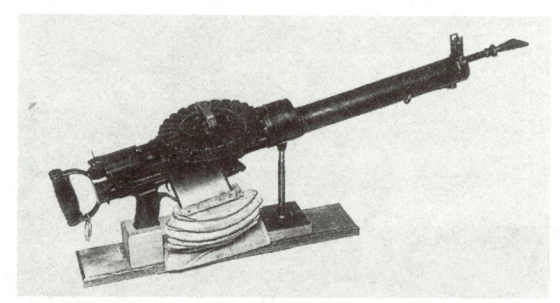

装在旋转枪架上并带有弹壳收集袋的刘易斯MKⅡ（上）和MKⅢ（下）航空机枪

7月，英国直接参战之后，军方才如梦初醒，紧急订购了10支刘易斯机枪，一周后增加了45支，随后又增加到200支。并在同年9月，正式下令在飞机上装备该枪。从此，

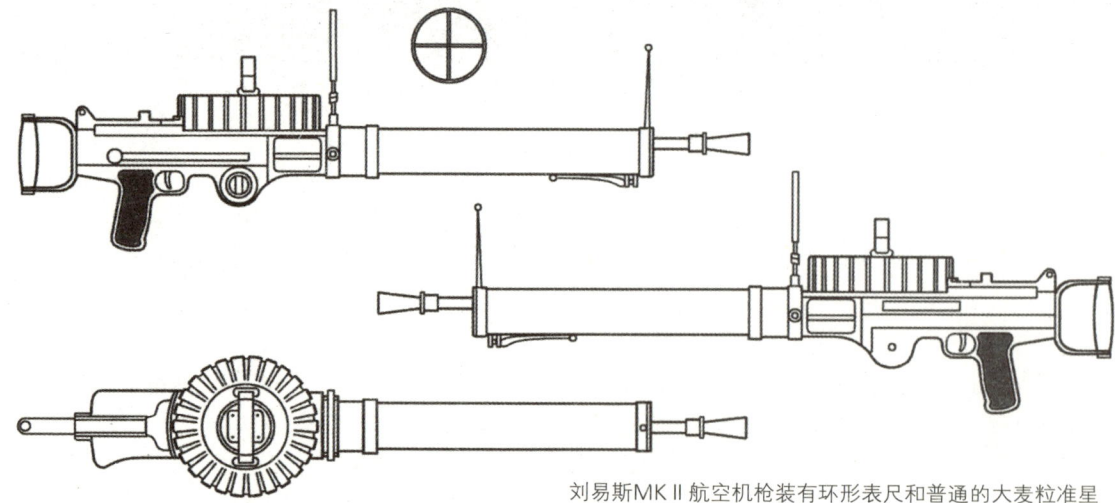

刘易斯MKⅡ航空机枪装有环形表尺和普通的大麦粒准星

航空机枪始祖
——英国刘易斯机枪

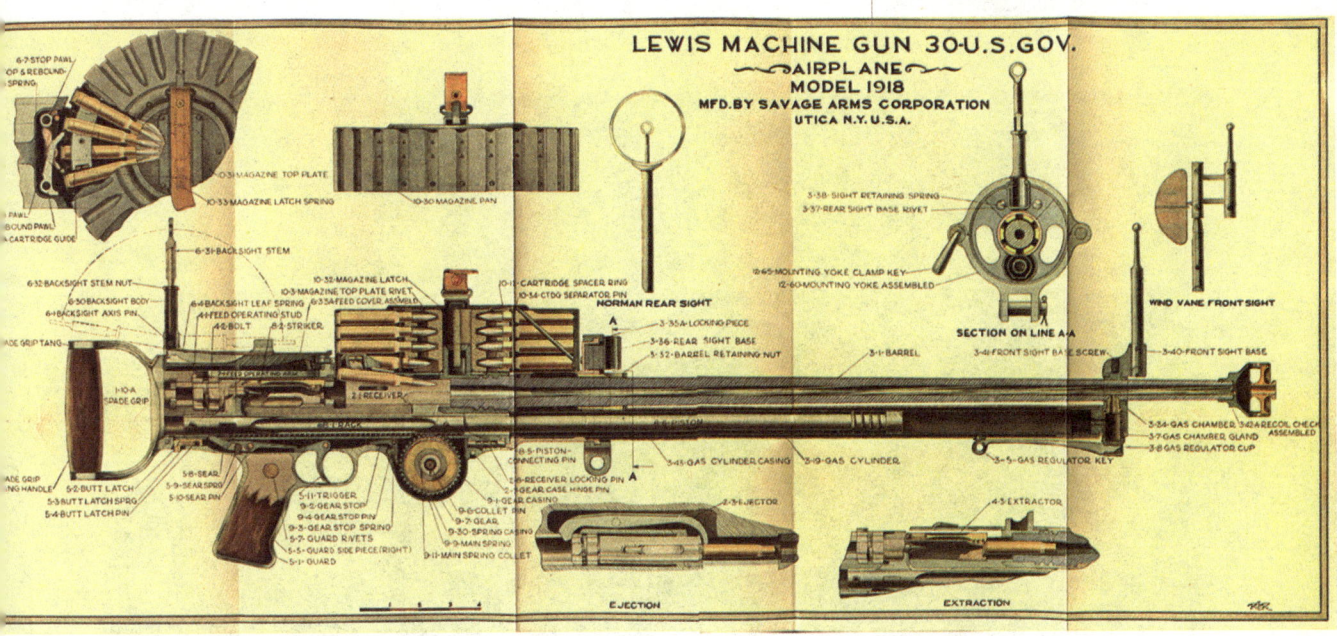

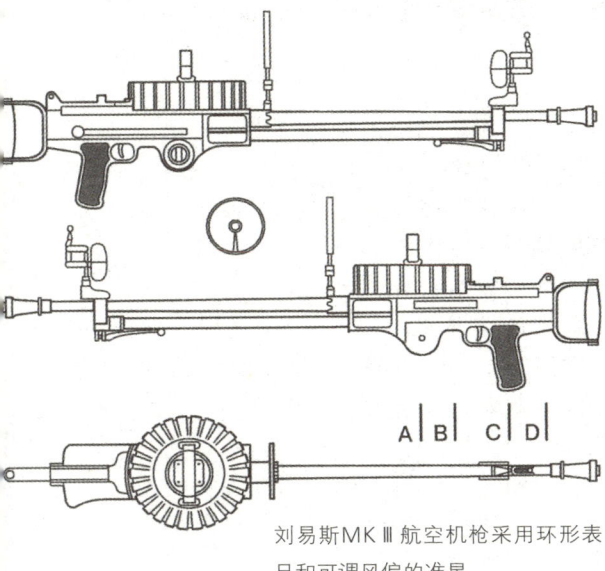

刘易斯MKⅢ航空机枪采用环形表尺和可调风偏的准星

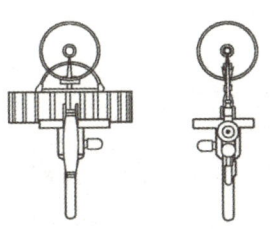

刘易斯MKⅢ航空机枪后视图（左）及前视图（未装弹盘，右）

刘易斯机枪成为第一支正式装备军队的航空机枪，谱写了军用飞机从侦察转向作战使用的新篇章。一战期间，刘易斯机枪不仅成为英国皇家飞行团、皇家海军飞行大队和法国空军部队的制式航空武器，俄国、美国也先后把它搬上飞机。德国航空兵部队也非常推崇该枪，很乐意从击落或缴获的协约国飞机上拆下刘易斯机枪，安装到自己的飞机上使用。再加上步兵型刘易斯机枪在欧洲西部的前线中经受了战火的洗礼并表现不俗，伯明翰武器公司的订单纷纷而至。一时间，公司很难完成全部订单，只得将12000支机枪订单转授给美国的萨维奇自动武器公司。1915年底，伯明翰武器公司建立了专门生产刘易斯机枪的新车间，生产能力达到了每周300挺。

结构变迁

直到一战结束，步兵型刘易斯轻机枪的结构都未曾发生丝毫改变，而安装在飞机上使用的刘易斯机枪为适应航空作战的需要，结构几经变化。

最初将刘易斯机枪搬上飞机时只是换装

刘易斯机枪有多种型号，广泛应用于机载、舰载及陆地平台。照片中为二战期间使用的双联防空刘易斯机枪

了环形表尺，并将枪托换成了铲柄状手柄，以便于在空中射击时持枪更牢固，并且在空中射击时也根本用不着抵肩依托。当时没有明确的命名，只是在MKⅡ命名之后才被笼统地称为刘易斯MKⅠ航空机枪。

刘易斯航空机枪在作战使用中出现了一些问题，比如在空中使用时，受空中高速气流影响，抽风式冷却系统不能抽气，比在地面使用更容易产生过热而发生变形；机枪射击时抛出的弹壳会碰伤飞机蒙皮，有时甚至碰伤螺旋桨。伯明翰武器公司根据军队反馈的信息，及时修改了机枪方案，添置了可以容纳94枚弹壳的弹壳收集袋，后来又根据作战使用的实际需要，进一步增加了容量，达到330发。

刘易斯机枪原来的双层弹盘容弹量为47发，在空中作战中火力持续性明显不足。而且在空中更换弹盘非常不方便，因为射手往往要戴上厚厚的、只有大拇指分开的手套来抵御空中高速气流的侵袭，而戴上这种手套后，单手很难抓得住弹盘。为了缓解这一问题，1916年研制成功了新式的4层弹盘，容弹量97发，弹盘的上方还设有提柄，便于单手抓取更换弹盘。

在刘易斯机枪使用过程中，位于枪管下方的活塞管经常发生损坏，为保护活塞杆，从1915年11月开始在其外面又增加了一个直径6.25cm的金属套。

上述一系列改进措施，于1916年中期全部落实，改进后的机枪称为刘易斯MKⅡ航空机枪。

由于刘易斯机枪不能使用同步机构，在射击时枪口必须避开螺旋桨的运动范围，因此通常被安装在机翼上方的支架上。最初为安装在这种枪架上的机枪更换弹盘是一项极其危险的"高难度技术活"。飞行员必须解开安全带，两脚离开踏板，在座舱里全身而立，仅用两腿夹紧手柄。以这样的姿势为机枪换上弹盘，危险系数可想而知，而且在实际作战中，又哪里有时间让飞行员如此从容不迫地完成如此复杂的动作呢？

1916年，英国飞机上开始装备一种专用枪架，简化了为刘易斯航空机枪更换弹盘的过程。由于其发明者是皇家飞行团第11营的

航空机枪始祖——英国刘易斯机枪

刘易斯本人在展示其MKⅢ航空机枪

法斯捷尔中士,因此该枪架被称为法斯捷尔枪架。法斯捷尔枪架的主体是一个弧形导轨,导轨上设有可以沿导轨上下滑动的滑块,机枪就安装在滑块上。只需解脱位于下方的滑块闭锁机构拉柄,机枪就会滑到飞行员的面前,不但可以单手实施换弹盘操作,也不用从座椅上站起来了。法斯捷尔枪架被广泛用于英国皇家空军 SE·5a战斗机。俄罗斯工程师诺尔丹也为刘易斯机枪研制了一种类似枪架,用于牛波尔战斗机。有所不同的是,诺尔丹枪架没有可供机枪滑下的导轨,而是采用铰链结构把机枪翻下来,从而更换弹盘。

同世间万物一样,刘易斯机枪也存在着缺陷。比如在空中的低温环境下润滑油容易结冻失效,因此在射击600发左右就必须及时清理导气装置,否则活塞就会被卡住。在实施长点射时还存在枪管过热的隐患,在激烈的空战中,射手往往会忘记这一点,在连发发射中没有稍做停顿而导致故障产生。

在英国皇家海军飞行大队服役的刘易斯机枪与英国皇家飞行团使用的略有不同。前者使用的刘易斯机枪去掉了冷却装置,只在活塞管外加了一个保护套管。1917年皇家飞行团派出专家到海军部队考查,发现去掉冷却装置的机枪在空中高速气流环境下反而散热效果更好,而且比刘易斯MKⅡ航空机枪更为轻巧耐用。伯明翰武器公司接到专家意见之后,综合考虑了改进方案,并在进一步减轻质量、提高射速等方面做了一些工作,研制出刘易斯MKⅢ航空机枪。该枪还采用了诺尔曼中尉设计的可调风偏的准星。这种瞄具考虑到了飞机自身速度对瞄准的影响,有利于提高射击精度。在以后20多年的时间里,刘易斯MKⅢ航空机枪被许多国家的航空部队采纳,其中法国、意大利、日本都直接采用英国的0.303in(7.7mm)口径弹药,而美国和俄罗斯则采用7.62mm口径弹药。

由于刘易斯MKⅢ航空机枪将射速提高到了750~850发/min,加速了自动机运动速度,也就意味着加剧了机件的磨损,同时由于飞机飞行高度越来越高,导致润滑油结冻失效的问题也越来越突出。因此,从20世纪30年代初,英军就开始研制更为理想的航空机枪。终于在1936年,列装了性能更加完善的维克斯航空机枪。但刘易斯机枪未被完全淘汰,在第二次世界大战的空战中,英国防空部队的飞机上还经常会出现它的身影。

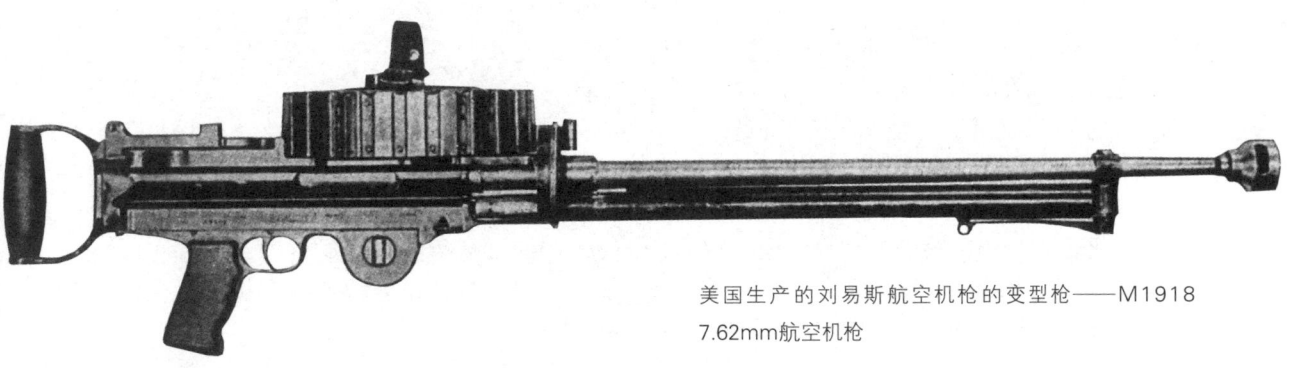

美国生产的刘易斯航空机枪的变型枪——M1918 7.62mm航空机枪

航空机枪的先驱
——奥匈帝国施瓦茨劳斯机枪

施瓦茨劳斯机枪诞生于20世纪初,其在当时具有先进的结构性能。一战后期,该枪经改进开始用作航空机枪,从而成为世界上最早的航空机枪之一。

性能可靠 大受欢迎

奥匈帝国是一战的主要参战国之一,当时其采用的标准机枪是施瓦茨劳斯机枪,由德国设计师安德里斯·施瓦茨劳斯设计,于1902年取得专利,1905年由奥地利斯太尔市的一家公司购买了加工权,并将其重新命名为M05机枪。两年后改进为M07机枪,5年后又进一步改进为M07/12机枪。

施瓦茨劳斯机枪与当时常用的枪管短后坐式机枪(如马克沁机枪)和导气式机枪(如哈奇开斯机枪)有所不同,其采用枪机后坐式自动方式,发射时,枪管中的火药燃气压力促使弹壳向后移动,并推动枪机向后移动。虽然这种方式现在看起来并不陌生,但在当时还是比较特别的。不过这种结构只能配用低能量的枪弹,否则抽壳过早会产生炸壳的危险。鉴于上述缺陷,设计师一直以来都在尝试各种方法来解决这种缺陷。其中一种方法便是延迟枪机的后坐,其采用一个附加机构来延迟枪机开锁的时机。但即使如此,如果弹药能量过高,枪机开锁依然很快,后来又采用缩短枪管的方法,即可以在枪机开锁之前使枪弹快速飞离枪管,使膛压很快降下来。

航空机枪的先驱
——奥匈帝国施瓦茨劳斯机枪

在地面上使用施瓦茨劳斯机枪，其膛口安装圆锥形消焰器，机匣尾部呈平滑的弯曲状

施瓦茨劳斯机枪使用的8×50mmR曼利夏枪弹

陆军和海军用的施瓦茨劳斯机枪带有一个短宽的枪管护筒，用于装水冷却枪管，膛口加装圆锥形消焰器，机匣尾部成平滑的弯曲状。因为枪机后坐式枪械没有预抽壳功能，为防止弹壳贴膛，二者之间的摩擦力过大而造成的抽壳故障，因此必须附带一个油壶，供弹之前，在弹膛内涂上油以利于抽壳。

该枪全枪长1067mm，枪管长531mm，早期的M05、M07、M07/12的全枪质量为19.5kg。

施瓦茨劳斯机枪使用8×50mmR曼利夏枪弹，该弹由维也纳罗斯弹药厂和维也纳军工厂于1886年联合研制而成，也是世界首批采用的无烟火药军用枪弹。

该枪采用布制弹带供弹，结构简单，动作可靠性较高，而且成本仅是马克沁机枪的一半左右，因此，一些欧洲国家相继采用了不同口径的型号。荷兰直到1940年还在生产该枪，而意大利和匈牙利一直将其视为二线武器，至少服役至1945年。

立足航空 致力改进

一战使人们首次看到了飞机在战场上的威力，于是一战后期各国开始尝试在飞机上加装航空机枪投入战场。

很明显，施瓦茨劳斯机枪并不适合作为航空机枪使用，该枪不但体积大，比较笨重，而且最初射速也很低。另外，该枪在供弹前要将弹膛内涂上油，因此，若将其安装在飞行员前方，发射时，这些油会不断地喷溅在飞行员的脸上。但由于缺乏专用的航空武器，奥匈帝国只好对其进行改进，作为航空机枪使用。

首先将消焰器拆除，然后将用于水冷的枪管护筒改成刻有很多凹槽，以便空气进入而冷却，而高空中的严寒强风自然足以冷却枪管，不过有一些施瓦茨劳斯航空机枪依然保留了水冷式枪管护筒直至一战末。

安装在战斗机上的M16施瓦茨劳斯航空机枪，其上安装大型弹鼓，并且膛口已去除消焰器

该枪作为航空机枪的使用效果并不理想，在海拔高度300m左右时，由于气压的影响，该枪的射速会变得很低，甚至完全停止发射。因此专门研制一种航空机枪型号迫在眉睫，于是M16施瓦茨劳斯航空机枪出现了，该枪质量被减至13.2kg。但是，由于技术方面的限制，在1918年时，仅有不足300支M16服役，而使用数量最多的还是M07/12机枪。

另外，由于该枪一般配用在早期的螺旋桨飞机上，因此必须保证机枪发射与引擎旋转同步进行，使枪弹穿过螺旋桨叶片射出。此时需要在航空机枪上配用专门的齿轮，而齿轮的配用又对发动机转数的要求较高，因此使用起来并不方便，而且整个系统也未必完全可靠，战争中就有飞行员射击时击中自

安装于后期战斗机上的M16施瓦茨劳斯航空机枪

己飞机螺旋桨的事故发生。

但即便如此，施瓦茨劳斯航空机枪在当时也算是一种不错的防御型航空机枪，多个国家的战斗机上都相继采用过该枪。

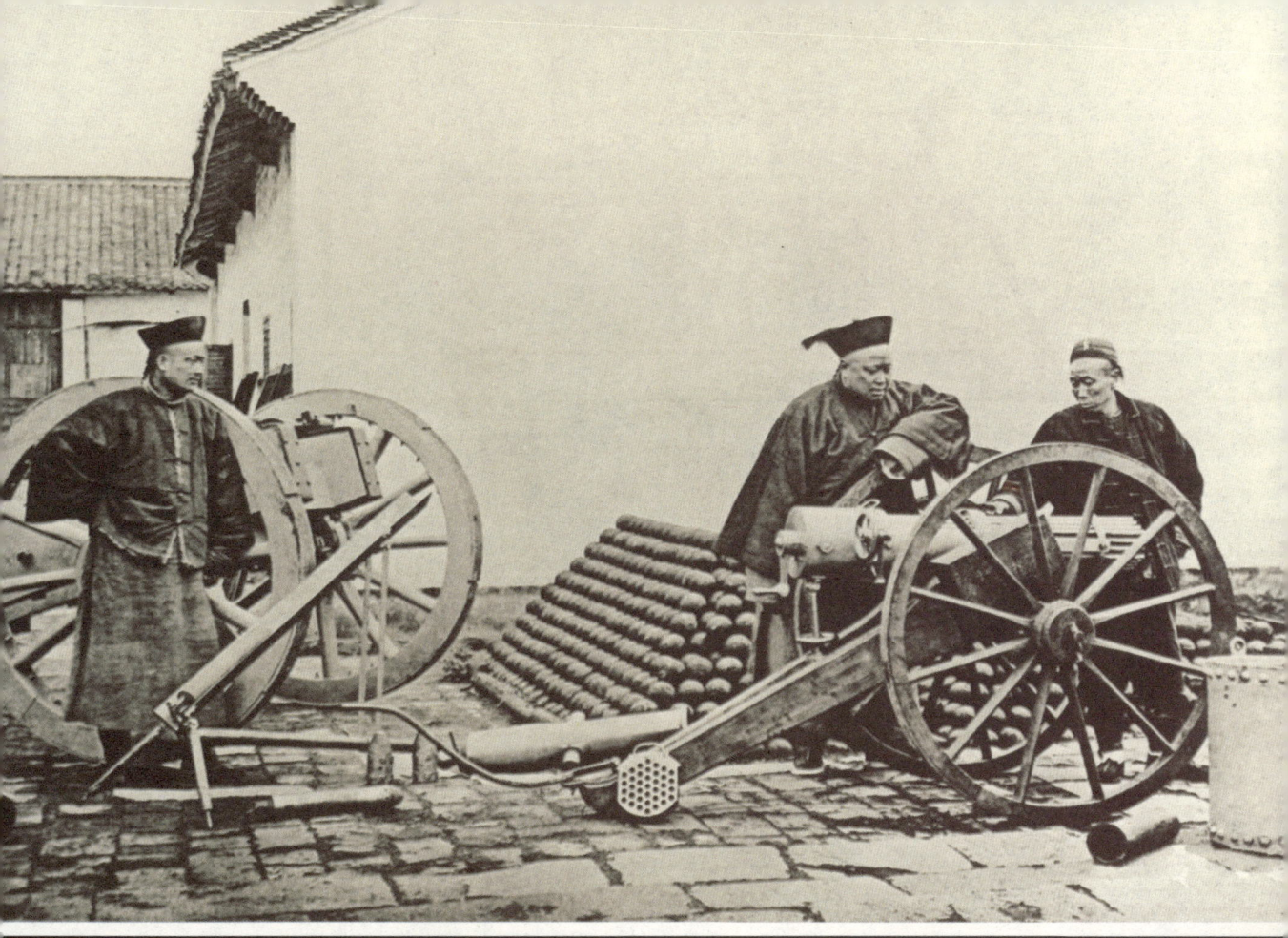

历史的误解——法国蒙蒂格尼机枪考证

这是一张晚清时期的历史照片（题图），可能很多人都曾在不同地方见过。照片上，一位体态臃肿的清朝官员抚摸着一门"大炮"，旁边还有一堆球形弹。这张被广为引用的照片，被冠以各种解释，如："'克虏伯'式37mm 2磅后装线膛架退炮"、"金陵制造局的大炮组装现场"、"江南制造局制造的前装火炮"、"金陵制造局制造的大炮"、"克鲁森37式架退炮"等。

乍一看，它确实像一门炮，因为它有着炮身、炮轮、炮架等火炮的主要特征，但仔细观察会发现几个问题：(1) 炮筒不是单管，而是由许多根小管集束而成的。(2) 在炮身后面有一个手柄，但又不像通常火炮的手柄。因此，有些学者认为它可能是加特林转管机枪的一种，因为加特林一生专攻此类武器，研制了各种形式、多种口径的转管机枪，其中有一种小型的，手柄就在后面。但与博物馆里的加特林转管机枪实物相比较，又有些不同：其一，它比加特林转管机枪大许多。其二，枪管的数量似乎又太多了。据资料记载，加特林机枪最多只有10根管，而此枪则远远多于10根管，并且排列也不是圆筒形；另外，在枪身一侧还多出了一个小圆盘，可又不是加特林机枪的弹仓。那么，它究竟是什么兵器呢？

这个问题困惑了很多人。一名叫张鸿铨的学者陆续收集了一些资料，最后发现了一本李敖写的书（内容与炮无关），封面与封底一正一反，用的正是这张照片，但其清晰度比以前所见的要高得多，照片的层次和对

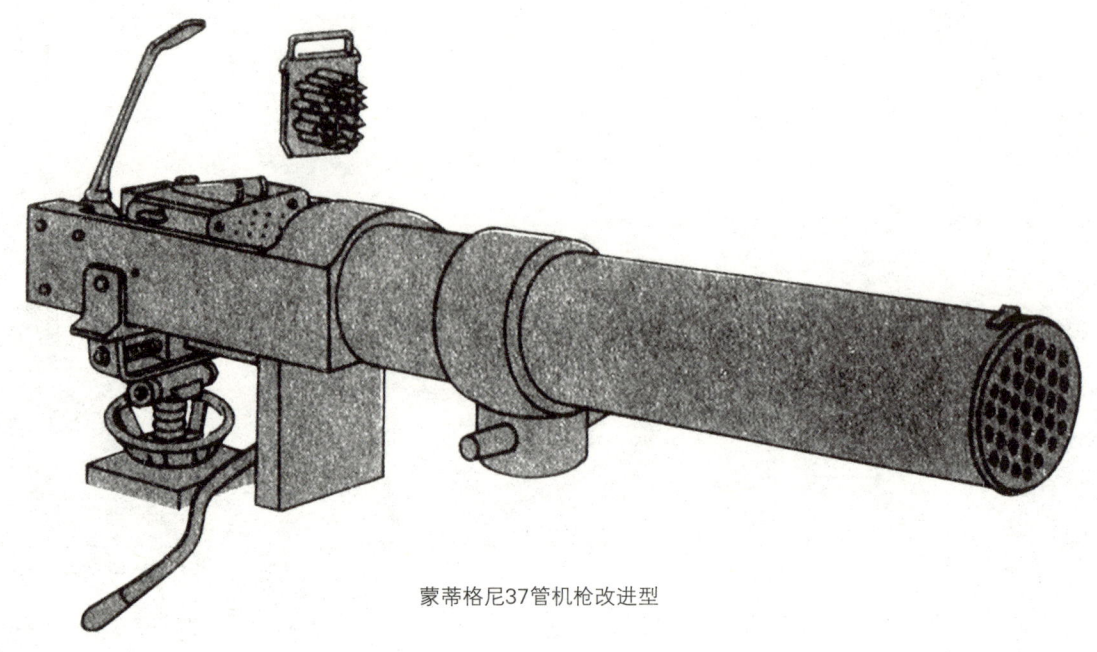

蒙蒂格尼37管机枪改进型

比度也很好。张鸿铨反复观看揣摩，最后将目光锁定在照片中一个有许多小孔的盘状物上。盘上共37个孔，每孔均呈六边形，整个盘状物外观亦呈六边形。据此，张鸿铨进一步查找资料，终于在一本美国出版的《兵器百科》书上找到了类似的图片及说明。书中这样解释："蒙蒂格尼老式机枪，1870年，法国。有37根枪管装在一个筒里，可以快速连续发射，一个金属盘装载了37颗弹药。"又在香港万里书店出版的《西洋兵器大全》中见到一段文字："蒙蒂格尼机枪是1851年比利时人法尚普斯（T.H.J.Fafchamps）上尉发明的，然后推荐给约瑟夫.蒙蒂格尼（Joseph.Montigny）。这种枪的结构是：37根膛线枪管固定在一个熟铁筒内，一个带有37个匹配火门的铁盘用于装填，摇动手柄，机枪发射。一组经过训练的士兵，每分钟可射出12组即444发弹。1867年装备法军并成为其秘密武器，但后来发现不适合于现代战争，遂被淘汰。"由此，从时间上看，图示机枪应为题图所示机枪的改进型。《西洋兵器大全》中还记载了一种蒙蒂格尼25管机枪。

因此，从资料查证来看，这张珍贵的历史照片上的主体应为早期的蒙蒂格尼37管机枪，而不是什么炮，这一历史性错误应当更正。

这种蒙蒂格尼机枪，在中国没有见到装备与使用的记载，也没有查到生产的记录，国内书籍上也很少提到它的名字，仅存这张被误解的照片。估计可能是该武器在中国产量很少、使用时间很短的缘故。此照片拍摄时间应在1866(金陵制造局成立)～1881年(开始仿制加特林机枪)之间。如果仅从照片上看，基本上可以理解为是制造装配后的现场。但要搞清楚究竟是引进技术设备进行了生产，还是仅仅在展示新购进的兵器，这就需要进一步考证了。再从结构原理上看，该枪使用时也是比较费力的。可以想象，一组经过训练的士兵，每5秒钟发射一组枪弹，反复地开膛、装弹、上膛、闭锁、击发、退弹……这一连串的操作，不但使士兵的体能消耗大、对其动作配合要求高，而且射击还是间断的，其结果是它的火力压制作用和威

历史的误解
——法国蒙蒂格尼机枪考证

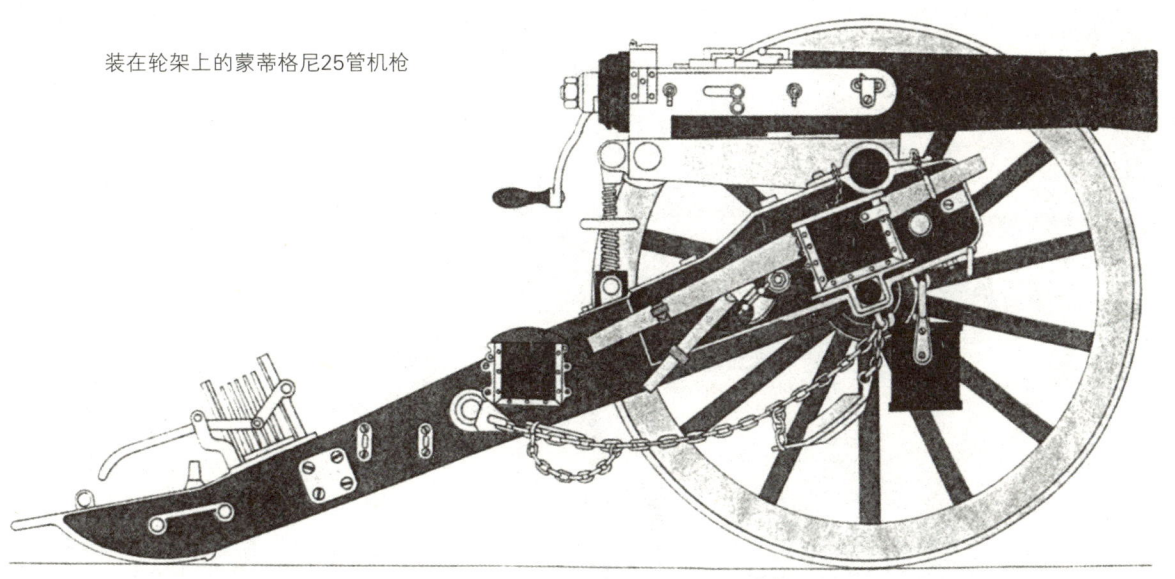

装在轮架上的蒙蒂格尼25管机枪

慑力明显不足，没有机枪扫射的那种效果。从总体结构上看，该枪真正创新的东西也不多，基本上可以理解为集束步枪——不过是将几十支步枪堆积在一起。随着不久后出现的诺顿菲尔德（1878年）、加特林（1862年）等连发武器，特别是具有划时代意义的马克沁重机枪的诞生（1884年），蒙蒂格尼机枪更显其火力密度和射击持续性不足的先天缺点，再加上形体笨重，所以很快被淘汰，而当时满清政府中某些不懂专业技术的官僚却当作新技术引进，这也是100多年前盲目引进的一个教训。

照片内容确定以后，张鸿铨又在《轻武器与战争》（黄守铨编著）、《步兵的杀手锏——枪》（郭仁松著）及《近战利器》（刘学昌编著）等书中找到关于蒙蒂格尼机枪的一些记述，特别是在最近出版的刘学昌先生所著《枪史》一书中有更详细的记述。据书中介绍，《简明不列颠百科全书》认为它是第一挺手动机枪。改进后的法尚普斯（《枪史》中译作"伐商"）手动机枪依据不同口径，其枪管数目在7～37管之间变化，有装填弹药，闭锁后膛，进行射击和向一侧抛壳的装置，安放在稳固的枪架上，用手柄可连续发射。后来法军把它改为25管，使用25发弹板可同时装填25管。大约1s的时间可全部发射完，而每分钟可装填12板弹药。

……

张鸿铨感慨，花了这么多心血，终于达到了目的：(1) 为这张珍贵的历史照片正名。(2) 将各位学者的著述与这张照片及相关的图片搭桥，向读者简要介绍一件在历史上曾昙花一现的兵器。(3) 证实这种稀有的兵器曾经来到过中国，有此照片为证。

纵观兵器发展史，自从有了火器以后，人们就一直在努力提高枪炮的射速，多管枪在历史上不断以各种形式出现，又无情地消失在历史的长河中（唯一的例外是加特林式机枪，它的基本原理现仍在应用），蒙蒂格尼机枪的沉浮仅仅是其中的一例。但它们毕竟是人类进步的一个个台阶，没有它们，就永远不会有现代的自动武器。

现存于法国巴黎博物馆的APX型M1895加特林机枪

英国皇家炮兵博物馆陈列的加特林 M1865转管机枪

杰出的高射速武器——加特林机枪

自美国人理查德·乔丹·加特林从1862年研制出他的第一种机枪，尤其是1890年研制出第一挺用电动机驱动的10管机枪以来，加特林机枪经历了一个多世纪风风雨雨的战斗洗礼。现在加特林机枪转管原理的应用已遍及世界，利用其原理研发的武器也已形成系列，口径包括5.56mm、7.62mm、12.7mm、20mm、23mm、30mm等，射速可达12000发／min，不仅应用于地面武器，更多地用到航空机枪和航炮上。在今后很长一段时期内，加特林原理机枪仍将在空中、海上和地面作战中发挥重要的、无可替代的作用。

加特林机枪坎坷的前半生

1818年9月12日，加特林出生于美国北卡罗来纳州的赫特福特。加特林的父亲年轻时就发明过一些植棉工具，加特林从小跟着父亲打杂、帮忙，年轻时发明了一台插秧机，

从1861年加特林提出他的第一种形式的机枪方案并在第二年获得专利以后，他的后半生几乎都是和他的机枪一起度过的。到了19世纪末，加特林机枪就已经遍布世界，生产和装备加特林机枪的国家有英国、奥地利、德国、俄国、埃及、土耳其、日本及南美各国等。

从19世纪中期到19世纪末，正是开发高射速武器的盛行时期。加特林第一种形式的机枪，采用6管形式、0.58in口径，通过摇动曲柄、齿轮传动使机构工作，枪弹从弹仓中靠重力供弹。在I型枪的基础上很快搞出了II型枪，当时正值美国南北战争，加特林机枪在围攻彼得斯堡战役中第一次得到应用。后来经过多次改进，加特林机枪解决了漏气问题，枪的结构也进一步简化，口径有0.5in、0.58in及1in，枪有6管和10管的。1866年，美国陆军决定正式采用M1865加特林机枪，订购了0.5in和1in的各50挺，由柯尔特公司生产；使用的加特林1in枪弹是在费城法兰克福兵工厂生产的，这是一种从弹壳内部装底火的中心发火枪弹。1in加特林枪弹有独头弹和霰弹两种形式，其中独头弹全长98mm，弹壳长54.7mm，装药21.2g，弹头质量为227g。

美国南北战争结束以后，取消了武器禁运，加特林机枪开始向欧洲、南美许多国家出口，随之使用英国博克赛底火枪弹、俄国步枪弹等各种口径的加特林机枪相继问世。以后研制出的M1883加特林机枪，也有6管和10管的，仍采用手摇驱动，但取消了重力式弹仓供弹方式，采用詹姆斯·阿克洛斯发明的弹鼓供弹。旧中国金陵兵工厂曾在1884年仿制过M1883加特林机枪。1883年以后，加特林千方百计地改进他的老式机枪，发明了利用压缩空气和火药燃气驱动实现自动循环的转管机枪。在此基础上，1890年加特林利用一部电动机带动的10管M1883型加特林机枪获得成功。该枪是在枪身后面装了一个动力箱，内装电动机及其与枪身连接的齿轮等，射速达到1500发/min，这是最早出现

理查德·乔丹·加特林

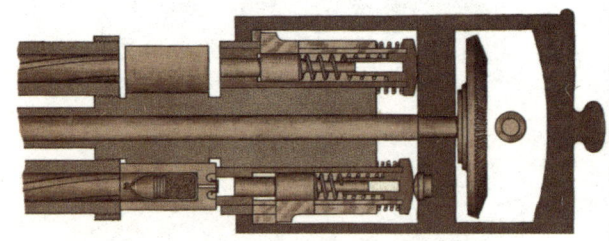

M1862 typeI型加特林转管机枪的结构剖面

的外能源式自动武器。到了1893年，加特林机枪已趋成熟，枪的口径有0.3in、0.42in、0.45in、0.5in、0.55in、0.58in、0.65in、0.75in、1in，枪管数量有5管、6管、10管，枪管长度有长管、短管，内腔有光膛、线膛，等等，品种繁多。这时电机驱动的加特林机枪的理论射速可以达到3000发/min。但是，电机驱动的加特林机枪的研究基本没有进展，仍然保留着手摇曲柄驱动的形式。美国陆军不再喜欢笨重、复杂的加特林机枪了。

1911年，美国陆军宣布废弃加特林机枪。有意思的是，像加特林机枪这样，从第一挺机枪诞生到被弃用只经历了不到50

杰出的高射速武器
——加特林机枪

装在轮架上的1in口径的6管M1865加特林机轮。该轮没有方向瞄准调节机构,以发射霰弹获得火力散布

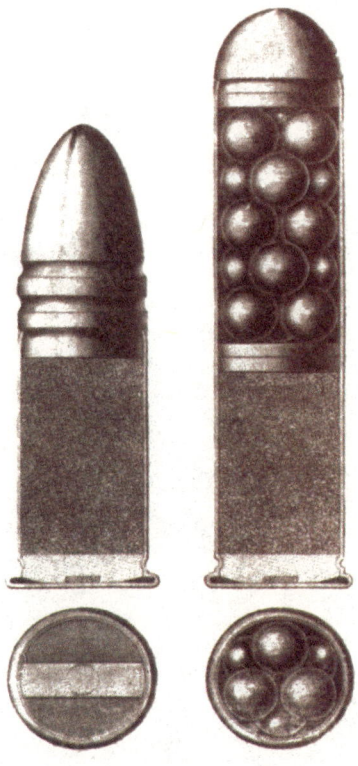

M1865加特林机枪使用的1in加特林枪弹,有独头弹(左)和霰弹(右)两种形式

年,而冷落了几十年以后,居然又"凤凰再生",并再次叫响,这在军械史上空前未有。

战争需要加特林机枪

随着二战的结束,美国越发感到高射速航空武器的缺乏,为满足未来军用航空装备的需要,美国军械专家首先注意到了加特林机枪。当时使用的航空机枪,实际上都是经过改装的地面机枪。存在的主要问题是,在超声速飞机上,这些机枪在极短的时间内没有能力对目标予以充分的打击。在现代飞机上装备高射速、高可靠性的航空武器非常重要。因此,人们在努力探索提高航空机枪射速的途径。采用外部能源作为自动机的动力方式变得很明显。回溯枪械发展史,虽然也

在轮架上的6管M1883加特林机枪。采用阿克洛斯弹鼓,手摇曲柄驱动自动机工作,另一手柄控制枪身的高低和方向。枪架的两边放弹药箱。小车轮可以快速拆装

1884年中国金陵兵工厂生产的M1883加特林机枪

出现过不少高射速武器，如詹姆斯·帕克尔的手摇驱动转膛枪；比林赫斯特·雷科的0.5in25管排枪；范登堡·沃利的0.5in85管机枪，以及更多枪管组合的武器和转膛武器，但都不如加特林机枪优越，尤其是加特林机枪电动机驱动的枪管和发射机构可以说是最成功的。加特林机枪的主要特点是：用电动机驱动时可以达到惊人的射速，而且射速的高低在很大范围内可以很容易地控制。由于一挺机枪上使用多根枪管，几根枪管轮流发射枪弹，可使每根枪管获得更多的冷却时间，从而减轻了高温高压火药燃气对枪管的烧蚀，并且降低了由于温度过高枪弹自燃造成武器毁坏的可能性；外部能源可以采用电动机驱动或液压驱动，而且任何瞎火弹都可以自动排除，不会影响正常的射击。此外，

加特林机枪还有一个明显的优点，全枪质量比同样枪管数量的联装枪小得多，因为加特林机枪不管有几根枪管都只有一个枪身，而联装枪每根枪管都要有一个枪身。

1945年，美国陆军军械研究与发展司令部的轻武器部门负责人科尔·斯图雷德对各种形式的机枪研究以后，明确地提出，现代航空自动武器最有可能采用的就是加特林机枪原理。为此，斯图雷德研究小组以此为基础，进一步开展以外能源驱动的加特林机枪作为航空武器的可行性研究。这项研究合同签给了普罗维登斯市的约翰逊自动机械工厂，由发明约翰逊半自动步枪及约翰逊轻机枪的科仑尼尔·约翰逊负责完成。这是一挺M1883 0.45in10管的加特林机枪，枪上装了一台电动机作为动力装置。在试验中发现，

杰出的高射速武器
——加特林机枪

装备在飞机上的M61A1火神转管机关炮

由于射速高，必须用强度更高的钢制作枪机。经过几次试验，用同步电机驱动发射，射速达到了5800发／min。1946年，科仑尼尔·约翰逊提出了他的研究报告，同时推荐将外部能源驱动的加特林武器系统原理应用到航炮上。

火神机枪预研方案

1946年6月，美国通用电气公司与空军和陆军的军械部签定了承包火神机枪预研的合同，合同要求：口径0.6in，枪管数量5～10根，枪管长1524mm，全枪长2032mm，每根枪管质量不超过45kg，每根枪管射速1000发／min。第一种样枪在1949年4月完成。该枪以加特林机枪为基础，6根枪管，有779个零件(后来流行的M61 20mm火神机关炮有224个零部件)，每分钟可以发射4000发枪弹。1950年夏，经过改进，射速提高到5000发／min，以后又提高到超过6000发／min。该枪被称为T45机枪。随后生产了10挺A型0.6inT45机枪，并进行了全面的试验，以考察这种枪的可行性及其潜在的能力。

在T45机枪成功的基础上，1950年11月开始生产C型样枪，共生产了33挺。这种武器有0.6in(15mm)、20mm和27mm 3种口径。样枪运到陆军军械部和空军军械部作试验鉴定，顺利地通过了系统可靠性试验。在1952年5月的又一次试验中，7挺新枪发射了75000发枪弹没有出现故障。

成功地完成全面试验以后，美国军方要求进一步开发T-171 20mm机关炮。美国通

在舟艇上使用的米尼岗转管机枪

用电气公司签订了生产27挺这种机关炮的合同。T-171机关炮发射的炮弹长168mm，6根身管，全炮长1829mm，外径约279.4mm，全炮质量131～135kg，每根身管质量约22.5kg，射速超过6000发／min。采用电动式或液压式驱动均可，取决于飞机上的安装要求。1956年，T-171 20mm机关炮的研制工作由空军和陆军进行标准化，命名为M61 20mm火神机关炮，并交付生产。

之后，按照美国空军和陆军的指示，通用电气公司又开发了称为T-212的30mm口径的火神机关炮，发射的炮弹比20mm炮弹长50%、威力增大3倍。尽管机关炮的口径增大了，但样子更像先前的火神枪。由于采用了较短的身管，武器全长为1626mm，全炮质量也和先前的火神枪差不多。这种机关炮只生产了2挺。

M61 20mm火神机关炮

M61 20mm火神机关炮是一挺6管、靠外动力驱动的自动武器，射速可达7200发／min。全炮长1829mm，全炮质量114.8kg。发射20mm电击发底火弹药，如M53A1穿甲燃烧弹、M56A1高爆燃烧弹、M55A1普通弹，弹头初速1030m／s。

根据武器与飞机的相容性，火神机关炮可利用电动机、液压机或汽涡轮机为动力，也就是说，只要使身管转动并把电压加到点火电路上即可。当扣动扳机发射时，弹链被拉进进弹机构，运动到枪机前面的枪弹从弹链上脱离，枪弹向前移动进入弹膛。6根身管逐次地进行枪机闭锁，枪弹发射出去，枪机开锁，空弹壳被抽出并抛到枪外，下一发枪弹进弹到位、枪机推弹进膛……这种循环以

机舱内的GAU-8A加特林机关炮

高速重复。当释放扳机时,动力断开,转动体被制动而停止转动。火神机关炮身管逆时针转动,以钟表指针形式形象地表示身管位置:在5点钟时进弹,12点钟时发射,6点半钟抛壳。6根转动的身管大大地减轻了身管烧蚀及过热问题,有助于炮身的寿命(全炮寿命100000发,身管寿命15000发)。这种自动方式消除了多管联装武器的后坐不稳定因素。几根身管被刚性夹固在一起,在25m射距上,80%的射弹散布为8密位,射击精度满足军方要求。而且,高低温和高空试验已证明,20mm火神机关炮在-55℃~+126℃以及在18km高空载人飞机上性能正常。

通常认为,M61火神机关炮的寿命与执行任务的飞机寿命相同,在射击到45000发以前不必进行全面检修。M61火神机关炮具有安装和维护简便的特点,如只需拧下一个螺母就可以快速拆下炮口卡箍;在枪机松开的状态下,向前拉动就可以把身管卡座拉出来,这时转动身管1/3圈,身管即可取下来;从机座上拔出两个快速连接销可以拆下供弹机;卸下一个紧定器,液压传动装置也可以很容易地卸下来;通过机座上的一个铰接盖可以看到枪机等。熟悉火神机关炮结构的人,只用8min就可以完成不完全分解。

M61火神机关炮一直装在美国空军的F-104"星"战斗机、F-105"雷公"战斗轰炸机和B-52H、B-58轰炸机上,也装备比利时、荷兰、德国、意大利空军的F-104G"星"战斗机及日本空军的F-104J战斗机。

M61 20mm机关炮吊舱

M61机关炮吊舱是利用高性能、远距离

装在直升机上的M134D加特林转管机枪

支援飞机与地面目标交战的一种武器系统。该吊舱有一个自带的动力供给装置（冲击涡轮），装1挺M61-A1 20mm火神机关炮，带1200发高爆弹和穿甲弹12s射完。采用一个无弹链供弹装置，包括弹药质量约720kg。打过的弹壳从吊舱抛出。吊舱全长为5590mm，直径558mm。在喷气式战斗机上可以带2个或多个吊舱，以很高的射速和较长的射击时间向目标射击。这种吊舱也可以装填其他形式的弹药，打击不同的目标。

3管20mm机关炮

这是为美国陆军在直升机上使用、不需要很高射速而设计的20mm火神机关炮，由标准的6管M61 20mm火神机关炮通过改变供弹机构和枪管而成的3管20mm火神机关炮。如果有必要，6管改3管的工作可以在现场用通用的手动工具完成。该炮的射速可以达到3000发/min以上，主要取决于采用的电源。

7.62mm米尼冈机枪

随着火神武器在现代高性能战斗机和轰炸机上的使用及演变，火神武器系统的基本结构逐渐被简化，并为实现弹药通用化、发射撞击式底火弹药而对击发机构重新进行设计。通过改变供弹机构、机座、枪机和枪管，利用加特林原理发射普通口径弹药及小口径弹药的机枪也已问世。火神枪的射速由电动机的转速和实际战术需要来确定，组合射速可达到7000发/min以上，能适应各种战术任务的需要。

杰出的高射速武器
——加特林机枪

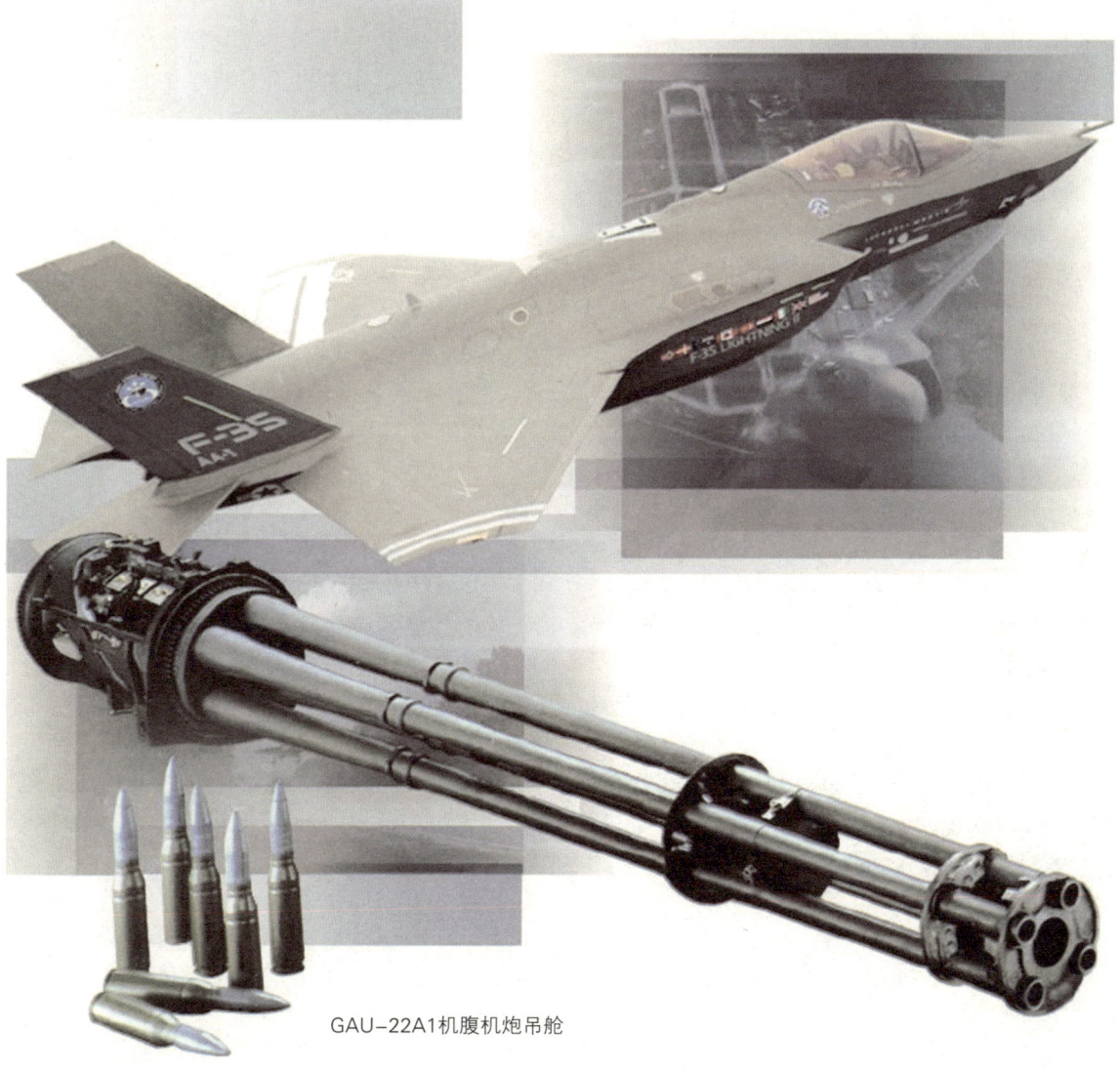

GAU-22A1机腹机炮吊舱

越南战争期间，美国通用电气公司在20mm火神机关炮基础上研制了GAU-2／A航空机枪，即M134 7.62mm米尼冈机枪。这为直升机及其他轻型飞机提供了一种射速很高、质量很轻的武器。既可装备于各种类型的武装直升机，作为支援和压制火力，用于杀伤集结的地面有生目标及无装甲车辆目标，也可装在车辆上作为车载武器使用。

M134米尼冈机枪是利用加特林原理的转管式、外能源驱动的自动武器。采用弹链供弹或无弹链供弹，6根枪管，发射7.62mm NATO弹，有效射程1000m，枪身质量约15.9kg（不包括供弹机构和电动机），供弹机构质量4.8kg，电动机质量3.4kg，每根枪管质量1.1kg，枪管长558.8mm，全枪长800mm，枪管设计寿命10万发。

随着7.62mm米尼冈机枪的研制成功，美国通用电气公司在此基础上又开发了XM214 5.56mm 6管机枪，作为轻型自动武器装备于武装直升机和各种车辆上，也可装在M122三脚架上，作为地面机枪使用。弹链供弹，带1000发枪弹时全枪质量只有38.6kg，枪身质量10.2kg。而且，无须工具就可分解结合，便于携行。

7.62mm米尼冈机枪吊舱

美国通用电气公司的7.62mm米尼冈机枪吊舱是一种可装在不同飞机上，具有高精度和密集火力的武器系统，质量轻，可靠性高。

该吊舱装有通用电气公司7.62mm米尼冈机枪和无弹链供弹系统，采用外能源式，完全由自带的以电池为动力的电动机驱动。特殊情况下，也可以利用火药燃气交替驱动。整装后的米尼冈吊舱长2159mm，直径304.8mm，质量114kg，装1500发枪弹，射速可调，最高可达到6000发／min以上，连发射击最多达1500发。

最初，米尼冈机枪吊舱是为使用7.62mm NATO弹的航空机枪设计的，但也适用于其他小口径机枪。一个7.62mm米尼冈机枪吊舱完全可以改装为使用5.56mm M193枪弹的米尼冈机枪吊舱。以同样尺寸和质量的吊舱，可以装3000发5.56mm枪弹。

12.7mm加特林机枪

进入20世纪80年代，美国通用电气公司研制出一种导气式的加特林机枪，被命名为GECAL-50。该枪包括6管基本型和3管改进型，6管型全枪质量低于43.6kg，全枪长1181mm，直径204mm，射速可达8000发／min；3管型全枪质量30kg，射速可达4000发／min。GECAL-50可用来自直升机上的镍镉电池或自带电池驱动，也可借助内部的工作系统实现武器的自动循环。枪管有914mm和1295mm两种长度可供选择。可采用弹链供弹，也可采用无弹链供弹系统供弹，6管型用弹链供弹最大射速可达4000发／min。发射北约12.7mm枪弹，包括M8穿甲燃烧弹、M17曳光弹、M20穿甲燃烧曳光弹以及各种普通弹、穿甲弹、爆炸弹等。既可作航空武器使用，也可作地面战斗武器使用。可靠性达到5万发无故障。

加特林武器仍占据重要地位

火神武器系列是加特林机枪最卓越的表现形式，也可能是航空机枪和机关炮的最高形式。在现代航空武器系统充满核弹头、导弹和火箭的年代中，有些人认为像航空机枪、机关炮这样非尖端武器装备似乎已经过时了，因为现在所打击目标的性质、活动范围和过去大不相同，而且不利的环境条件也使火神武器系统很难驾驭。但从越南战争、中东战争等局部战争的实践可以看出：航空机枪、小口径航炮具有近距离射击精度好、不受电子干扰、备弹量大、质量轻、勤务性好、可重复使用、耗费低等诸多特有的优点，尤其是能以极高的射速打击目标，这是任何武器都做不到的；如果再配备高效能的弹药，则如虎添翼。火神武器系统与导弹等尖端武器相比，各有所长，两者配合使用可达到相映成辉的效果。